JN424381

LED 반도체 장비제작 실무

박갑종 · 강신조
정선오 · 오영생 공저

도서출판 상 학 당

머 리 말

오늘날 산업은 학문 간의 경계가 모호해지고 전기, 전자, 기계, 생물학, IT 등 서로 다른 분야의 학문이 융합하여 새로운 학문체제가 형성되고 있으며, 다양한 센서 기술 및 제어기술들이 집적화되고 유기적으로 결합되어 반도체 등 극히 정밀한 제품 생산에 널리 활용되고 있다.

특히, LED 및 반도체 장비의 부품들은 일반적인 생산시설에 속한 장비보다 극도의 청정도를 가진 깨끗한 고도의 정밀한 제어기술을 필요로 한다. 따라서 여기에서는 이러한 산업환경의 변화에 적응할 수 있도록 2년제 대학의 자동화 관련 학과의 학생들에게 LED 반도체 장비의 기구설계 센서 활용 등 반도체 장비의 기초적인 제어부분을 습득하는데 필요한 이론과 기구제작에 필요한 설계기법 장비공정 및 제품상태 등을 인식하는 센서 제어기술 및 구성장비에 공통으로 적용되는 기초 제어기술 등을 쉽고 종합적으로 습득할 수 있도록 실습방법을 그림 및 도표 등을 수록하여 구성하였으며, 또한 반도체 장비에 대한 전문적 지식이 없는 이들이 반도체 장비의 기구설계 및 기초적인 제어기술 등을 쉽게 습득하여 보다 전문적인 기술자로 발돋움하기 위한 돌다리 역할을 할 수 있는 지침서가 될 수 있도록 필요한 부분의 내용을 단순하고 쉽게 구성하였다.

이 교재를 충분히 활용하여 LED 반도체 및 자동화 분야에서 유능한 기술자로 발돋움하고 자신의 미래에 대해 끊임없는 투자와 도전하며 노력하여 국가발전에 일조하는 사람이 되길 바란다.

저 자 씀

차 례

제 1 장

설 계 계 획

제1절 기계설계에 요구되는 지식
제2절 기계설계 관련 지식
제3절 설계의 경향과 설계선택

제1절 기계설계에 요구되는 지식

1. 기계설계의 정의 및 원리

인간의 욕구를 만족시키기 위한 계획을 수립하고 여러 가지 해를 갖는 일련의 요건을 만족시키는 기계부품 혹은 시스템을 창조하는 과정이다.

기계공학의 전 영역을 포함하는 넓은 분야로 기계를 설계 및 제작을 하기 위하여 필요한 지식과 경험을 바탕으로 한 종합적이고 실제적인 학문이다.

2. 기계설계시 고려할 사항

가. 원활한 기능 및 작동

- 설계의 중점 목표를 명확하게 설정한다.
- 기계의 사용 목적에 맞는 기계사양을 고려한 설계를 한다.

나. 기구학적 타당성

- 설계 범위에 재료, 제작방법, 조립완성을 구체화한다.
- 설계는 이론을 바탕으로 정량적인 표현이 되게 한다.
- 과잉사양, 과잉품질은 원가상승에 직결된다.

다. 생산성

- 단순하고 경제적인 생산이 되는 설계를 위해 기계사양을 최소화한다.
- 설계 및 제작공정을 고려한 납기를 설정한다.
- 유사한 기계와 경쟁력이 있는 제품설계를 한다.

라. 내구성

사용자의 요구에 맞는 내구성과 정밀도를 유지한다.

마. 경제성

- 항상 제조원가를 고려하여 설계한다.
- 미숙한 설계, 자기취향의 설계가 부실을 낳을 수 있다.

바. 인간공학

기계의 구조나 운영은 사용자의 편의를 우선하여 설계한다.

사. 환경성

장비 설치운영을 친환경적으로 설계한다.

아. 안전성

사용의 편의성과 사용자의 안전과 제품의 불량이 생기지 않는 설계를 한다.

자. 표준화 및 규격화

장비 유지관리를 효율적으로 하기 위해 표준화된 설계를 한다.

차. 미학적

- 아름다운 기계는 사용자의 기계사용 작업능률을 향상시킨다.
- 부품가공과 조립 완성하는 전 과정의 외관은 중요하다.

제2절 기계설계 관련 지식

기계제도(CAD), 기구학, 기계역학, 재료역학, 기계재료, 열·유체역학, 기계공작법, 소음, 진동학, 심미학 등이 필요하다.

자동차(승용차) 설계의 기준은 신뢰성(고장 없음, reliability), 장기간 사용(durability), 안락성(comfortableness), 정비성(maintainableness), 안전성(safety), 에너지 효율성(energy efficiency), 환경 친화성(environmental friendliness)이다.

[그림 1-1] 자동차

1. 설계기준에 고려되는 조건

- 신뢰성, 공작성, 유지성, 경제성, 독창성, 표준 및 호환성, 소음성, 운반성, 합목적성, 계산성, 미관성, 환경성, 안락성이다.
- 기계는 가능한 QL(QualityofLife)에 많은 기여를 하도록 설계한다.
- QL 조건 : 건강, 물질, 환경, 문화, 단체소속감, 기회의 평등, 개인의 자유, 인구밀도 등이다.

2. 기계의 정의

- 저항력이 있는 물체의 결합(철교, 구조물 건물)
- 일정한 구속 운동(한정된 운동)
- 에너지를 공급해서 유효한 일을 수행(힘이나 운동의 변환)
  예) 자동차, 재봉틀, 그레인 등
- 일은 인간에게 유익하고 그렇지 못한 고장난 승용차나 탱크, 선박 등은 기계가 아니다.
- 저항체 : 기계요소(볼트, 너트, 축, 베어링 기어 등)
- 기기(instrument) : 시계, 계측기(일이 없다)

3. 기계설계의 순서

필요 요구의 인식, 설계의 창조, 모델의 준비, 모델의 시험평가, 설계의 개선, 설계의 의사전달

- 기구의 선정 : 기구학
- 부하계산 : 기계진동, 고체, 유체, 열역학
- 재질선정 : 재료학
- 응력계산 : 고체역학
- 형상결정 : 기계공학
- 작업도면 : 제도

4. 설계(공학설계)의 6단계 과정

가. 기계설계

필요와 요구의 인식 → 문제의 명확화 → 총합 → 해석 및 최적화 → 평가 → 결정발표

- 필요와 요구의 인식 : 사회적 국가적 요구, 세계적 경합, 경제적 요구
- 명확화 : 설계능력의 검토, 기술실적의 조회 및 비교에 의한 정리, 기술 자료의 수집 조사 분석(bench marketing), 창조성 도입

나. 기계설계에서 컴퓨터의 응용기술

- CAD : Computer Aided Design
- CAE : Computer Aided Engineering
- CAM : Computer Aided Manufacturing
- CAT : Computer Aided Testing
- CIM : Computer Integrated Manufacturing(컴퓨터 이용 통합생산)

5. 총합과 해석

- 총합(synthesis) : 개념적이고 추상적인 언어적 표현, 기능을 만족하는 기계의 구체적 구조 결정
- 해석(analysis) : 기계의 구조, 요소 등의 속성 및 성능을 파악하여 객관적 결과를 얻음
- 기계설계의 내용 : 기능설계, 강도설계, 강성설계, 진동설계, 생산설계, 의장설계 등
- 기계설계시 고려사항
- 기구 : 사용목적에 적합, 동작 확실, 수리 및 운반에 적합
- 요소 : 강도, 경량, 소형, 장 수명
- 효율 : 유지 저렴, 위험 적고 사용이 편리, 제작비 저렴, 경제적 가치 제고
- 외관 및 디자인이 우수 : 상품가치의 향상

6. 설계에서 유의해야 할 사항

- 이 설계가 진실로 인간 욕구에 부응할 수 있을까?
- 이 설계가 경쟁회사의 기존제품과 경쟁할 수 있을까?
- 경제적으로 생산할 수 있을까?
- 쉽게 정비할 수 있을까?
- 판매하여 이윤을 남길 수 있을까?

7. 경제적 고려

가. 제품의 가치 = 기능/가격

나. 설계 : 기능의 향상

- 설계효과의 향상
- 재료 효과 : 재료의 소비량

- 전 에너지 소비량 감소 (연간 사용에너지, 기계제작 사용에너지)
- 자원 및 에너지 절약 설계의 인식
- 제품 1개당 재료사용량
- 제품 제조 및 사용에 필요한 에너지
- 제품의 수명연장

다. 설계효율의 향상을 위해

경량화, 최적설계, 신뢰성 설계, 최적 재료선택, 무절삭 가공, 마찰 및 마모의 감소

8. 가치공학과 브레이크 이븐 포인트

가. 가치공학 : 최저가격으로 필요기능 부여

최적의 가치를 성취하도록 하는 조직된 노력

나. 가치분석의 단계

- 부품의 이름
- 간단한(기능의) 개요
- 이 기능에 의한 전체 성능의 % 견적
- 부품의 가격
- 전 가격의 %
- BP : 합리적 가격을 발견하고 선택하는 기술

제3절 설계의 경향과 설계선택

1. 수학적 모델링과 설계경향

가. 탄성설계

- 부재의 강도, 구조물의 강성을 주 목표로 설계한다.
- 탄성적 성질 즉 탄성파손(탄성한도의 초과) 여하만을 고려해 치수를 계산한다.
- 설계기준을 탄성한도로 설정한다.

나. 소성설계

- 연강이나 알루미늄과 같은 연성적 재료는 최고 외력 또는 모멘트를 진강도가 항복응력이 발생할 때를 기준으로 하여 설계한다.
- 진강도 : 단면의 전체가 항복응력상태에서의 강도이다.
- 설계기준을 항복강도로 설정한다.

다. 극한설계

- 구조물의 최고하중을 경험적으로 해석하고 이를 근거로 요구 하중을 지지하는데 부재의 최소 크기를 설계하는 것으로 중량설계법이라고도 한다.
- 설계기준을 인장강도 즉 극한강도로 설정하고 설계한다(취성재료).

2. 기구선정 메커니즘

- shaft : 형상, 기능, 결합상태
- bracket : 형상, 기능, 간섭유수
- base : 형상, 기능, 고정방법

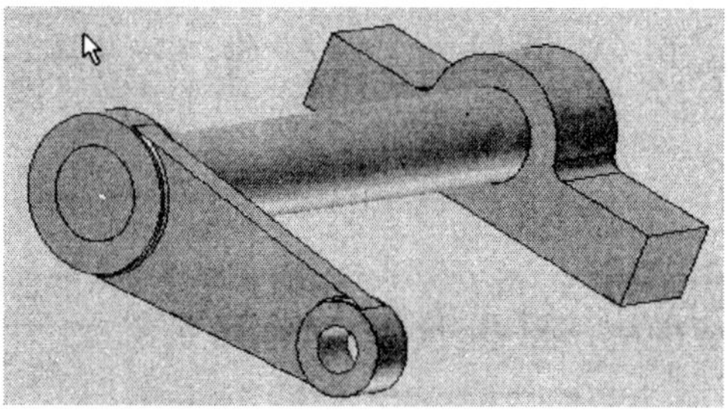

[그림 1-2] 회전축과 링크

3. 부하계산

- shaft : 굽힘 모멘트, 비틀림 모멘트
- bracket : 굽힘 모멘트
- base : 압축력

4. 재질선정

- Shaft : SM45C, SF55
- Bracket : CGC25
- Base : CGC25, SM45C

5. 형상, 치수계산(응력계산)

재료의 선정 (하중상태, 온도, 부식 등의 영향을 파악) ← 재료의 파손/기계적 성질로 다음과 같다.

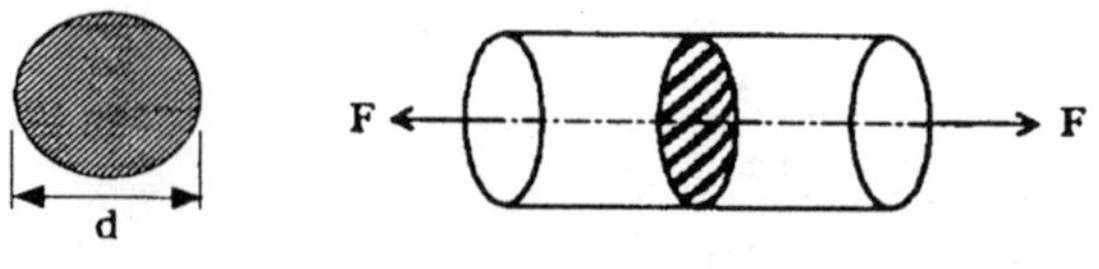

[그림 1-3] 형상, 치수계산

$$A = \frac{\pi d^2}{4}, \quad \sigma_a = \frac{F}{A} = \frac{4F}{\pi d^2}$$

$$\therefore \quad d = \sqrt{\frac{4F}{\pi \sigma_a}}$$

6. 재료의 기계적 성질

가. 응력 및 변형률

물체에 외력이 발생하면 물체 내부에 이에 저항하는 내력이 생기는 동시에 물체는 변형한다. 이 내력의 단위면적마다 크기를 응력이라 하고 변형의 단위 길이마다의 크기를 변형률(strain)이라 한다.

균일단면의 봉을 인장할 때 생기는 응력을 σ, 변형률을 ϵ이라 하면 탄성한도내에서 훅의 법칙(Hook's law)이 성립된다.

$\sigma = E \cdot \epsilon$ (E : 세로 탄성계수)

$\epsilon = \pm \frac{\Delta l}{l}$ (l : 재료길이, Δl : 변화된 길이)

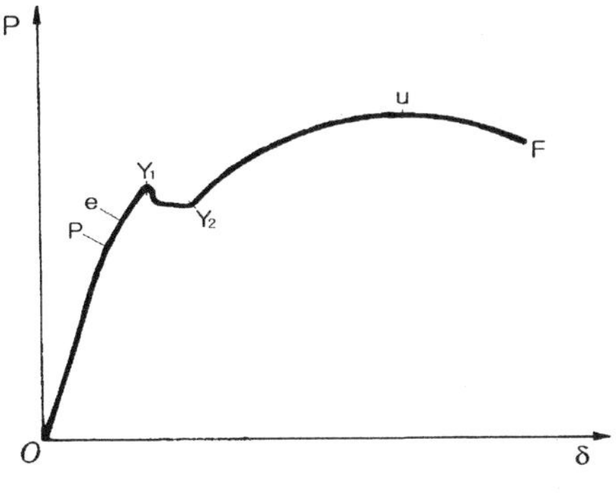

- P : proportional limit → Hook's law 성립
- e : elastic limit → 미소 영구변형 잔류
- Y_1 : upper yield point → 시험 속도, 시편방향 영향
- Y_2 : lower yield point → 재료 특성치
- u : ultimate strength → 인장(압축)강도(necking 발생)
- F : fracture strength나 연성재료(ductile material) 예)(연강, 알루미늄)

[그림 1-4] 응력 및 변형률 선도

- 연성재료는 응력 및 변형률 선도에서 항복점이 명확하게 나타난다.
- Cu, Al(연성재료) 등도 yield point가 불분명하다.

나. 경화된 연성재료

냉간 압연된 담금질강 등과 같이 파괴될 때까지 큰 취성변형을 일으키는 항복점이 불분명하다. KS에서는 영구 변형률을 0.2%로 규정하고 있다.

다. 취성재료

주철 등에서 소성변형을 거의 일으키지 않고 응력 및 변형률 선도가 직선에 가까운 상태에서 파괴된다.

- 취성재료(예 : Cast Ion)

  Y_2 : yield point 불분명 ; 0.2% permanent offset

  σ_y : 내력(proof strength or yield strength)

라. 고분자재료

고무 플라스틱, 섬유, 피혁 등은 금속에 비해 응력 및 변형률이 크다. 응력 변형률 선도는 고무, 면 등에서는 상부가 오목하고, 플라스틱, 양모, 견, 화학섬유 등에서는 상부가 볼록하다.

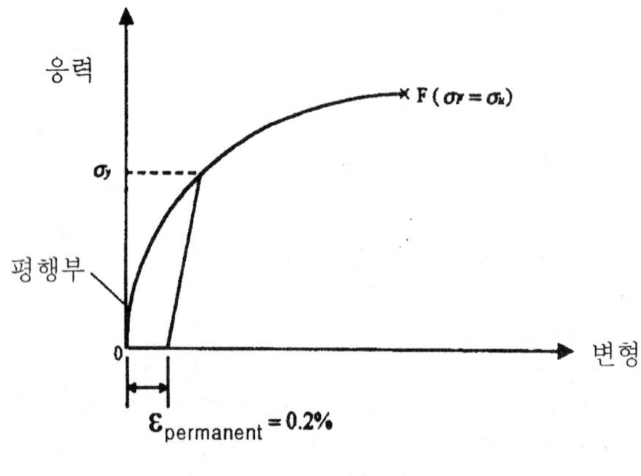

[그림 1-5] 취성재료(주철) 응력 및 변형률 선도

- 연성재료 신연율 : $\frac{\Delta l}{l_0} \times 100(\%)$ 이 5% 이상
- 취성재료 신연율 : $\frac{\Delta l}{l_0} \times 100(\%)$ 이 5% 미만

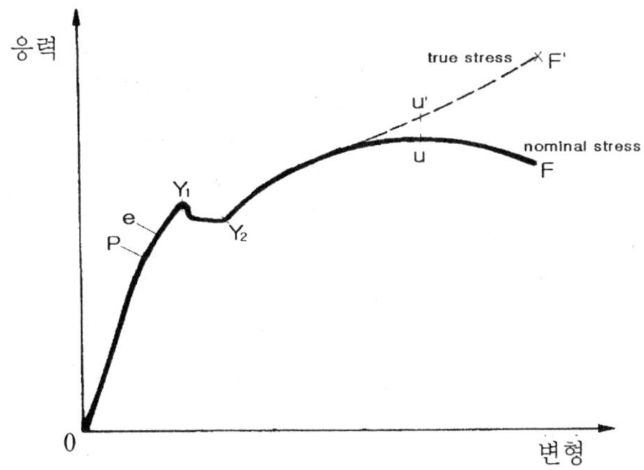

[그림 1-6] 연성재료(연강) 응력 및 변형률 선도

7. 충격치-충격에너지를 흡수할 수 있는 능력

가. 충격하중

- 기계 : 부품의 최저 고유진동주기(Tn)의 1/3보다 짧은 시간에 작용하는 하중이다(예 : 마찰클러치, 브레이크, 피스톤과 실린더).
- 정하중 : $T_l \geq 3Tn$
- 충격하중 : $T_l < Tn/2$(여기서, T_l은 하중이 0에서 원하는 하중까지 도달하는 시간)

나. 충격치 파악

충격시험 : 시험편에 따라 샤르피식과 아이조드식으로 구분한다.

다. 충격치에 대한 온도의 영향

저온 영역에서 취약하여 잘 부서진다. [그림 1-7]에 나타내었다.
(FCC Metals(Fe, Mo), Ceramics, Polymers)

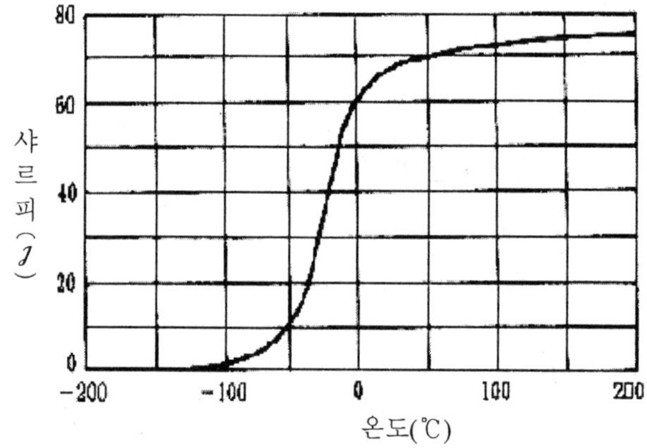

[그림 1-7] 온도에 의한 샤르피 충격치 변화

8. 크리프

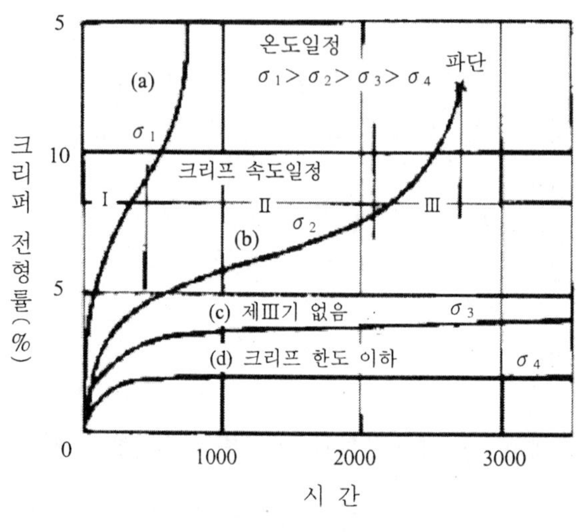

[그림 1-8] 크리프 선도

- 고온, 일정하중 아래서 장시간 방치하면 변형률이 시간에 따라 증가하는 현상(예 : jet engine, gas turbine, rocket, 고압발전 boiler)이다.
- 크리프(creep) 한도 : 어느 온도에서 어느 시간 후에 크리프가 정지하는 응력으로(실제 적용) 1000시간에 1%의 creep strain이 발생하는 응력이다(9Cr-0.5Mo강 : 538℃ − 6.47kg/mm²). [그림 1-8]에 나타내었다.

9. 파손의 법칙

가. 최대 주응력설 (maximum principle stress theory : Rankine의 설)

최대 주응력 σ_1 이 인장 또는 압축의 한계응력에 이르렀을 때 파손된다.

$$\sigma_1 = \sigma_1 (\sigma_1 : \ \sigma_e, \ \sigma_y, \ \sigma_B)$$

(σ_1 : 한계응력, σ_e : 탄성한도, σ_y : 항복점, σ_B : 극한강도)

$$M_e = \frac{1}{2}(M + \sqrt{M^2 + T^2})$$

(M_e : 상당굽힘 모멘트, M : 굽힘 모멘트, T : 비틀림 모멘트)

Rankine식에 의해 상당굽힘 모멘트 M_e은 구하고 이 M_e로부터 σ_1을 산출할 수 있다.

나. 최대 전단응력설 (maximum shear stress theory : Coulomb, Guest 식)

최대 전단응력 τ_1이 항복 전단응력 τ_y에 이르렀을 때 파손된다. 이 식은 연성재료의 미끄럼 파손에 적용되며 기계요소의 강도설계에 가장 많이 사용한다.

$$\tau_1 = \frac{\sigma_1 - \sigma_2}{2}$$

$$\tau_1 = \frac{\sigma_y}{2} \rightarrow |\sigma_1 - \sigma_2| = \sigma_y$$

(여기서, σ_1: 최대 주응력, σ_2: 최소 주응력, σ_y: 항복강도)

$$T_e = \sqrt{M^2 + T^2}$$

(T_2 : T_2: 상당비틀림 모멘트, M: 굽힘 모멘트, T: 비틀림 모멘트)

다. 전단변형 에너지설(shear strain energy theory or distortion energy theory)

변형에너지는 체적의 변형에너지와 전단의 변형에너지와의 합이다. 이 전단의 변형에너지가 재료에 고유한 값, 즉 단순인장의 항복점에 있어서의 전단변형 에너지에 이르렀을 때 파손된다.

$$\sigma_y = \frac{1}{\sqrt{2}} \sqrt{(\sigma_1 - \sigma_2)^{2+}(\sigma_2 \ - \sigma_3)^{2+}(\sigma_3 - \sigma_1)^2}$$

여기서 $\sigma_1 = \sigma_2$ 가 되고, $\sigma_2 = \sigma_3$ 일 때에는 $\sigma_1 - \sigma_3 = \sigma_y$ 가 되고,

$\tau_{max} = \frac{\sigma_1 - \sigma_2}{2} = \frac{\sigma_y}{2}$가 되므로 최대 전단응력설과 일치한다.

10. 응력집중

가. 피로강도

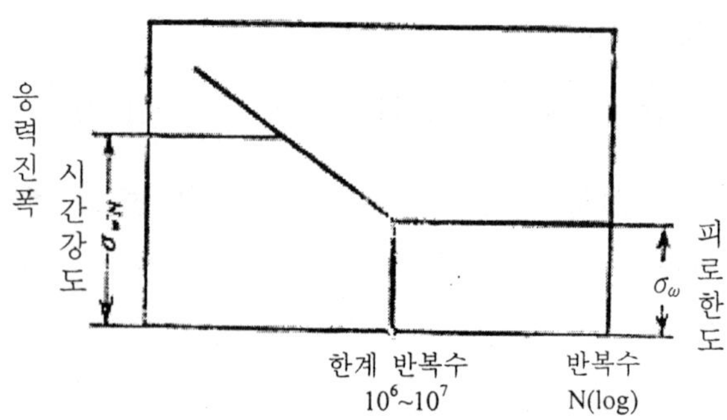

[그림 1-9] N-S 곡선

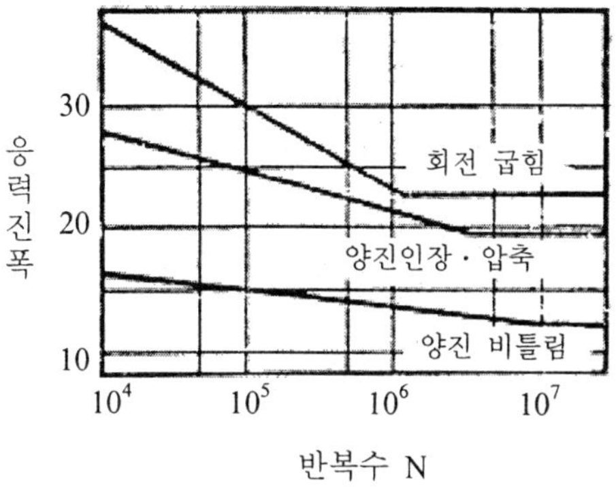

[그림 1-10] 탄소강의 N-S곡선

양진하중이 작용하였을 때의 반복응력과 파단하기까지의 하중이 반복수 N과 관계를 log로 나타낸 응력-반복수 곡선이며 N-S 곡선(Wohler 곡선)이라 한다. 곡선으로 되는 부분이 수평으로 되는 반복수, 이를테면 한계반복수는 탄소강에서는 일반적으로 10^6~10^7이다. 무한대로 반복하더라도 피로파괴가 되지 않는 응력진폭의 최대값 σ_w은 피로한도 또는 내구한도라고 한다.

나. 노 치

기계요소의 구석살, 노치, 홈, 구멍 등 단면이 급변하는 등을 노치(notch)라고 하고 이들 노치 주변 부분의 곡률이 큰 부분에 국부적으로 특히 큰 응력이 발생하는 현상을 응력집중이라고 한다.

타원 구멍을 가진 무한판의 인장을 받았을 때 응력분포는 [그림 1-11]과 같이 나타난다. 최대응력은 점 A에서 발생하고 현저한 응력집중을 볼 수 있으며 구멍이 없을 때의 기준이 되는 응력이다. 공칭응력을 σ_n이라고 하면 응력집중의 정도는 다음 식으로 정의되는 응력집중계수는 모양계수 α로 나타낼 수 있다.

$$\alpha = \sigma_{\max}/\sigma_n$$

[그림 1-11]의 치수의 타원 구멍을 가진 무한판에서는

$$\alpha = 1 + 2\frac{a}{b}$$

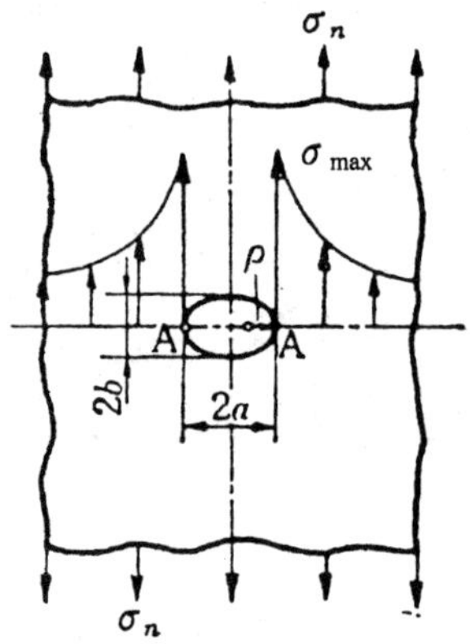

[그림 1-11] 구멍이 있는 판의 인장 응력분포

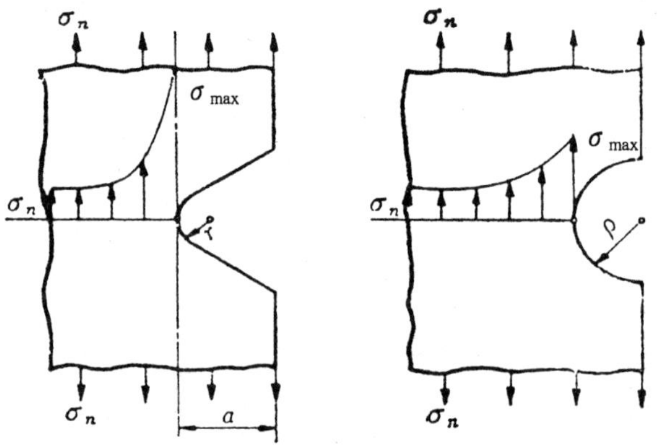

(a) V자 노치 (b) 반원 노치

[그림 1-12] 노치가 있는 무한판의 인장 응력분포

이다. 반원 노치를 가진 무한판이 인장과 굽힘을 받았을 때 α는 [그림 1-12](b)에 나타난 바와 같다. 따라서 응력집중을 고려한 완화설계의 설계방법으로

- 단붙이 부분에 라운드를 준다.
- 단면이 급하게 변하는 부분에는 노치를 만든다.
- 둥근 구멍을 만든다.
- 구석살 반지름을 크게 취한다.

11. 안전계수와 허용응력

기계나 기계요소를 안전한 범위에서 사용하기 위하여 설정된 하중을 안전하중이라고 하고, 일반적으로 견딜 수 있는 하중보다 적은 하중이다. 재료의 기준강도와 허용응력과의 비를 안전율 또는 안전계수라고 한다.

$$\sigma_a = \frac{\sigma_{st}}{S}$$

(σ_a : 허용응력, σ_{st} : 재료의 기준 강도, S : 안전계수)

〈표 1-1〉 안전율

재 료	정하중		반복하중		충 격
	기준	범위	편진	양진	
강연철	3	3~5	5	8	12
주 철	4	3.5~8	6	10	15
목 재	7	7~10	10	15	20
벽돌, 석재	20	15~24	30	-	-

12. 표준규격

제품의 모양과 치수 및 검사 등에 일정한 표준을 정하여 호환성을 높이고 생산성의 향상과 생산의 합리화를 도모하는 것을 총괄하여 표준화라 하는데 고도화와 정보화 국제화와 더불어 필요성이 증대되고 있다. 그 방법으로는 국제규격, 국가규격, 사내규격 등을 정하고 적용할 수 있다. 제품을 규격과 표준화 함으로서 제작자는 다량생산으로 호환성이 있는 제품을 계획생산할 수 있고 사용자는 보증된 제품을 언제나 쉽게 값싸게 구입할 수가 있다.

제 2 장

치공구의 설계

제1절 치공구의 기본 설계

1. 치공구의 정의

치공구(jig & fixture)는 다량생산에 기초를 두고 제품을 능률적이고 경제적으로 호환성이 요구되는 기계작업에 사용되는 특수공구로서 일반적으로 지그와 고정구를 말한다.

가. 지 그

지그(jig)는 공작물의 위치결정 기구와 공작물을 고정하기 위한 클램핑 기능을 갖고 있으며 절삭공구를 안내하는 부싱이 함께 사용하여 안내부의 정밀도가 그대로 공작물에 적용된다.

나. 고정구

고정구(fixture)는 공작물을 정확한 위치에 놓기 위한 위치결정 기구와 이것을 고정하기 위한 클램핑 기구는 지그와 같으나 절삭공구를 공작물의 가공부위에 맞도록 설치하기 위한 세트블록이 함께 사용되는 경우가 많다. 치공구는 부품의 가공을 정확히 수행하고 기타 조립, 검사, 용접 등 작업을 능률적이고 정확하게 할 수 있는 보조기구이다.

2. 치공구의 사용목적

균일하고 정밀한 공작물을 단시간에 가공하기 위한 것이며 제품의 제조원가를 절감하는 것이 주목적이다.

- 양산제품에 경제적 생산이 가능하다.
- 치공구 개선에 의한 기존 장비의 생산을 증대할 수 있다.

- 특정한 공작물의 우수 정밀도를 얻기 위한 특수 치공구를 설계할 수 있다.
- 기존장비에 특수한 작업을 가능하게 하는 추가 설비를 설계할 수 있다.
- 공구 수명을 최대로 하기 위한 재료 선택을 할 수 있다.
- 치공구를 쉽게 만들 수 있는 설계계획과 부적절한 공구 사용을 방지할 수 있다.
- 작업자의 안전을 최대한 보장할 수 있다.

3. 치공구의 설계시 고려할 사항

- 생산 제품의 정도가 향상되고 호환성을 갖게 할 것.
- 공작물에 적합한 치공구의 형태로 위치결정 조절작업이 단순화될 것.
- 제품의 검사시간이나 방법이 단순화할 것.
- 미숙련자나 여자 기능인도 작업이 용이할 것.
- 공작물의 위치경정, 클램핑, 지지 등이 쉽게 되고 불량률이 감소할 것.

제품의 대량생산이 가능하고 생산비를 절약하고 생산능률을 높일 수 있다.

4. 지그의 종류

가. 모양에 따른 분류

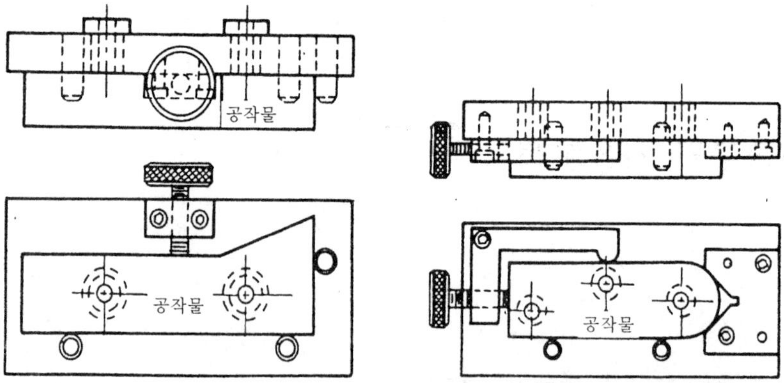

[그림 2-1] 플레이트 지그

(1) 플레이트 지그(plate jig)

[그림 2-1]은 개방지그를 대표하는 것으로 템플릿 지그와 유사하다. 그 차이는 공작물을 고정하는 장치가 있다는 것이다. 공작물이 직접 기계 테이블에 닿지 않게 하기 위해 플레이트 지그에 설치하기도 하는데 이것이 테이블 지그이다.

(2) 템플릿 지그(template jig)

[그림 2-2]는 공작물의 외부나 내면에 지그가 장착되며 일반적으로 공작물을 고정하는 가장 단순한 지그이다. 제품의 생산 속도보다 정밀도를 얻기 위해 사용되는 드릴부싱을 사용하지 않을 때는 지그판 자체를 경화처리한다.

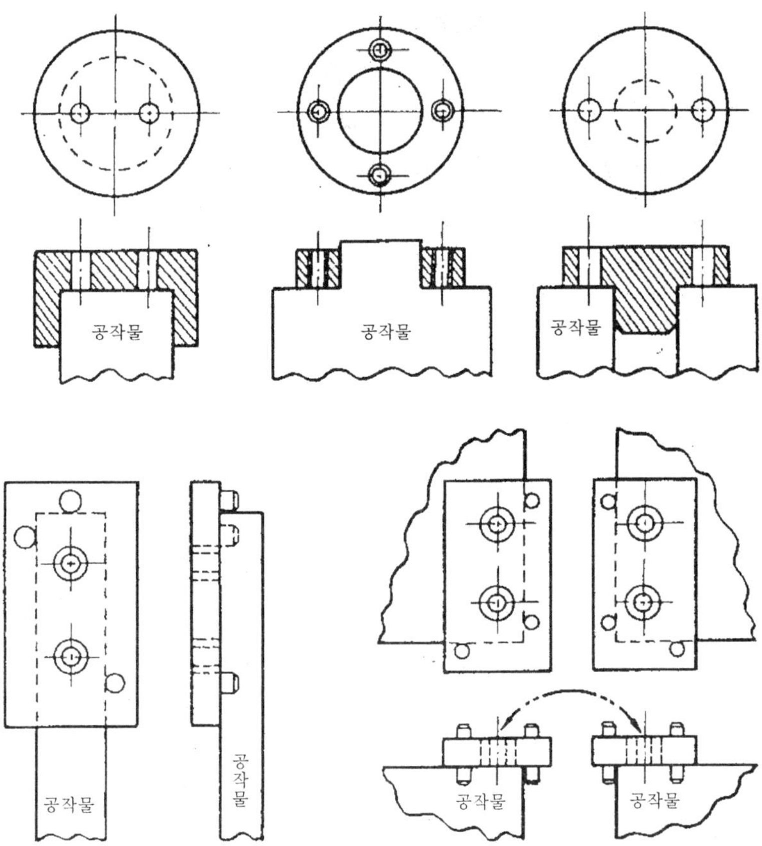

[그림 2-2] 템플릿 지그

(3) 샌드위치 지그(sandwich jig)

[그림 2-3]은 뒷판(back plate)을 가진 플레이트 지그의 일종으로 쉽게 휘거나 뒤틀리기 쉬운 공작물의 가공에 사용한다.

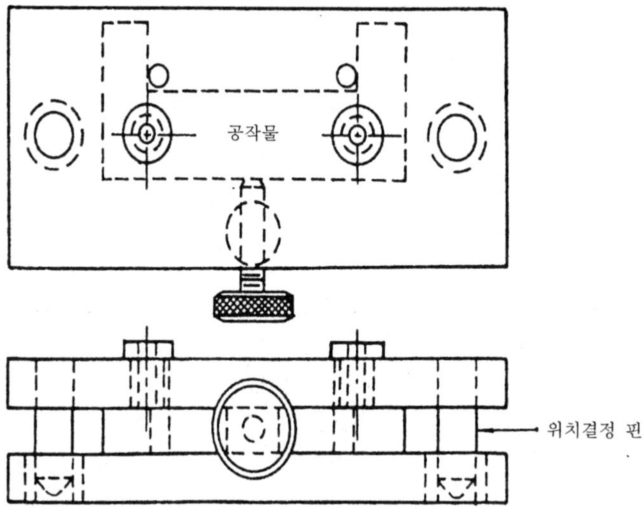

[그림 2-3] 샌드위치 지그

(4) 앵글 플레이트(angle plate)

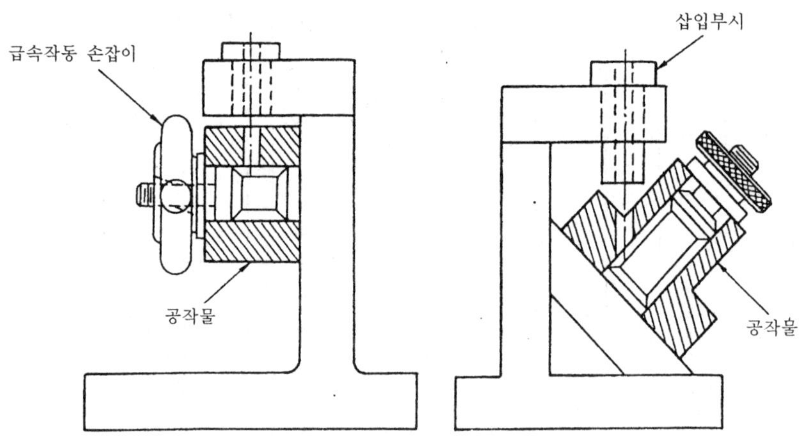

[그림 2-4] 앵글 플레이트 지그

[그림 2-4]는 공작물의 위치결정면에 대한 직각인 구멍을 가공하는데 사용되며 90° 이외의 각도로 가공될 구멍에는 수정된 앵글 플레이트 지그(modified angle plate jig)가 사용된다.

(5) 박스 지그((box jig)

[그림 2-5]는 텀블 지그(tumble jig)라 하며 공작물을 재위치결정시키지 않고도 여러 면의 구멍을 완성할 수 있으나 칩제거가 불리하고 제작비가 다소 비싸다.

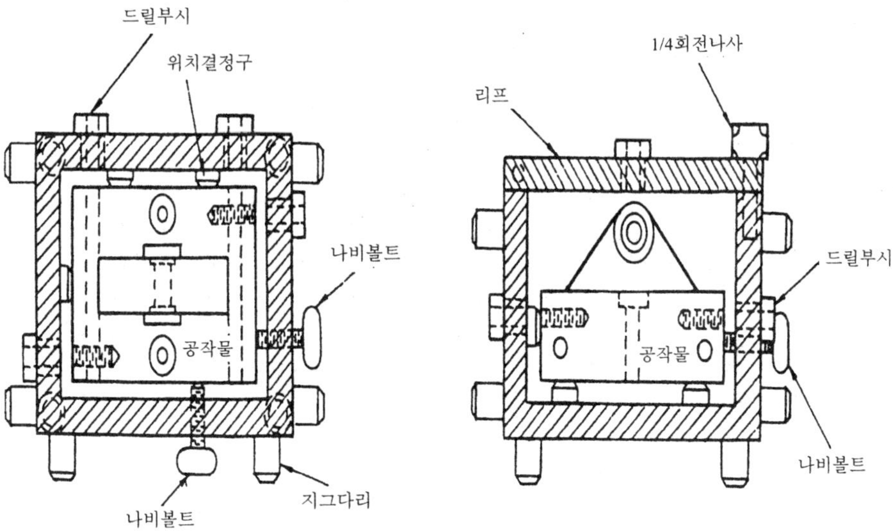

[그림 2-5] 박스 지그

(6) 채널 지그(channel jig)

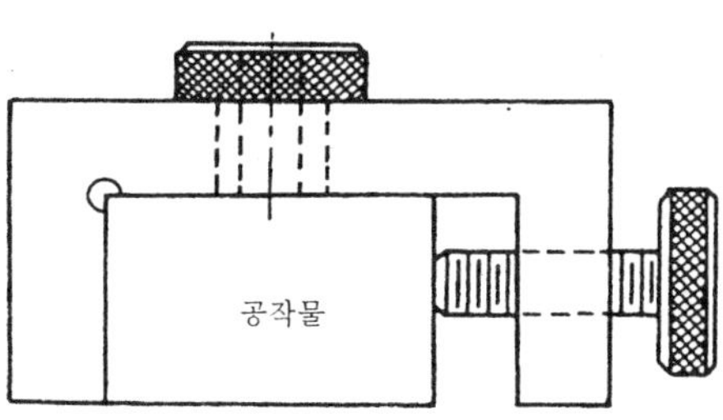

[그림 2-6] 채널 지그

[그림 2-6]은 박스 지그의 형식 중에서 가장 단순한 형태로 공작물은 두 표면 사이에 유지되고 제3표면을 가공한다. 때로는 지그다리를 사용하여 3면의 구멍을 가공할 수 있다.

(7) 리프 지그(leaf jig)

[그림 2-7]은 공작물의 장착, 장탈을 용이하게 할 수 있도록 힌지된 리프를 가진 소형 박스 지그라고 볼 수 있으며, 보다 쉽게 조작할 수 있는 핸들 장치를 붙이는 것이 보통이다. 리프 지그의 주된 차이점은 지그의 크기와 공작물의 위치결정이다. 이 지그는 힌지핀과 본체의 틈새가 공작물 정밀도에 영향을 끼치는 단점이 있다.

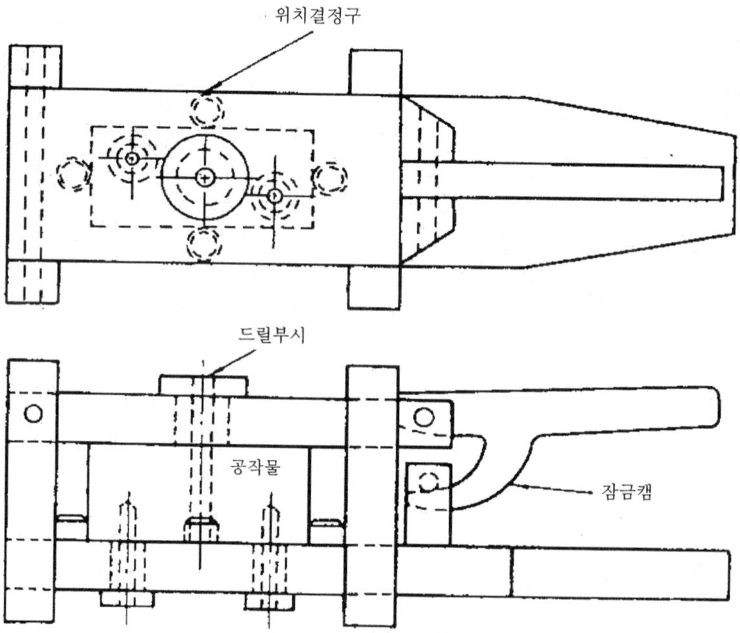

[그림 2−7] 리프 지그

(8) 분할 지그(indexing jig)

[그림 2-8]은 공작물 주위에 일정한 간격으로 구멍을 뚫거나 기타 기계가공하는데 사용되는 지그로서 지그부품 자체 또는 플런저(plunger) 등이 분할판으로 사용되며 대형의 분할 지그를 로터리 지그(rotary jig)라고도 한다.

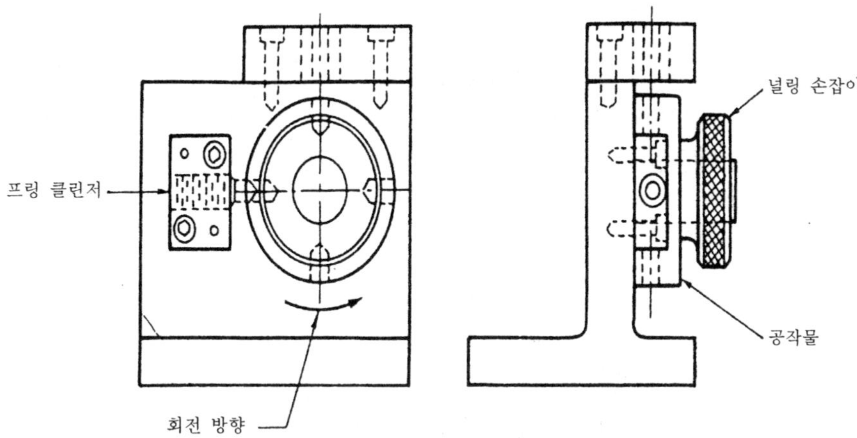

[그림 2-8] 분할 지그

(9) 트러니언 지그(trunnion jig)

[그림 2-9]는 주로 대형이거나 불규칙한 형상의 공작물을 가공하는데 사용되며, 로터리 지그와 유사하다. 먼저 공작물을 상자모양의 캐리어(carrier)에 넣고 트러니언에 올려놓는다. 이 지그는 몇 개의 플레이트 지그를 필요로 하는 크고 무거운 공작물 가공에 적합하다.

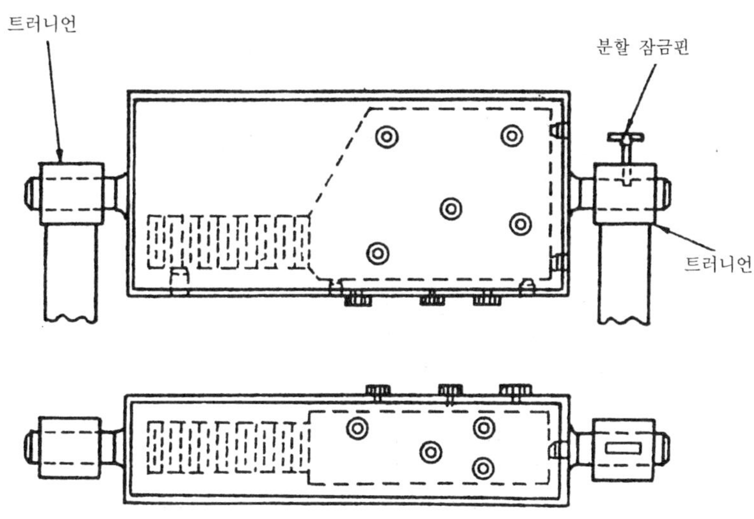

[그림 2-9] 트러니언 지그

(10) 펌프 지그(pump jig)

[그림 2-10]은 사용자의 용도에 맞도록 상품화되어 있으며 레버로 작동되는 지그판은 장착과 장탈이 용이하게 되고 사용자의 용도에 따라 약간의 변경만으로 여러 공작물에 대응할 수 있어 많은 시간을 절약할 수 있다.

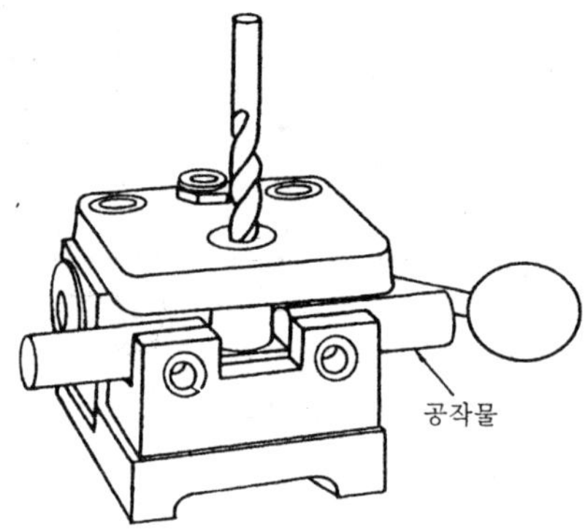

[그림 2-10] 펌프 지그

(11) 다단 지그(multistage jig)

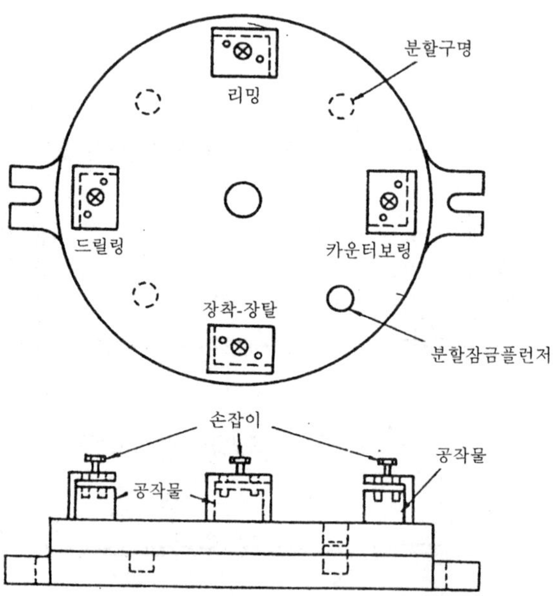

[그림 2-11] 다단 지그

[그림 2-11]은 이 지그의 특징인 공작물을 지그에 장착시키는 방법으로 1회 장착된 공작물에 드릴링, 리밍 카운터보링 등을 연속적으로 할 수 있으며, 최종적으로 가공이 끝난 공작물을 장탈하고 새로운 공작물을 장착할 수 있게 되어 있다. 일반적으로 다축 공작기계에서 많이 사용된다.

(12) 바이스 지그(vise jig)

기계 바이스로 개조하여 특수 형상의 조오(jaw)와 급속작동 클램핑 기구를 이용한 지그로서 공작물의 형태가 바뀌어도 간단하게 바이스의 조오만 개조하여 사용할 수 있으며 신속한 클램핑과 튼튼한 구조를 갖고 있다.

제2절 치공구의 설계계획

1. 설계의 기본요소

가. 공작물의 적절한 위치결정

공작물을 쉽고 빠르게 정확한 위치에 장착과 장탈을 하는 것은 중요한 사항이므로 다양한 위치결정 방법과 지지 방법을 충분히 검토한다.

나. 공작물 고정

공작물을 고정하기 위한 클램핑 방법은 공작물의 모양과 수량에 따라 다르므로 절삭공구, 공작물 재질, 가공변형 등을 고려한다.

다. 칩 제거 공간

칩이 절삭작업에 방해가 되지 않도록 충분한 공간을 주고 지그는 칩이 쉽게 제거되고 냉각수나 절삭유가 잘 빠지도록 설계한다.

라. 치공구의 재료

작업 특성이나 공작물의 재료에 따라 치공구 재질을 선정한다.

마. 마모부품의 교환

바. 작업자의 안전

작업자의 안전하고 편리한 작업을 우선하여 설계하고 안전장치는 레버나 장금 장치 등 보조 장치를 사용하여 안전에 대비한다.

2. 치공구 설계의 전개

- 공작물과 기계의 가공 분석
- 절삭공구와 이의 위치 관계
- 드릴 부싱
- 위치결정구 및 공작물 지지구
- 클램핑 장치 및 보조 체결기구
- 특수 장치 및 부속장치
- 본체 및 보조 구조물
- 중요치수 결정

3. 드릴지그 설계의 전개

가. 공작물의 위치

요구되는 작업을 수행하기 위해서는 절삭공구와 공작물의 위치 관계가 정해지고 적절한 위치에 공작물을 3면도로 작성한다([그림 2-12]참조).

나. 부싱의 위치

부싱의 위치는 부품도에 나타낸 구멍의 위치에 의해 결정된다. 부싱은 주어진 정확한 위치에만 자리잡을 수 있기 때문에 먼저 스케치되어야 한다.

부싱의 치공구의 다른 부품이 추가되어도 드릴링 작업에 간섭이 생기지 않도록 3면도 모두 도면을 작성한다([그림 2-13]참조).

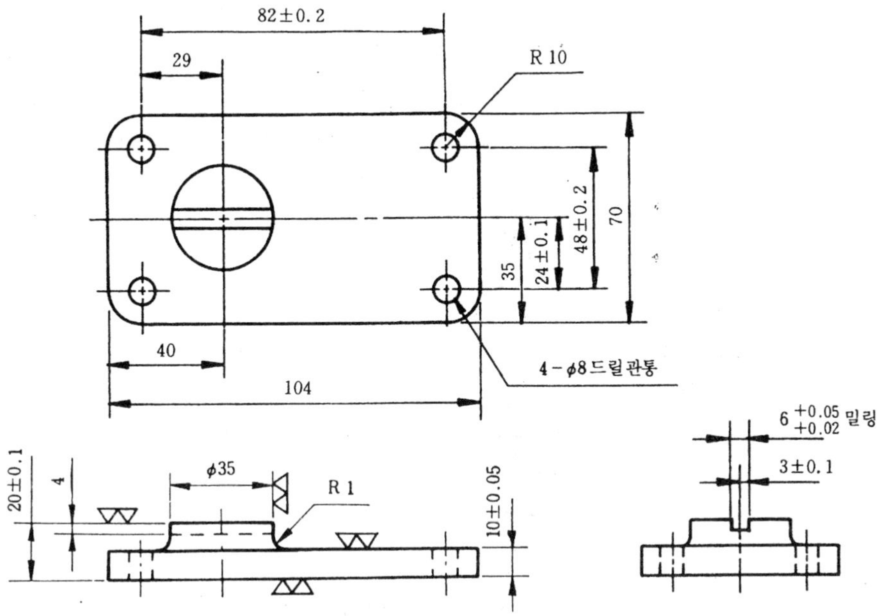

[그림 2-12] 공작물 도면

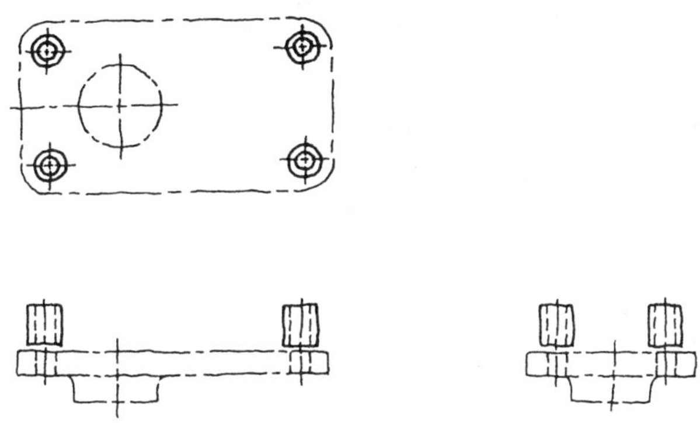

[그림 2-13] 부싱의 위치

다. 공작물의 위치결정

지그와 고정구에 공작물의 위치가 결정되면 모든 공작물이 장착시에 신속하고 쉽게 위치시킬 수 있도록 방법이 강구되어야 한다.

[그림 2-14]는 위치결정구가 스케치에 추가된 것을 보여주는 것으로 공작물은 구멍이 가공된 평편한 면에 의해 지지되고 보스가 이 구멍에 위치결정된다. 공작물은 정확한 위치에 쉽고 빠르게 장착되도록 하는 것이 중요하며 다른 지그나 고정구 부품에 간섭이 생기지 않도록 충분한 공간이 요구된다.

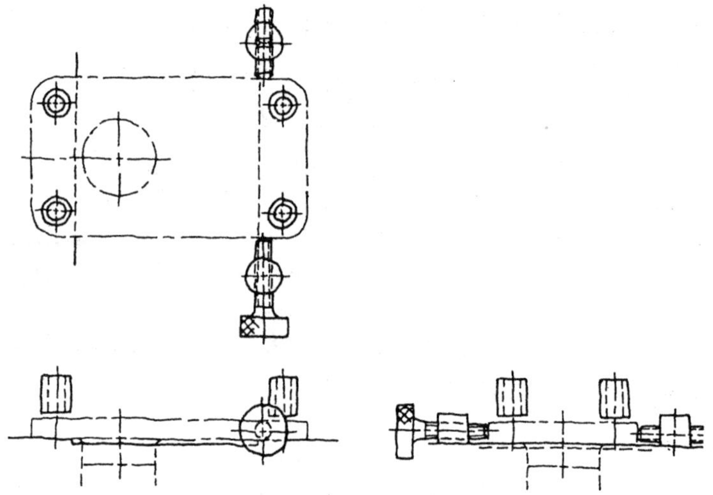

[그림 2-14] 위치결정구 스케치

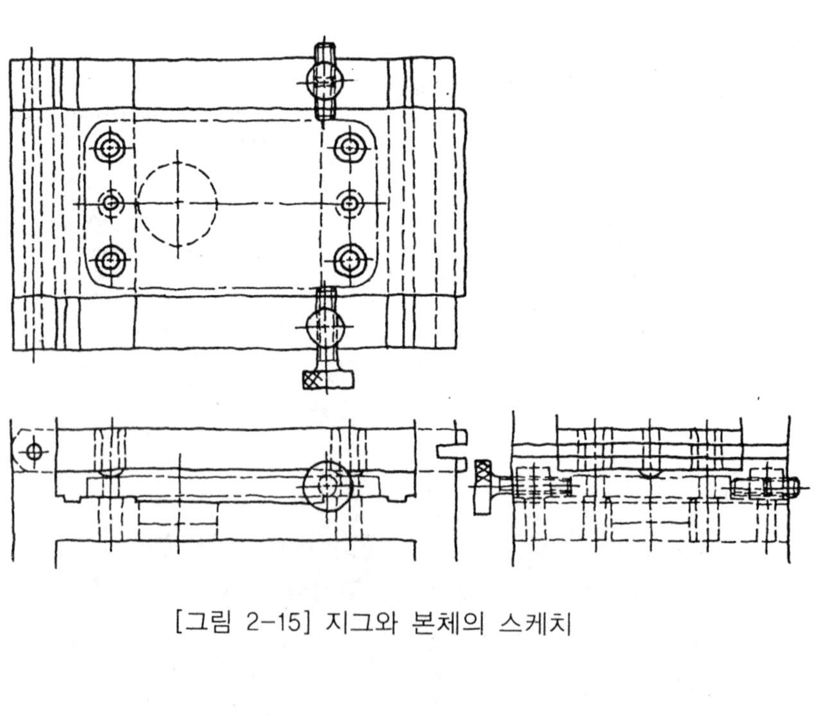

[그림 2-15] 지그와 본체의 스케치

라. 공작물의 클램핑

위치결정구는 지그나 고정구에서 공작물의 위치만 정해주는 역할을 하며 공구의 절삭저항에 대하여 공작물을 견고하게 잡아주는 역할을 할 클램프가 필요하다. 공작물 주위에 위치결정구를 설치한 스케치가 끝나면 클램핑을 하는데 [그림 2-15]는 공작물의 위치결정면 반대쪽에 리프(leaf)로 공작물을 고정하는 것을 보여준다.

마. 본체의 설계

지그와 고정구 본체의 설계는 이미 계획된 위치결정구, 클램프, 기타 고정장치 및 지그의 부품에 따라 달라진다.

[그림 2-15]는 지그 본체의 스케치가 추가된 상태이며 본체의 스케치에서 공작물 주위에 지그 부품과 지그가 첨가된 것을 보여준다. 완성된 스케치에는 리프가 형행이 되도록 래칭(latching)하는 적당한 방법을 포함시켜야 하며 용접된 본체 설계에는 드릴 지그에 대한 적절한 다리와 기타 부품을 추가한다.

바. 치수결정

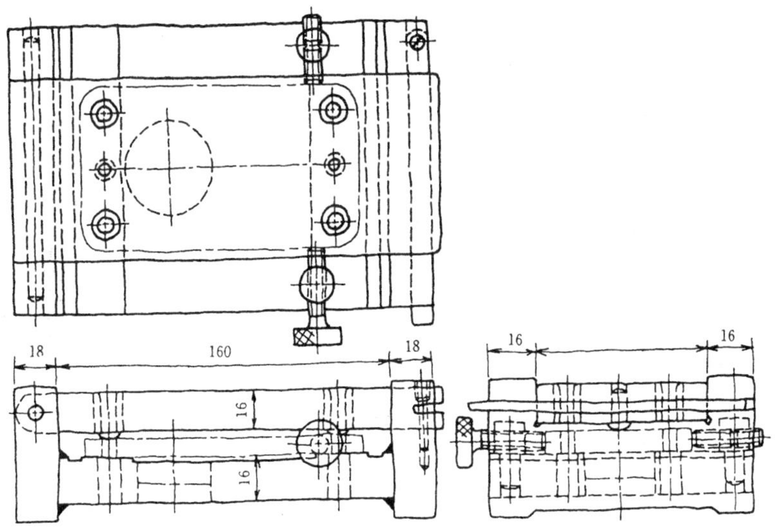

[그림 2-16] 지그와 본체의 치수결정

예비 스케치가 끝나면 설계자는 지그부품의 크기를 결정하여 이부 치수를 [그림 2-16]처럼 스케치에 기입하며 정확한 치수는 최종 지그 도면이 완성되었을 때 계산된다.

4. 고정구 설계의 전개

가. 공작물의 위치결정

[그림 2-17]은 공작물 보스(boss)부에 홈을 내기 위해 공작물을 스케치한 것으로 공작물은 전 공정에서 드릴 가공된 네 개의 구멍에 두 개의 핀에 의해 위치결정되고 이 핀이 압입된 평판에 의해서 지지된다.

나. 공작물의 클램핑

[그림 2-18]은 공작물의 지지된 가장 넓은 면 반대쪽에서 공작물을 안전하게 고정할 수 있는 스트랩(strap) 클램프를 사용했다. 두 개의 같은 클램프 중 하나는 자세하게 나타내며, 다른 하나는 간단하게 스케치되어 있다. 이 클램핑 기구는 스터드(stud) 볼트, 너트, 구면와셔, 스프링 등이 조합되어 있다.

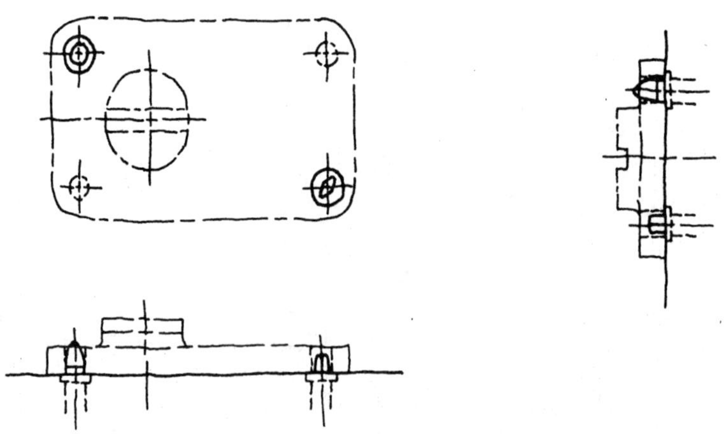

[그림 2-17] 위치결정구 스케치

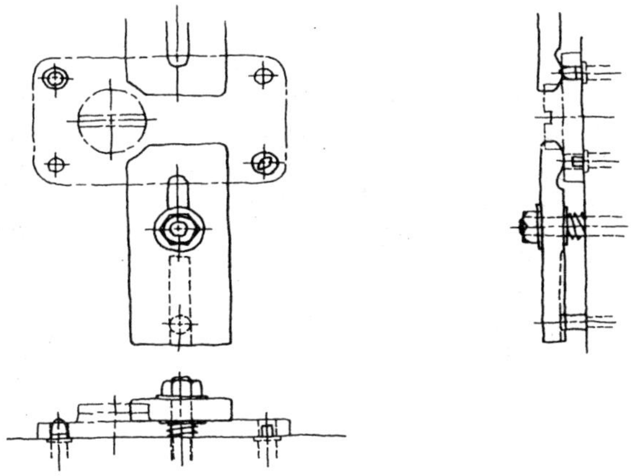

[그림 2-18] 클램프의 스케치

다. 특수 장치의 적용

적절한 절삭공구 세트블록이 [그림 2-19]에 스케치되어 있다. 이것은 홈파기 밀링가공을 위해 밀링커터를 적절한 위치에 설치할 수 있도록 해야 한다. 세트블록의 A면과 B면의 홈의 한쪽 측면과 깊이에 대해 일정한 간격이 생기게 설치되어 있고 이 공간에는 같은 두께의 필러 게이지(feeler gauge)가 절삭공구의 정확한 세팅을 위해서 사용된다. 세트블록은 두 개의 드웰핀(dwell pin)과 육각 홈붙이 나사로 공작물이 지지되는 평판의 표면 위에 고정되어 있다.

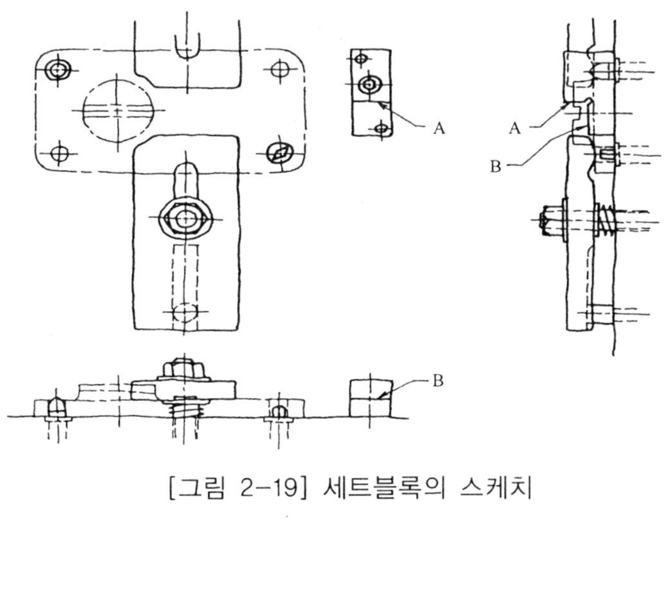

[그림 2-19] 세트블록의 스케치

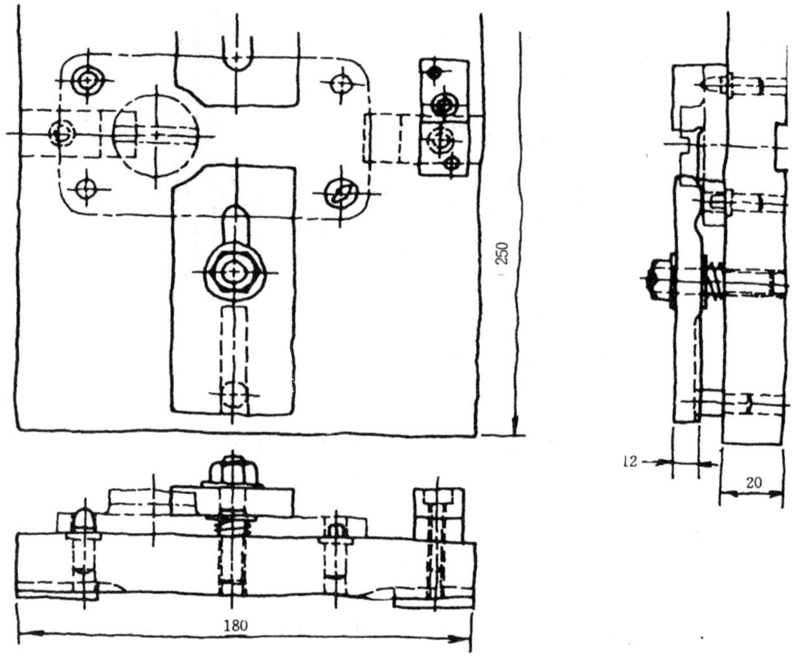

[그림 2-20] 고정구의 완성된 스케치

라. 본체 설계

[그림 2-20]은 앞에서 계획된 고정구 부품들을 수용할 수 있는 충분한 면적과 두께를 가진 평판으로 되어 있다. 이 고정구를 기계 테이블과 일렬로 배열시키기 위해서 본체의 밑면에 있는 슬롯 홈에 안내키(tongue)가 조립되어 있다. 본체의 사각 모서리 부분은 스트랩 클램프 등으로 기계 테이블에 고정할 수 있도록 계획되어야 하며 T-볼트로 테이블에 고정하려면 볼트를 위한 홈이 본체에 그려져야 한다.

마. 치수결정

예비 스케치가 끝나면 전체 크기가 결정되고 일부 치수가 스케치에 첨가된다. 정확한 치수는 최종 고정구 도면이 완성될 때 계산된다.

바. 설계검토

고정구의 부품이 아버(arbor)나 아버지지구(arbor support)와 간섭이 생기지 않도록 확인을 해야 한다. [그림 2-21]은 고정구의 완성된 조립도면에 절삭공구와 아버의 위치를 나타내며 이러한 연습을 통해서 간섭을 피하게 되고 고정구의 기능을 확실하게 하며 절삭 공구의 연삭을 위해 커터 직경에 대한 적당한 허용치를 주도록 하는 것이 좋다.

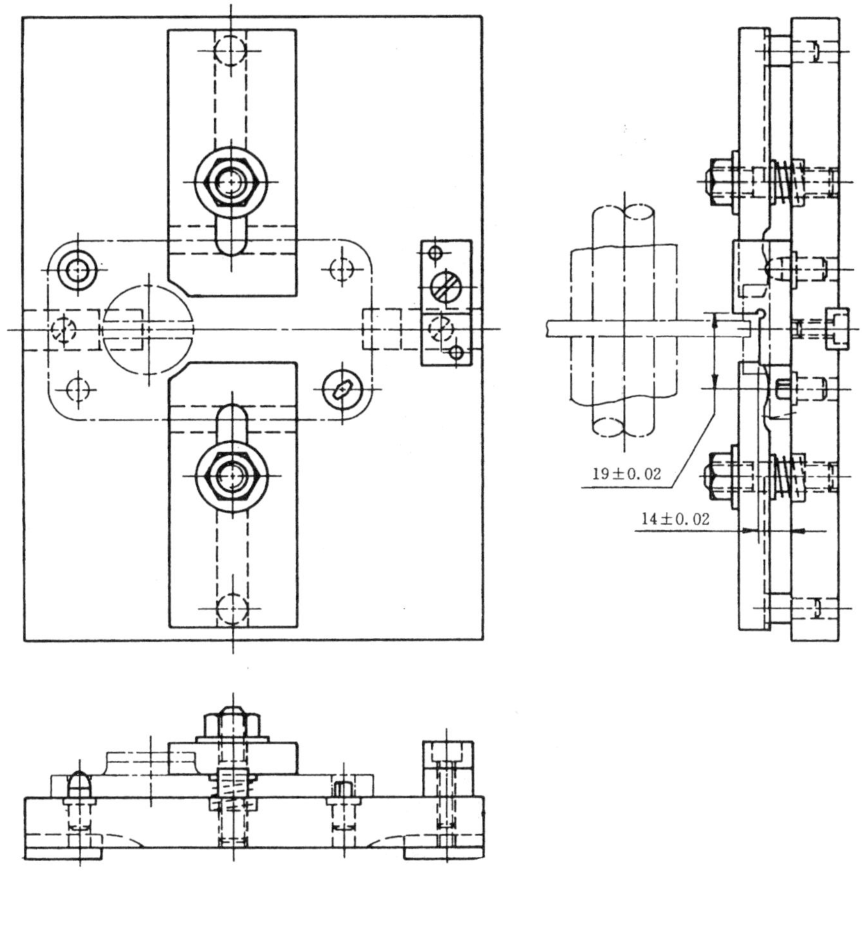

[그림 2-21] 완성된 고정구 도면

제 3 장

지그 및 고정구 설계

제1절 판형 드릴지그의 개요

1. 개 요

판지그는 드릴을 안내하는 구멍을 가진 평판들로 구성되며 형판 지그(template jig)와 비슷하지만 판의 공작물 이치를 확실히 하기 위하여 추가된 부품과 클램핑 장치를 갖고 있으며 판지그라고 볼 수 있다.

판형 지그의 일반적이 형태는 공작물의 모양에 따라 다르나 위치결정구와 클램핑 장치를 수용할 수 있는 크기로 하고 드릴 끝을 위한 여유를 고려하여 공작물 받침판이 함께 사용된다. 판지그의 사용 목적은 설계가 간단하여 가공비가 저렴한 드릴가공에 많이 사용한다.

2. 설계의 주요사항

모양과 크기가 같은 공작물을 네스트에 위치시키면 원자재의 폭이나 두께 또는 지름이 같다 해도 절단과정에서 길이가 일정치 않을 경우 네스트 안에서 길이 변화만큼 부정확하게 될 것이다.

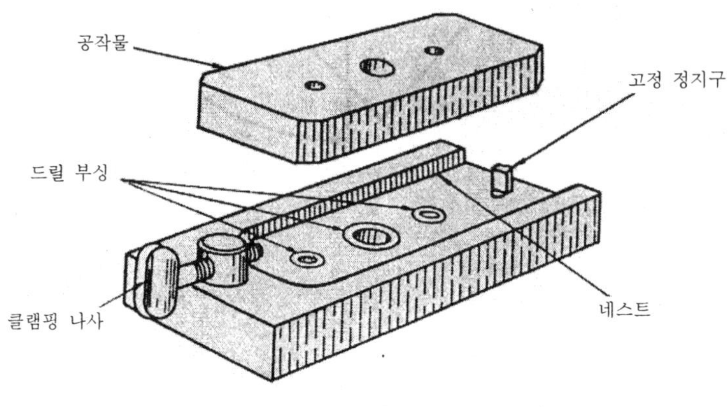

[그림 3-1] 판형 지그의 위치결정구

판 지그에서는 이러한 변화를 감안하여 균일한 치수 부분은 부분적으로 네스트하고 길이처럼 일정치 않은 부분에는 길이 방향으로 움직이지 않게 고정된 위치결정구와 클램핑 장치가 설치되어 있다. [그림 3-1]에서 공작물은 네스트 내에 끼워지고 클램핑 나사에 의해 고정 정지구(stop locator)에 정확히 위치되어진다. 공작물이 고정된 후에는 지그를 드릴 작업을 위해 뒤집어 밑판위에 올려놓고 드릴 가공한다.

[그림 3-2](a)는 돌출된 핀들을 가진 판지그로 클램핑 나사를 조일 때 핀에 의해 공작물의 둥근 부분이 항시 중심이 같게 되며, (b)는 공작물의 길이와 폭이 다를 때 사용되는 드릴지그이다.

지그판은 마모를 방지하기 위한 표면 경화된 부싱이 지그판에 압입되며 핀을 표면 경화시킬 경우 네스팅 표면은 연삭한다. 이때 연삭을 위해 내부 모서리에 연삭숫돌을 위한 여유 홈을 만든다. 이 홈은 칩이나 이물질로 인해 공작물이 네스트에 불확실하게 안착되는 것을 방지한다.

지그판의 크기와 무게는 공작물의 크기에 비례해야 한다. 너무 크게 되면 취급이 어렵고 공작물이 네스트에 정확히 위치되었는지도 확인하기 어렵다. 또한 판을 분리시키기 쉽게 손잡이를 위한 홈을 만들고 날카로운 모서리는 취급시 안전하게 모따기한다. 밑판은 공작물의 드릴 구멍이 수직되게 하기 위해 평행으로 만들고 칩 위에 직접 얹히는 바닥 면적을 줄여야 한다. 그 이유는 지그를 경사지게 하고 부정확한 드릴 작업의 원인이 되기 때문이다.

클램핑 나사는 잡기 좋은 모양으로 널링하고 기계테이블에 닿지 않게 작게 하고 나사가 변형되지 않는 모양으로 표면경화한다. 위치결정구는 공구강으로 경화되어야 하며 정확한 위치결정을 보장하기 위해 지그판에 조립된 후 정확한 치수로 연삭하는 마모를 줄이고 지그 수면을 길게 하기 위해 편평하게 만든다.

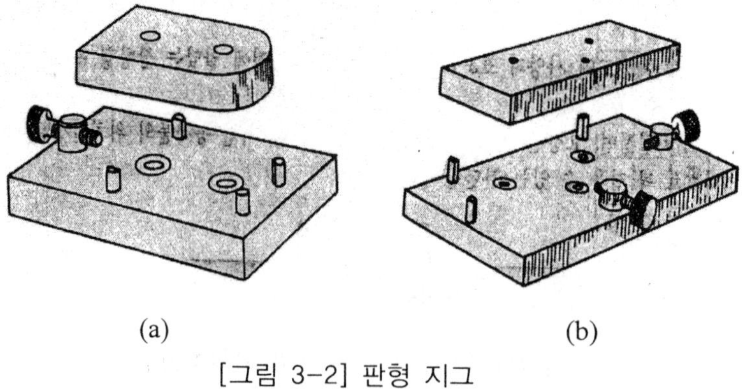

(a) (b)

[그림 3-2] 판형 지그

장방형 판지그가 크지 않다면 손으로 잡고 작업할 수 있으나 드릴에 의한 회전방지와 안전을 위해 [그림 3-2]처럼 두 개의 평행블록 사이에 설치하면 손으로 잡고 작업해도 회전을 방지할 수 있다.

3. 판지그의 장 · 단점

- 설계가 간단하고 제작이 용이하다.
- 제작비가 저렴하고 정확하게 구멍을 뚫을 수 있다.
- 정밀도가 떨어진다.
- 공작물 장착, 장탈이 신속하지 못하다.
- 이용범위가 편평한 공작물에만 사용할 수 있다.

제2절 판형 드릴지그의 설계

1. 설계과정

- [그림 3-3]의 제품도면 사양과 <표 3-1>의 공정 요약의 30공정에 알맞은 장방형 판지그의 설계방법을 설명한다.
- 평행한 위치결정면, 고정된 위치결정구, 클램핑 나사 등에 의한 공작물의 위치결정방법을 설명한다.
- 손가락으로 꽉 잡을 수 있는 구조를 설명한다.

〈표 3-1〉 공정 요약

공정번호	공정명	공구	장비번호	장비명	부서
10	절단 작업절단면이 폭에 대해 직각이 되게 50으로 절단한다.		1-1	연마석 절단기	절단실
20	버 제거 절단시 생긴 버를 제거한다.			작업대	다듬질
30	구멍가공 지그를 이용하여 두 개의 ∅6구멍을 관통한다.	지그ja 1-1	1-2	탁상드릴머신	드릴링
40	카운터싱킹 드릴링 구멍의 양 쪽을 카운터싱킹 한다.		1-2	탁상드릴머신	드릴링
50	슬롯 홈 가공 공작물 고정에 알맞은 바이스조를 이용하여 두 곳의 슬롯 홈을 동시에 가공한다.	바이스조 jf1-1	1-3	수평밀링머신	밀링
60	버 제거 슬롯 홈의 버 제거				
70	검사				QC

작성	일자	재료 : BS41	부품명 : STOP PLATE	부품번호
승인	일자	공정요약		매 : 매중

2. 예비자료

가공할 제품은 [그림 3-3]의 제품도면과 같이 두 개의 드릴 구멍과 두 개의 밀링 홈이 있는 장방형 공작물이며 생산 수량은 200개이다. 공정요약의 30공정에서 필요한 드릴지그는 두 개의 ∅6구멍을 드릴링하고 공작물의 수량이 적기 때문에 드릴지그 제작비가 저렴하므로 지그도면 JA1-1은 간단한 장방형 판지그로 공작물을 위한 홈, 부싱, 스톱핀, 클램핑 나사 등이 부착된 위판과 공작물을 올려놓을 수 있는 아래 판으로 되어 있다.

가공될 두 구멍은 같은 크기이기 때문에 탁상드릴 머신에서 작업하는 것이 편리하고 뒤집은 위판의 홈에 공작물을 끼우고 클램핑 나사를 조여서 스톱핀에 고정시킨다.

장착된 위판을 다시 뒤집어 아래 판의 홈에 공작물이 들어가게 올려놓고 [그림 3-4]처럼 기계테이블에 설치된 평행봉 사이의 칩과 기름 등을 솔이나 압축 공기로 깨끗이 청소하고 다시 작업을 반복하면 된다.

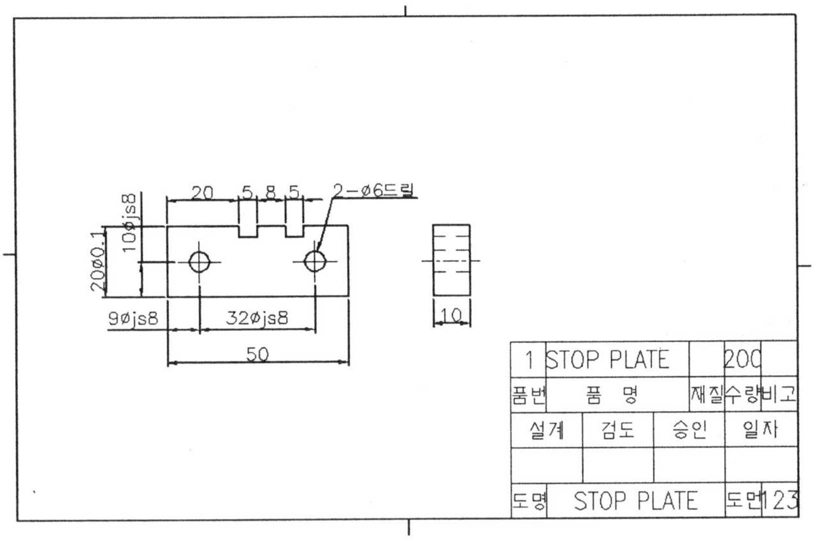

[그림 3-3] 제품도면

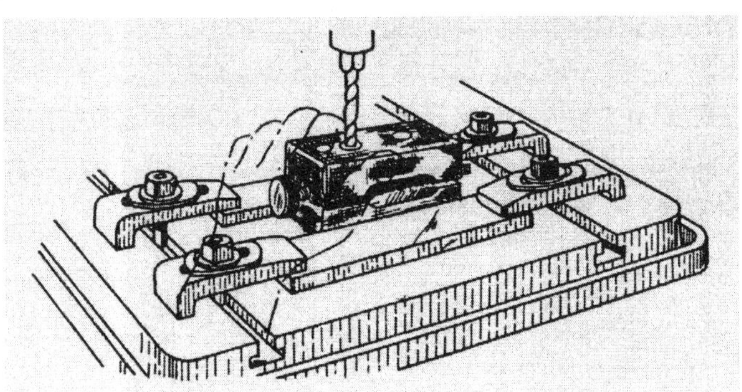

[그림 3-4] 판형 드릴지그 작업상태

3. 설계계획

제품도면과 공정요약을 검토해 보면 생산량이 적기 때문에 지그의 가격이 저렴하게 구조가 간단한 판지그로 설계되었다. 공작물의 폭은 일정하므로 양면을 네스트 홈에 위치시키고 길이는 절단공정에 일정치 않게 절단되므로 클램핑 나사를 사용하여 스톱핀에 고정한다. 이렇게 하면 공작물의 한쪽 끝으로부터 일정한 위치에 구멍이 뚫리게 된다.

위치결정구와 클램프를 스케치할 때 장착과 장탈을 용이하게 검토하고 아래 판을 설계할 때는 공작물을 위한 밀링 홈을 만들었고 드릴 끝의 여유와 칩 배출을 고려해 중앙에 깊은 홈을 파주었다. 위판과 아래 판을 손으로 쉽게 분리시킬 수 있도록 양판의 측면 모서리 부분을 크게 파주었으며 완성된 도면의 치수계산과 재료가 적절히 선택되었다.

4. 설계요소

가. 드릴부싱

부싱은 KS 규격에 맞는 ∅6드릴용 표준 고정 부싱으로 ∅10외경은 억지끼워맞춤을 위해 0.015~0.024 크게 연삭하고 길이는 12이다.

나. 공작물의 위치결정

위판 홈의 폭을 결절하기 위해서 공작물의 폭에 대해 검토해보면 제품도면에서 폭은 20±0.1로 되어 있다. 그러나 냉간 압연 봉자재인 경우 치수가 일정하게 만들어지므로 위판 홈의 치수는 비교적 헐거운 끼워 맞춤으로 만들어진다.

다. 위치결정 정지구

위치결정 정지구는 위판의 구멍에 억지 끼워 맞춤 되며 머리부의 일부에 편평하게 연삭한다. 이 면은 마모되는 것을 고려하여 넓게 만든 것으로 9±0.05의 조립치수로 연삭한다. 또한 정지구의 자루부가 구멍에 압입될 때 위치결정되는 면이 드릴부싱의 중심으로부터 같은 거리를 유지하기 위해 동심이 되어야 하며 머리부의 길이는 공작물의 두께보다 1mm정도 작게 하여 밑판과의 간격을 주어야 된다.

라. 클램핑 나사

클램핑 나사의 길이는 32로 나사를 조일 때 손가락이 들어갈 수 있는 충분한 여유가 된다. 나사의 머리는 널링하고 과도한 클램핑 압력이 작용하게 되는 것을 방지하기 위해 작은 직경으로 만들어야 하며 기계테이블 사이에 충분한 여유도 주게 된다. 클램프의 끝 부위의 나사산을 일부 없애는 것은 반복 클램핑 시 찌그러지는 경우 클램프를 쉽게 빼낼 수 있기 때문이며 끝부분을 둥글게 만들어 클램핑시 공작물을 들어 올리는 경향이 적게 한다.

마. 클램핑 암나사

클램핑 암나사는 위판의 구멍에 억지 끼워 맞춤 되며 머리부의 직경 12시 M6탭 구멍에 대한 충분한 크기이며 마모를 최소한 줄일 수 있는 나사길이이기도 하다.

바. 위 판

지그 부싱 구멍의 중시간 거리는 32 ± 0.02로 공작물 제작공차 ± 0.05에 대한 40%이다. 설계자는 치공구가 제품도의 주어진 공차 내에서 공작물을 만들고 치공구에 마노 여유를 주기 위해 제품도에 명시된 공차를 분배할 수 있는 능력을 기르는 것이 필요하다.

억지 끼워 맞춤 허용공차가 지그부싱에 주어져 있으므로 부싱 구멍은 ∅10으로 위판의 연삭평면에 대해 수직으로 리밍하며 조립할 때 부싱의 끝의 홈의 위치결정면 보다 빠져나와서는 안 된다. 부품5의 정지구에 억지 끼워 맞춤 허용치가 주어져 있으므로 ∅6구멍 역시 표준크기로 리밍하면 되고 구멍의 위치는 정지구의 편평한 면의 연삭량에 따라 결정된다.

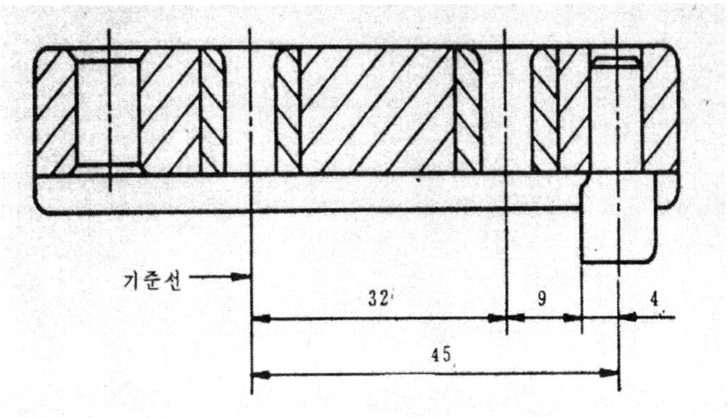

[그림 3-5] 기준선과 구멍 위치

[그림 3-5]에서 정지구의 반경 5로부터 1을 빼면 중심선에서 편평한 면까지의 치수가 되며 여기에 공작물 끝에서 첫 번째 구멍까지의 9와 부싱 중심간의 거리 32를 더하면 45가 된다. 이때 일반 공차의 반을 허용하면 치수는 45 ± 0.05 되며 공작물에서 9에 허용된 공차가 ± 0.1이므로 ± 0.05공차는 만족할만하다.

두께 15는 부싱의 길이에 홈의 깊이를 더한 것이며 윗면과 홈의 바닥은 평평하게 연삭한다. 위판의 폭은 38로 작업자가 밑판에서 위판을 손가락으로 떼어내기 쉽도록 모따기하기 위한 충분한 크기가 된다. 작업자를 다치게 하거나 불편을 주는 날카로운 부분과 모서리는 작업하기 편하게 없애주고 치공구 번호와 제품번호를 조각하고 드릴크기는 부싱근처에 조각한다.

위판의 길이를 [그림 3-6]에서 계산해 보면

· 판의 끝에서 정지구까지의 거리	3
· 정지구의 머리 두께	9
· 공작물의 길이	50
· 클램핑 나사 돌출부 길이	3
· 클램핑 암나사 지름	12
· 판의 끝에서 암나사까지의 거리	3
· 전체길이	+80

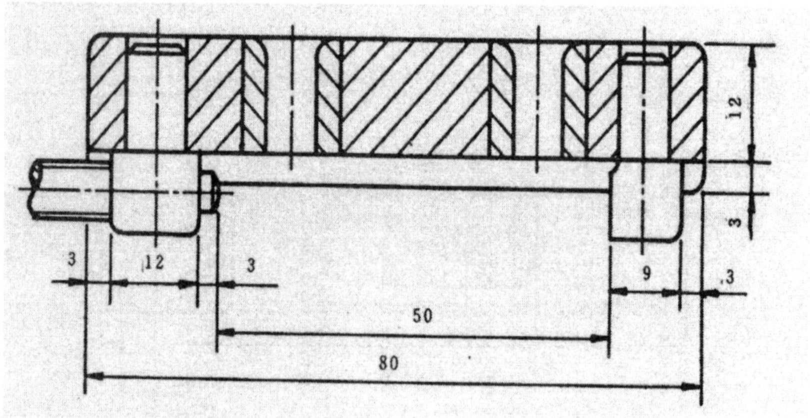

[그림 3-6] 위판의 길이계산

사. 밑 판

밑판의 주목적은 드릴끝이 공작물을 뚫을 때 기계테이블을 보호하는 것이다. 밑판은 위판과 비슷하며 길이는 같으나 폭이 3정도 작은 것은 위판을 손가락으로 쉽게 잡을 수 있게 하기 위해서다. 손으로 잡기 위한 윗부분은 5×45°모따기한 것이다. 부싱과 위치결정구가 밑판에 있지 않기 때문에 공작물을 위한 홈은 다소 크게 하는 것이 좋으며 드릴끝과 버, 칩 등을 위한 여유를 주기 위해 밑판의 중심에 8의 홈을 파준 것이다.

칩과 지그의 경사 등을 고려하여 바닥면은 기계테이블과의 접촉면적은 줄여주고 가공시 공작물의 구멍이 수직이 되도록 공작물 접촉면과 바닥면을 평행하게 연삭한다. 지그를 사용하지 않을 때 두 판을 묶어서 보관할 수 있도록 구멍을 뚫어야 하며 모든 날카로운 모서리는 제거하고 식별을 위해 치공구 번호를 조각한다.

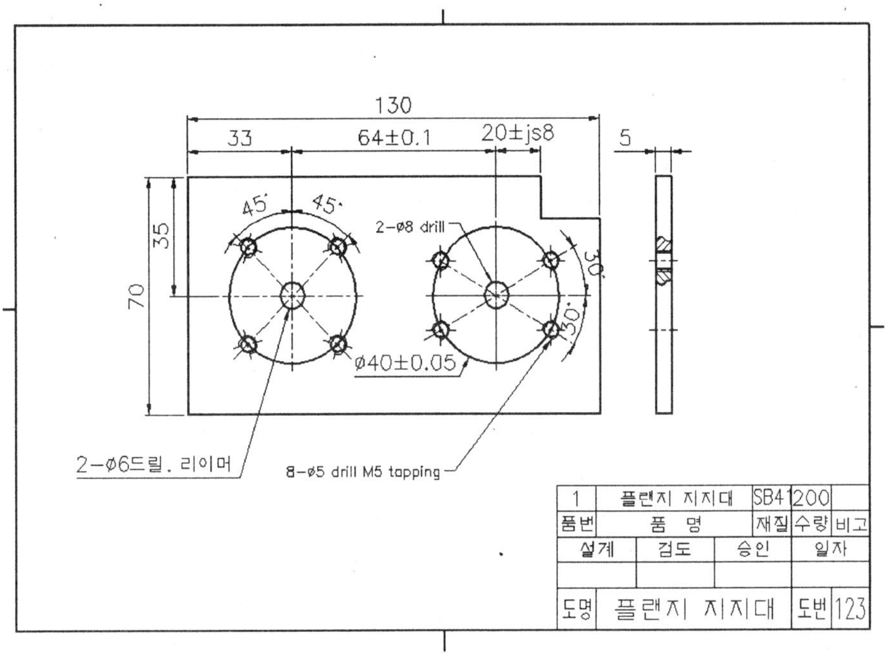

[그림 3-7] 제품도면

5. 설계과제

가. 설계도면

[그림 3-7]의 제품도면을 분석하고 공정요약의 30공정에서 필요한 드릴지그를 [그림 3-8]의 공정 작업도에 의해 설계한다.

〈표 3-2〉

공정번호	공정명	공구	장비번호	장비명	부서
10	절단 작업		1-1	연마석 절단기	절단실
20	버 제거			작업대	다듬질
30	2개의 ∅6과 8개의 ∅4.2 탭구멍 드릴링	지그JA1-1	1-3	2축 드릴머신	드릴링
40	8개의 구멍을 카운터 싱킹		1-2	탁상드릴머신	드릴링
50	밀링가공	바이스조오 JF1-1	1-3	수평밀링머신	밀링
60	버 제거			작업대	다듬질
70	검사				QC

작성	일자	재료 : BS41	부품명 : STOP PLATE	부품번호
승인	일자	공정요약		매 : 매중

나. 작업순서

(1) 20공정까지 검토하여 공작물 상태를 파악하고 30공정에서 행해지는 드릴 작업에 대해 연구한다.

(2) 제품도 111과 비교하여 같은 점과 다른 점을 검토한다.

(3) 지그도면 JA-1-1을 기본으로 지그를 설계하고 설계요소에 대한 설명을 재검토한다.

(4) 드릴지그 설계순서에 의해 스케치하고 다음의 제안을 참고한다.

(5) 완전한 지그 도면을 제도한다.

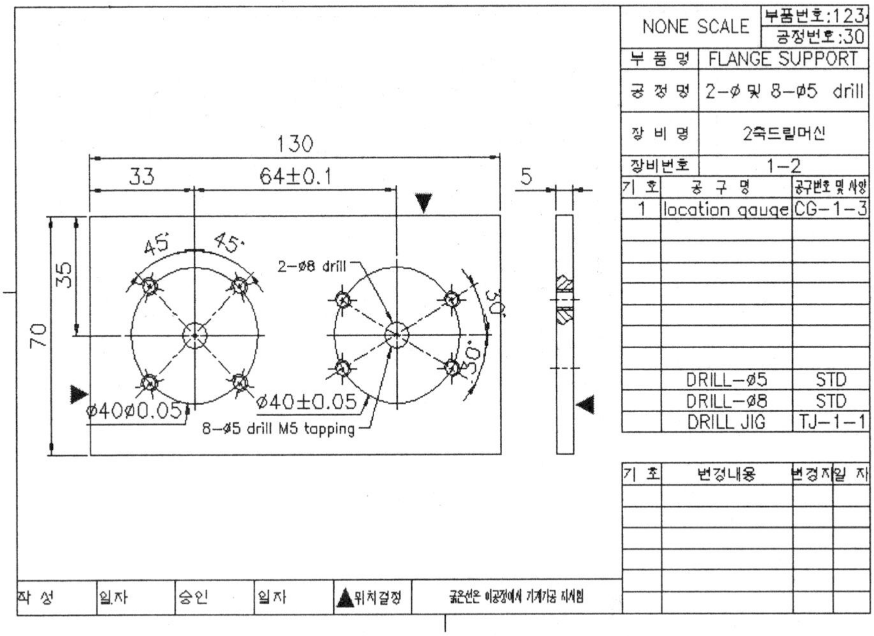

[그림 3-8] 공정 작업도

다. 제 안

(1) 지그부싱 : 표준 민머리 압입 부싱을 선택한다.

(2) 위치결정 방법

- 공작물을 위판의 홈에 의해 위치결정한다.
- 공작물의 한쪽 끝을 일정한 위치에 오게 위치결정 핀을 사용한다.
- 반대편 끝에 대해서는 간단한 나사클램프를 사용한다.

(3) 지그의 본체

- 재질은 SM45C를 사용한다.
- 위치결정 홈의 깊이는 공작물의 두께에 비례한다.
- [그림 3-10]에서 보여주는 것처럼 지그부싱을 위한 구멍의 위치를 정확히 결정한다.

(4) 밑 판

- 공작물 삽입 홈은 드릴 끝과 버를 위해 기계가공하고 칩의 쉽게 제거되도록 판을 설계한다. 바닥면은 기계테이블과의 접촉면적을 줄일 수 있게 한다.

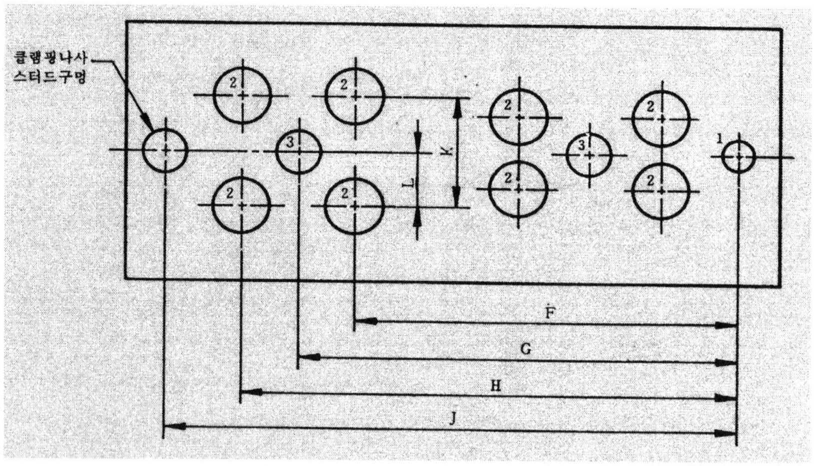

[그림 3-9] 부싱의 구멍 배열

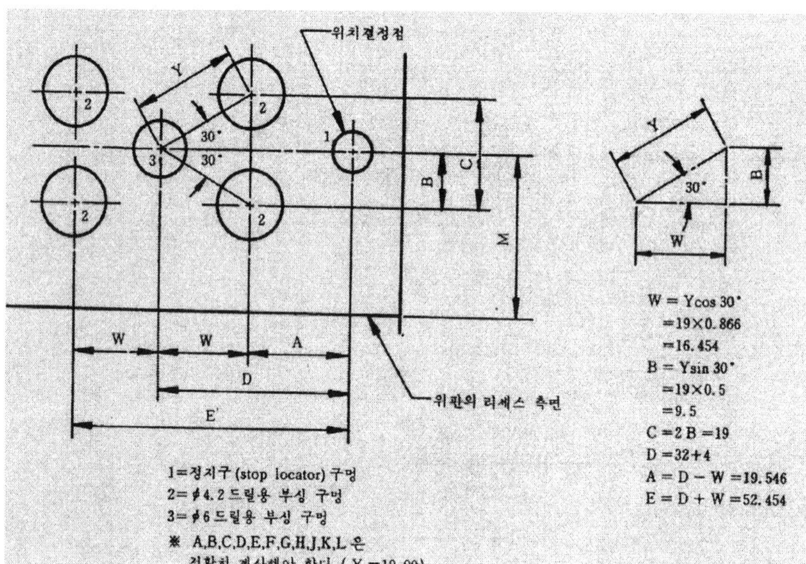

[그림 3-10] 부싱 구멍의 위치 치수 환산

제3절 밀링 고정구

1. 설계상의 요점

가. 공작상의 정도

공작 정도라는 것은 평행도, 편심, 기타 치수법의 정도를 뜻하는 것으로 정도를 결정하는 요소로서는 공작기계 자체의 정도 고정구에 따른 위치결정이나 클램핑 공작 중 절삭력에 의해서 발생하는 오차 등이 있다. 여기서는 공작물의 일정치수가 아닌 공차 내에서 변화하고 있을 경우의 공작물의 변화에 대한 정밀한 고정구 제작에 대한 사항을 나타낸다.

[그림 3-11]의 (a)는 공작과 정도의 문제를 표시한 예로서 축에 키홈을 절삭하는 경우 키홈폭 B와 같이 깊이 h를 나타낸 것이다. [그림 3-11]의 (b)에 표시된 것과 같은 고정 방법을 이용하면 축 자체에도 제작시의 치수 공차가 있으므로 축의 최대 치수의 경우와 최소 치수는 중심선 관리에 나타난 것과 같이 수직 중심과 수평 중심의 변화에 따라 홈의 중심과 축의 중심이 일치하지 않게 된다.

최대 치수의 경우 축에 지름을 D로 하고 최소 치수의 경우에 지름을 d로 하면 최대 치수에 따른 키홈의 중심성의 오차 e는 $e = (D - d)/2$로 된다. 같은 방법으로 (c)의 경우에 편위식 e_o는 $e_o = (D - d)2\ \tan\theta$로 되고 각도 θ가 작게 되면 e_o는 크게 된다.

따라서 이와 같은 고정 방법에서는 편위가 양측 방향에 생겨서 좋은 결과가 얻어지지 않는다. 여기서 (d)와 같은 V블록을 이용하면 상하(수평)방향의 편위량(키홈의 깊이 h)을 발생해도 좌우(수직)방향의 편위량(키홈의 폭 B)은 0이 된다.

그러나 이 경우 밀링커터의 높이가 일정하면 공작물의 지름의 대소는 홈의 깊이 h에 영향을 끼치는 것에 주의해야 한다. 일반적으로 고정구 설계에 있어서도 보통 공작물은 일정한 치수가 아닌 약간의 크기 변동이 있으므로 항상 이를 고려하여 적절한 고정구를 설계하여야 한다.

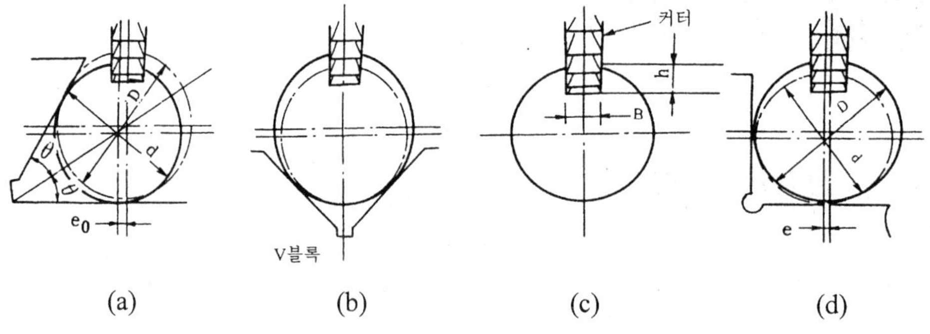

[그림 3-11] 키홈의 절삭

나. 밀링커터의 지름

[그림 3-12](a)는 평면 밀링커터로서 공작물의 상면 A, B, C, D를 절삭하는 것이며 A점의 모서리를 절삭할 때 큰 밀링커터의 중심은 R, 작은 밀링커터의 중심은 P이며, 절삭을 끝마칠 때의 각각의 중심은 S, Q이다.

따라서 절삭 이송량 L>I로 되므로 밀링커터가 지름의 큰 쪽이 크게 된다. 또 작은 밀링커터는 절삭 마력이 작은 이점도 있지만 그 반면에 절삭날의 수명이 짧다.

정면 밀링커터의 경우는 [그림 3-12](b)에 표시한 바와 같이 절삭축의 중심부터 절삭 완료의 중심까지의 이송량 L은 밀링커터의 지름이 큰 경우 적어진다.

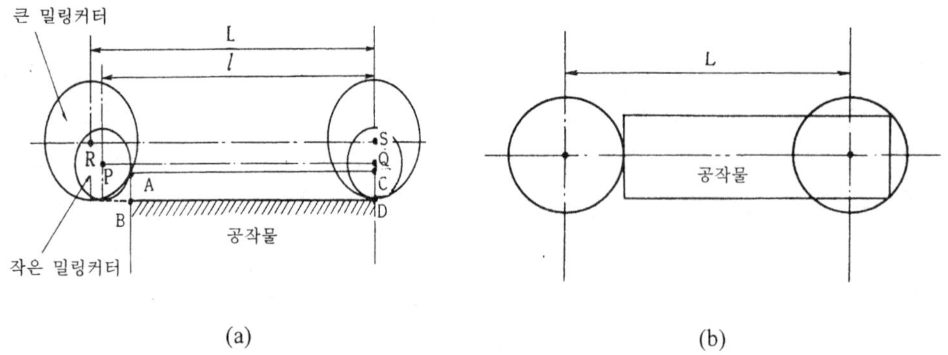

[그림 3-12] 정면 밀링커터

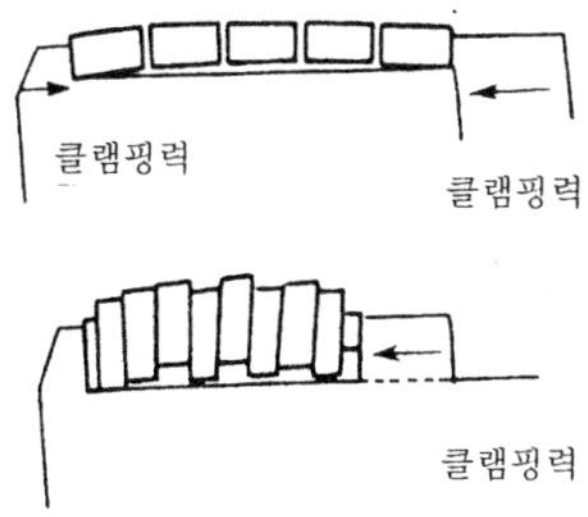

(a)

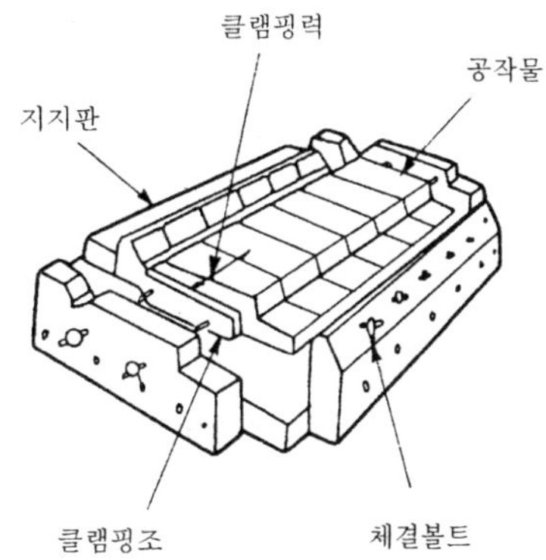

(b)

[그림 3-13] 각재의 다수 클램핑

다. 다수 클램프

클램핑 기구는 될 수 있는 대로 다수의 공작물을 동시에 클램핑하는 기구를 사용하도록 하는 것이 바람직하다. [그림 3-13](a)는 여러 개의 공작물을 동시에 놓은 후 양단으로부터 바이스로 클램핑한 것으로 이러한 경우는 일반적으로 그림과 같이 중간이 떠오르므로 이 경우 (b)와 같이 가로 방향으로부터 각 공작물 1개마다 체결 볼트를 설치해서 클램핑하든지 다름 조치를 취해주어야 한다.

2. 바이스의 지지 고정구

바이스 지지 고정구는 간단한 고정구로서 판으로 만들어지는데 그 위에 부품을 위치결정, 지지 및 클램핑하기 위한 것들이 다양하게 설치되어 있다. [그림 3-14]의 바이스 지지 고정구는 원래 소형 경량이며 단순한 플레이트 고정구이다. 이들은 일반적으로 기계의 바이스나 척에 설치되나 기계테이블에 직접 설치되지는 않는다. 바이스 지지 고정구는 경절삭이 요구되는 작은 부품에는 이상적이다. 정밀도가 떨어지나 경제적으로 사용할 수 있다.

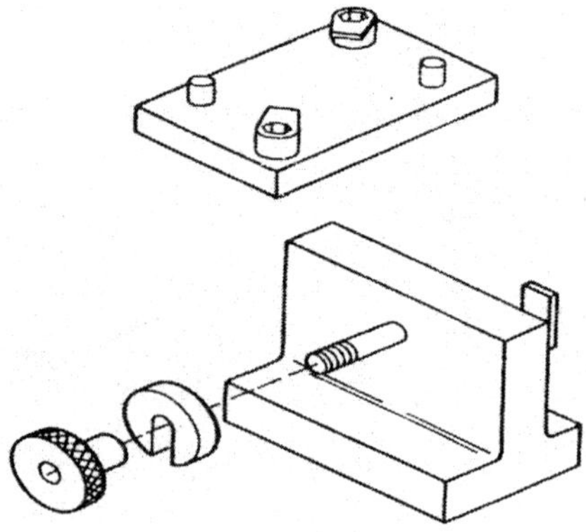

[그림 3-14] 바이스 지지 고정구

3. 바이스 지지 고정구의 설계

바이스 지지 고정구를 설계하는데 있어서 첫 단계에는 생산 데이터의 수집과 분석이다. 공구설계기사가 그 작업을 위해 사용될 가장 효과적이고 경제적인 공구가 바이스 지지 고정구라고 결정한 다음 공구 설계는 시작된다. [그림 3-15]의 공작물(butt plate)을 위한 부품도면과 [그림 3-16] 공정 작업도로부터 다음 사항을 얻어낼 수 있다.

(1) 부품은 직경 65m이고 두께가 20mm인 평면 원판이다.
(2) 부품은 세 개의 구멍을 가지고 있는데 하나는 25mm 구멍이고 두 개는 45mm 떨어져 뚫어진 5mm 구멍이다.
(3) 재료는 SM20C(기계구조용 탄소강)이다.
(4) 이 공정에서의 작업은 8mm 깊이로 45mm 떨어진 두 개의 평면을 밀링가공하는 것으로 두 면은 서로 0.5°이내에서 평행하여야 한다.
(5) 생산량은 150개이다.
(6) 밀링가공을 위한 공작물은 선삭, 면삭, 보링 및 드릴링 가공이 되어 있다.

이와 같은 정보를 가지고 공구설계기사는 적합한 바이스 지지 고정구를 설계하기 시작한다.

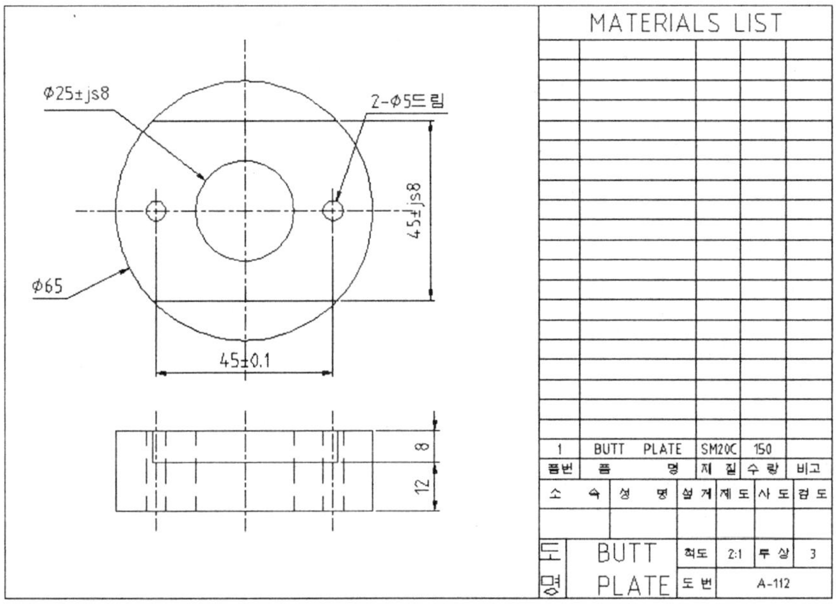

[그림 3-15] 부품도면

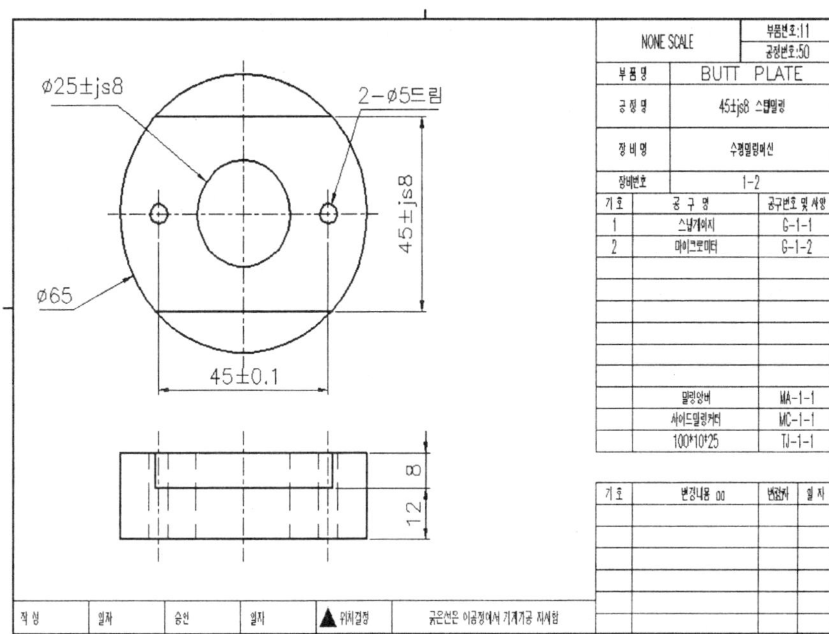

[그림 3-16] 공정 작업도

〈표 3-3〉 부품 공정요약

공정번호	공정명	장비번호	장비명	부서	개정기호	개정자	일자
10	∅65봉재로 22mm 두께로 절단	1-1	절단기	11			
20	20mm 두께로 면삭	1-2	터릿선반	12			
30	∅25mm±js8로 드릴링 리밍	1-2	터릿선반	12			
40	∅5mm 구멍 2개 드릴링	1-3	드릴프레스	13			
50	45±js 8스텝밀링	1-4	수평밀링	14			
60	버 제거	1-5	텀블러	15			
70	검사	1-6	검사대	10			

제도	검도	승인	적요	재료 SM20C	부품명 BUTT PLATE	부품번호
일자	일자	공정요약				1의1

가. 부품의 위치결정

이것은 설계기사가 고려해야 할 가장 중요한 과제이다. 여기서는 중요 점을 마음속으로 반복할 수 있다. 위치결정점은 공차 내에서의 치수 변화와는 관계없이 가공되는 각각의 공작물에 허용 가능한 기계가공 정밀도로서 선택되어야 한다.

공작물(butt plate)이 드릴링 작업을 위해 중심 구멍으로 위치결정하였다할지라도 그 중 중심구멍은 밀링작업을 위해서도 사용될 수 있다. 각각의 작업을 위하여 공작물에 같은 위치결정점을 사용한다면 각각 다르게 관계될 것이다.

[그림 3-17]은 같은 부품을 기계가공하기 위해 두 개가 같은 부품을 기계가공하기 위해 두 개가 다른 위치결정점들을 사용했을 때 나타날 수 있는 조건이다. 정밀한 부분들은 보통 부품도면상에 아주 작은 공차로서 나타내거나 치수를 공작물과 관련지어 표시한다.

일반적인 법칙은 이용할 수 있는 구멍 또는 기계 가공된 모서리와 같은 부분 등이 없을 때 공구설계기사는 도면에 공작물의 치수를 넣을 때 처음 위치시킨 같은 점을 사용하게 될 것이다.

[그림 3-18]은 작업을 계속하기 위해 부품을 위치결정하는데 사용될 첫 번째 기계가공 위치결정점의 세부도이다. 공작물은 정확하게 위치결정하기 위해서 공구 설계기사는 1차 위치결정구로서 25mm의 중심구멍을 사용할 것이고 2차 위치결정구로서 5mm 구멍들 중의 하나를 사용할 것이다.

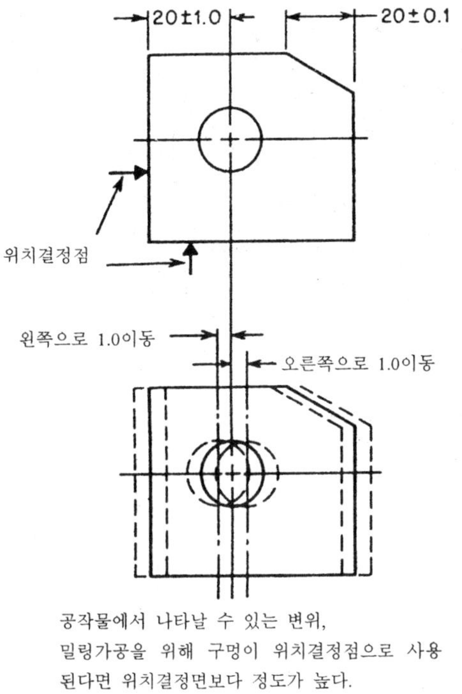

[그림 3-17] 위치결정점 차이로 발생되는 오차

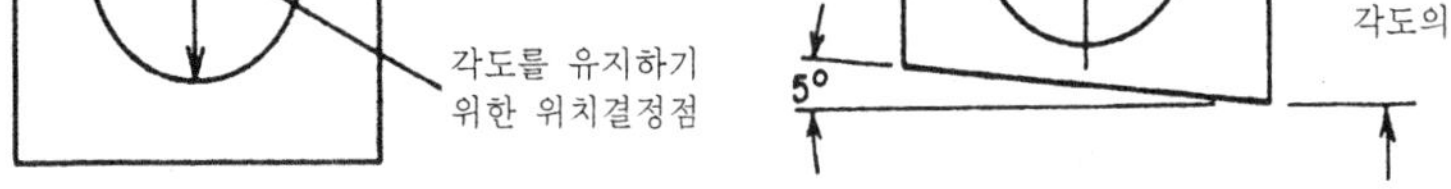

[그림 3-18] 위치결정점의 결정

이와 같은 경우에 2차 위치결정구는 1차 위치결정구 둘레를 공작물이 반경 방향으로 회전하는 것을 방지해 주어 [그림 3-19]와 각각이 밀링커터와 관계되는 공작물의 위치를 잡아준다. 2차 위치결정구는 1차 위치결정구를 보충하는 것으로 사용된다. 각각의 2차 위치결정구는 운동의 방향을 따로따로 제한한다.

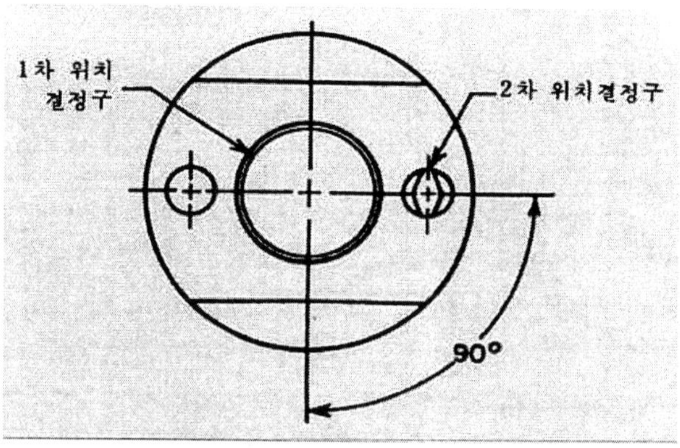

[그림 3-19] 2차 위치결정구

[그림 3-20]과 같은 여분의 위치결정구는 같은 방향으로 움직임을 제한하는데 하나 이상의 위치결정구가 사용된다. 만약 중심구멍에 추가로 양쪽에 5mm 구멍이 공작물을 위치결정하는데 사용된다면 그 위치결정구는 여분의 위치결정구가 될 것이다.

그렇다 할지라도 양쪽 5mm 구멍들이 위치결정구로 사용되고 중심구멍이 사용되지 않는다면 그 위치결정구의 위치는 템플레이트 지그를 위해 첫 번째 부시의 위치를 잡는 것과 같은 순서이다. 템플레이트 지그에서 1차 위치결정구는 직경 24.88±0.01mm이었으므로 바이스 지지 고정구에서 1차 위치결정구는 같은 치수가 될 것이다.

바이스 지지고정구에서 2차 위치결정구는 [그림 3-20]과 같이 1차 위치결정구로부터 22.5mm±0.05mm 떨어진 템플레이트 지그에서의 첫 번째 부시의 위치와 같을 것이다.

부품이 이와 같은 간격으로 드릴가공이 되었다고 논리적으로 가정한다면 같은 치수의 부품은 같은 간격의 위치결정구들에 걸리게 될 것이다.

장착(loading) 및 장탈(unloading)을 쉽게 하고 재밍(jamming)을 방지하기 위해 첫 번째 위치결정구의 높이는 부품두께의 1/2 정도로 한다.

2차 위치결정구는 [그림 3-21]과 같이 깎아낼 수 있고 깎아낸 위치결정구의 형태를 살펴보아라. 완전한 직경의 핀은 1차 위치결정구를 중심으로 하여 부품이 반경방향으로 움직이는 것을 방지한다. 쉽게 장착할 수 있는 또 다른 방법의 하나는 2차 위치결정구를 1차 위치결정구보다 2mm 짧게 만드는 것이다.

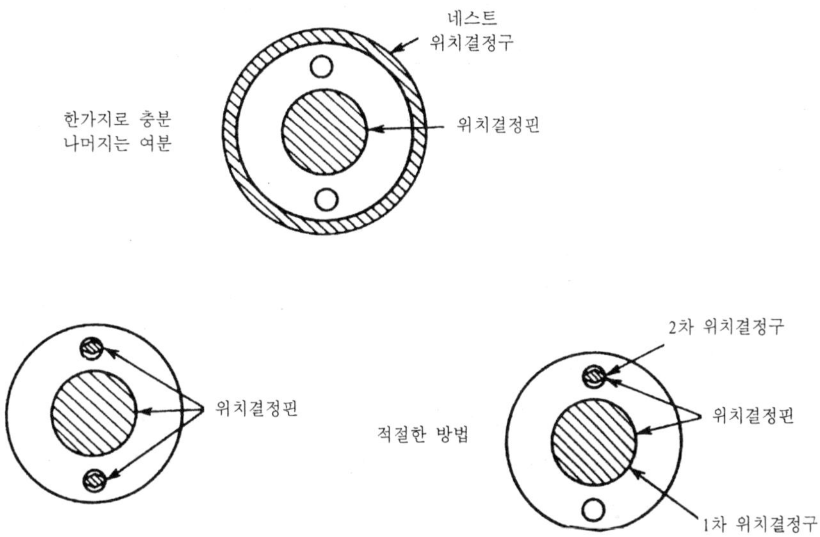

[그림 3-20] 여분의 위치결정구와 2차 위치결정구

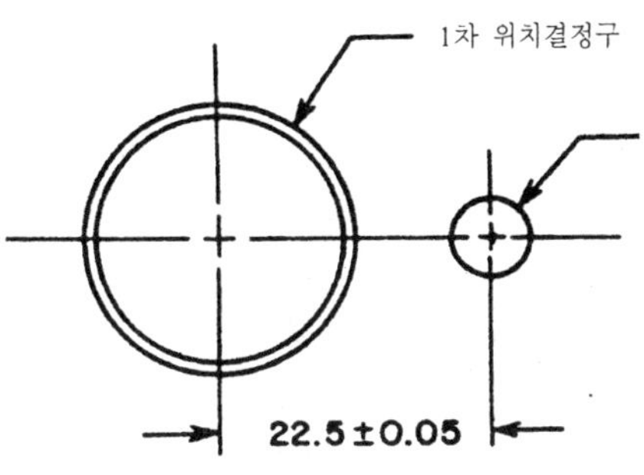

[그림 3-21] 2차 위치결정구의 위치

이것은 부품이 1차 위치결정구에서 먼저 위치할 수 있고 2차 위치결정구에 삽입되어질 때까지 돌아가는 것을 허용한다. 두 개의 핀 사이에서는 공작물이 항상 걸릴 수 있는데 이 방법을 쓰면 두 핀에 공작물을 위치시키기는 쉽다.

나. 부품의 지지

부품이 완전히 기계가공되어 있고 그 두께가 굽힘에 대해 영향을 받지 않기 때문에 특수한 지지구는 요구되지 않는다. 이 경우에는 공작물이 고정구 밑면으로 지지되기 때문에 경비가 절감된다. 단체의 지지 버튼을 사용할 수 있으나 그것을 설치하는데 소비되는 시간은 버튼의 가격과 거의 같다.

다. 부품의 클램핑

클램프의 형식, 형태, 클램핑, 압력 및 클램프의 위치는 클램프를 선택하는 중요한 요소들이다. 이 공작물의 경우에 급속 작동될 수 있고 장착과 장탈을 신속하게 할 수 있다. 이와 같은 요구에 맞는 장치로서 공구설계기사는 [그림 3-22]와 같은 캠작동 스트랩 클램프를 선택한다.

일단 공수의 요소들이 선택되면 확실하게 공구가 일을 할 수 있도록 각각 적당한 위치를 잡아주어야 한다. 이것을 하는 가장 좋은 방법은 [그림 3-23]과 같이 스케치에 의한 것이다. 일단 스케치가 완성되고 그 공구가 의도된 대로 작업을 수행할 수 있다고 확신하게 되면 공구밑면의 치수가 결정되어야 한다. 이 고정구에서는 밑면은 70mm의 폭과 150mm의 길이를 갖는다. 부품과 공구 요소들을 확실하게 잡고 지지하기 위해서 두께는 작아도 25mm는 되어야 할 것이다. 제작 원가를 줄이기 위해서 밑판은 표준 주철판을 잘라 쓸 수도 있다.

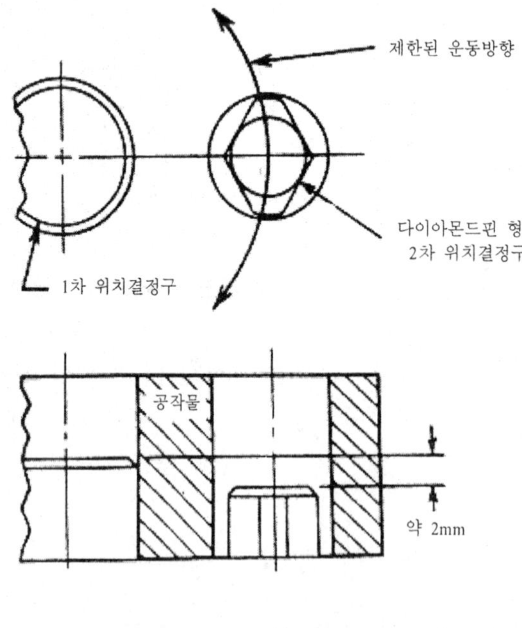

[그림 3-22] 다이아몬드핀의 사용

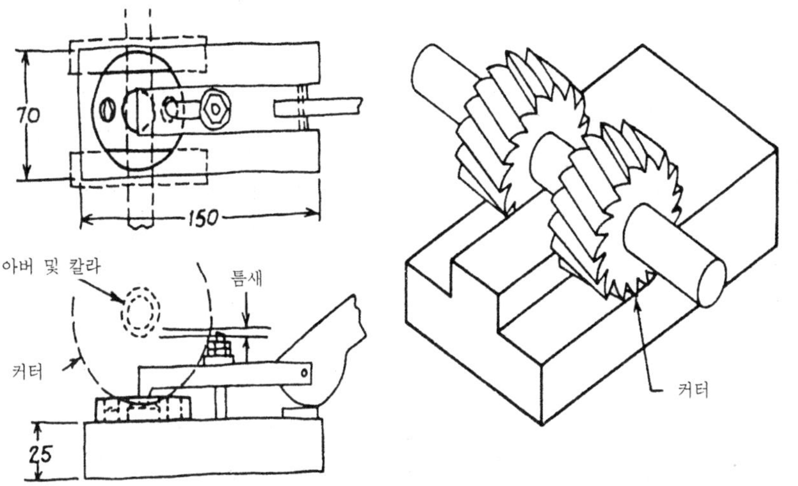

[그림 3-23] 고정구 스케치와 스트래들 밀링

라. 커터의 위치

공작물(butt plate)을 제작하는데 따르는 밀링작업은 평행한 단붙이(shoulder)가 요구되는 것으로서 가장 좋은 기계가공 방법은 스트래들(straddle) 밀링이다. 스트래들 밀링은 [그림 3-24]와 같이 동시에 양쪽 면을 기계가공한다.

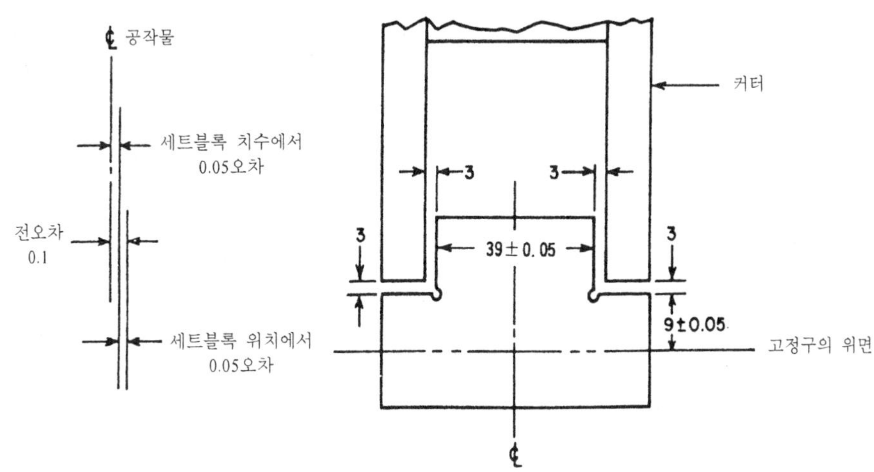

[그림 3-24] 세트블록의 위치 및 치수

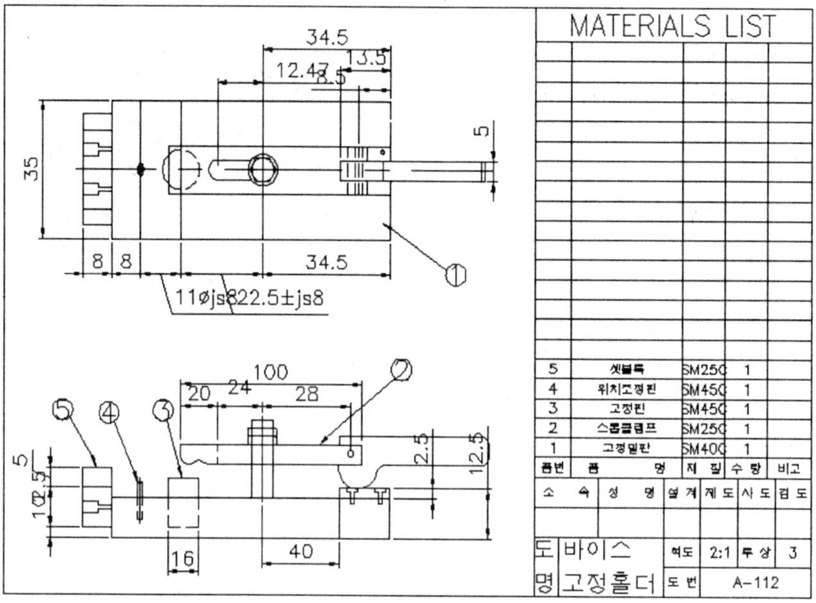

[그림 3-25]

커터의 절삭위치를 잡는데 사용되는 세트블록(set block)의 치수는 공작물의 최대 및 최소허용치수에 의해 계산된다. 일단 이것이 결정된 후에는 두께 게이지(feeler gauge)의 치수가 결정되어야 한다. 이 경우에서는 3mm의 두께 게이지가 선택된다.

끝으로 두께 게이지의 치수는 공작물(butt plate)의 최소치수로부터 세트의 치수를 뺀 값이다. 세트 위치 및 치수공차를 정할 때는 특히 주의해야 한다. 공작물 공차가 ±0.2mm일 때 세트 각 치수와 위치상 허용될 수 있는 전 오차(total error)는 ±0.1mm 이내로 제한되어야 한다. 다시 최대로 허용될 수 있는 치수를 고려한다면 위치잡는데 쓰이는 공차는 고정구의 중심선으로부터 ±0.05mm 이내로 제한되어야 한다. 치수공차는 39±0.05mm가 될 것이다.

이와 같은 상태에서는 [그림 3-25]에서와 같이 공작물 치수는 ±0.1mm 오차로 가공한다. 이것은 부품 공차 내에 잘 들어가는 것이다. 공구도면을 작성할 때 다음과 같은 두 가지 사항을 도면상에 주기해 주어야 한다.

(1) 커터를 조립하는데 쓰이는 칼라(collar)의 정확한 치수는 45mm이다.
(2) 치수가 같은 아버(arbor)에 두 개의 커터를 조립하고 조립한 상태에서 연삭하도록 공구작업자에게 지시하여야 한다.

제 4 장

LED 장비기구 설계

제1절 개 요

제2절 윈도우 클램프 설계

제3절 탑 플레이트 설계

제4절 매거진 설계

제1절 개 요

1. 설 명

[그림 4-1]은 자동 골드와이어 Eagle60-03 본더 장비로 LED 본딩 작업을 정밀하게 하는 과정의 소재를 고정하는 치공구의 일종이다. 윈도우 클램프는 테이블상에서 매거진에 진열된 SMD 타입(3528)의 리드프레임을 일정위치에 고정하여 본딩 작업을 하기 위해 위치를 잡아주는 클램프로 밑에서 자리를 잡아주는 윈도우 클램프와 위에서 고정해주는 탑 플레이트로 구분되어 있다.

[그림 4-1] 자동 골드와이어 ASM Eagle60-03

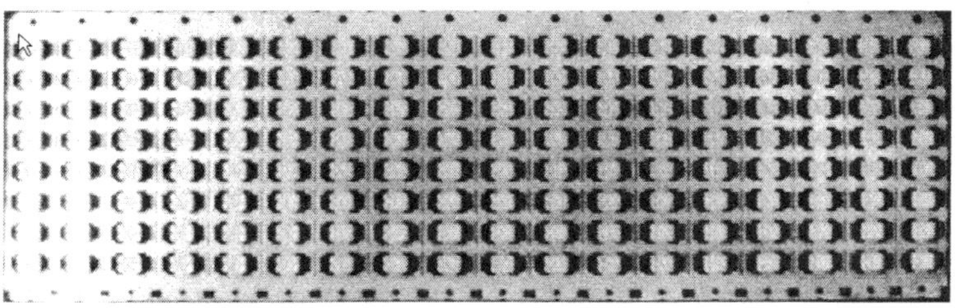

[그림 4-2] 리드프레임(4PIN)

2. 준 비

가. 설계 프로그램 : Autodesk Inventor , Autocad

나. 부품(part) 모델링

가변기술에 의한 직관적인 메뉴와 편리한 스케치 기능을 사용하여 형상을 만들고 치수기입과 파라미터를 사용하여 형상의 변화를 자유로이 하여 스케치를 완성하고 피처편집을 사용하여 돌출(extrude), 회전(revolve), 로프트(loft), 스윕(sweep) 등 모델형상을 주어진 치수로 완성하고, 확장자 .ipt 로 파일을 생성하여 저장한다.

다. 부품을 스케치하고 모델링하여 피처를 생성하는 파일의 확장자명은 ***.ipt 이다.

라. 도면(drawing)

2D 도면에는 부품이나 어셈블리의 뷰가 포함되며 1개 이상의 drawing sheet를 가질 수 있다. 열려있는 부품, 어셈블리, 프리젠테이션뷰 파일과 로컬 및 네트워크 파일에서 도면 sheet를 만들 수 있다.

마. 부품을 3D 모델링으로 2D 설계도면을 생성하여 치수를 기입하여 완성하고, 확장자는 .idw를 갖는다.

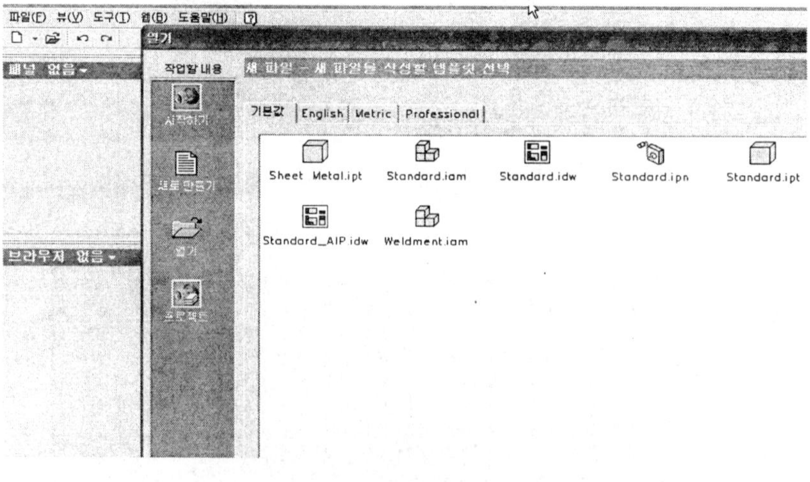

[그림 4-3] 설계 프로그램

제2절 윈도우 클램프 설계

1. 스케치 작성

가. 외형 치수 108×43으로 하고 상변부를 32×3과 18×3부분을 45°각도로 트림하여 형상을 완성한다.

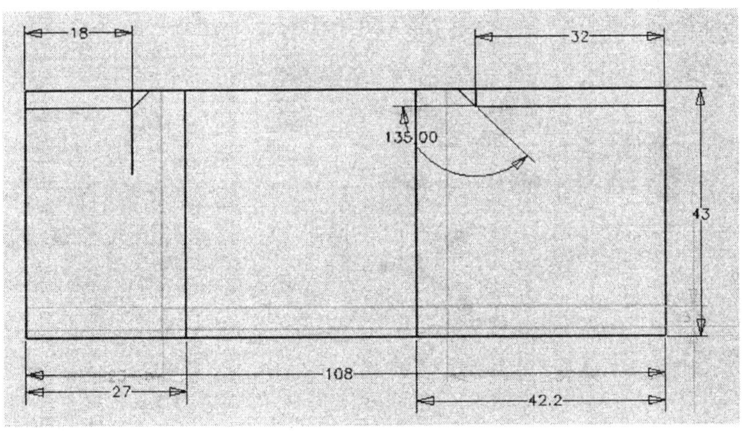

나. 완성된 스케치를 두께 8mm 만큼 돌출시켜 피처를 생성한다.

다. 전면부 홈부분의 작업평면을 지정하고 스케치를 시작한다.

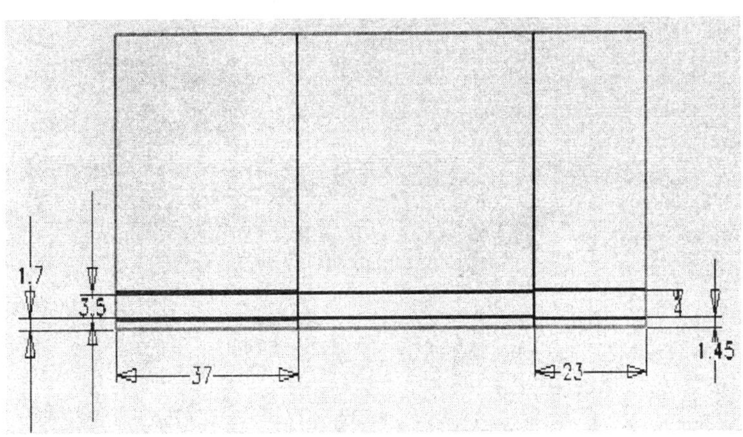

라. 스케치된 홈부분을 본체에 피처 작성하기로 1mm만큼 돌출하여 절단한다.

마. 직사각형 패턴으로 8개, 5.2mm폭으로 배열하고 홈형상을 완성한다.

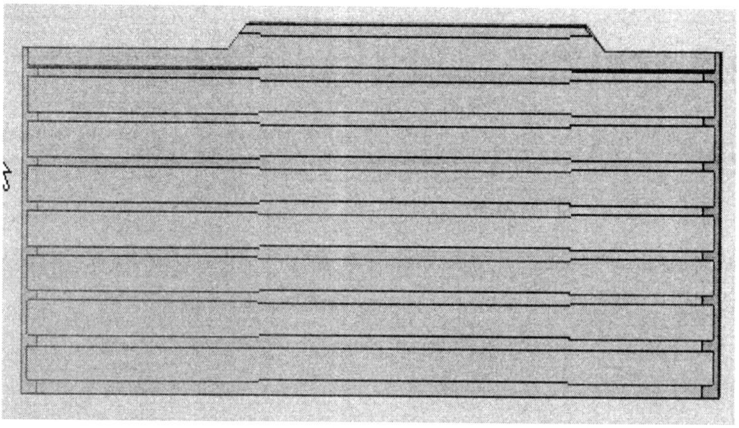

바. 뒷면 중앙을 폭 37mm, 깊이 2mm로 홈을 파고 모서리깎기를 0.5mm로 하고 양면에 폭 43.2mm와 폭 27mm로 스케치 편집을 하고 4.5mm만큼 돌출시켜 절단한다.

사. 중앙부 사각홈을 27×22에서 3mm만큼 계단을 주고 모서리부분을 R2로 라운딩하여 스케치를 완성하고 피처편집하기에서 돌출 3mm로 절단한다.

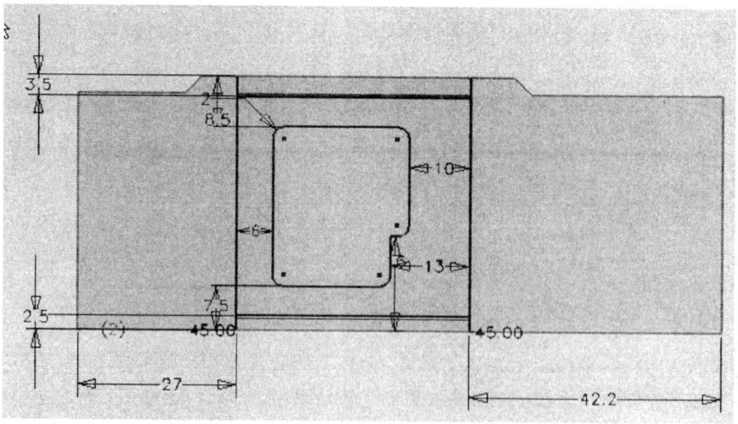

아. 구멍가공으로 지름 2mm 2개소, 2.5mm 1개소는 구멍가공 피처편집으로 작업하고 홈 4mm 폭 2mm와 6mm를 스케치하여 피처편집에서 돌출기능으로 관통 절단한다.

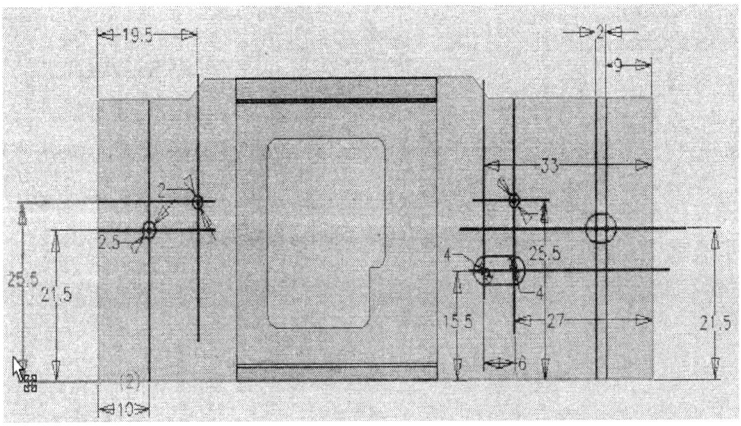

자. 윗면 양 측면 에지부분 모서리깎기를 1.5×30°로 한다.

차. 뒷면 더브테일 홈은 2×45°로 양쪽을 스케치하고 피처편집 돌출기능으로 절단한다.

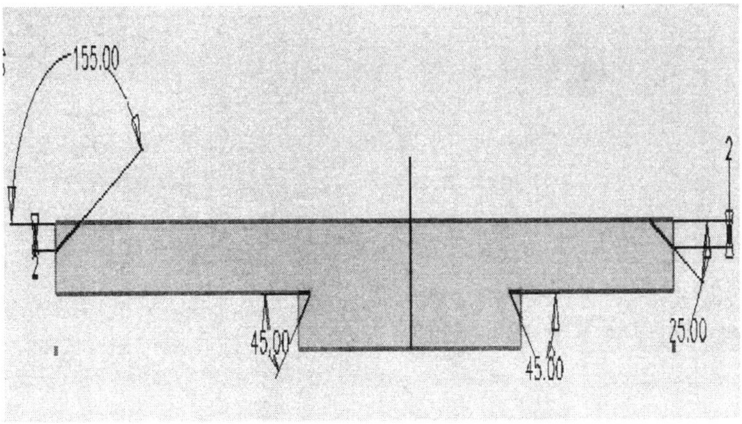

카. 3D 모델링으로 완성된 전면부 등각현상

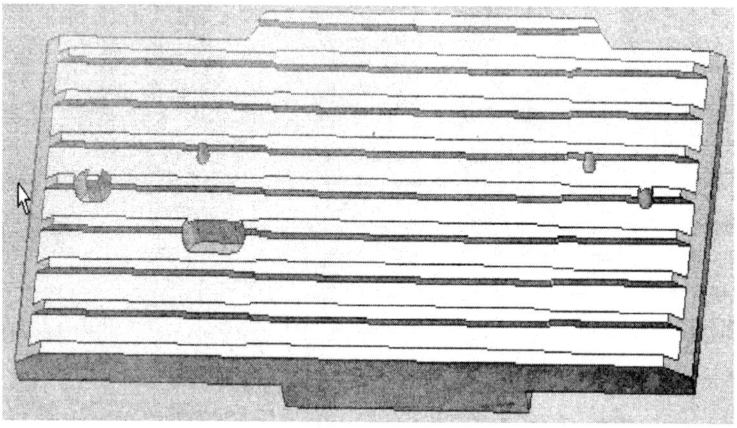

타. 3D 모델링으로 완성된 뒷면부 등각현상

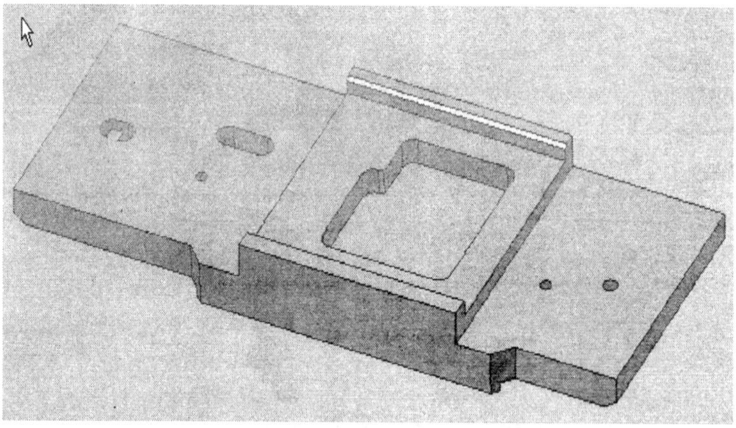

파. Autodesk Inventor 프로그램을 사용하여 클램프를 3D 모델링하여 완성된 피처를 파일명 클램프.ipt로 저장한다.

2. 도면 생성

가. 2D도면 생성할 수 있는 작업창 확장자명 .idw를 더블클릭하여 새 장을 연다.

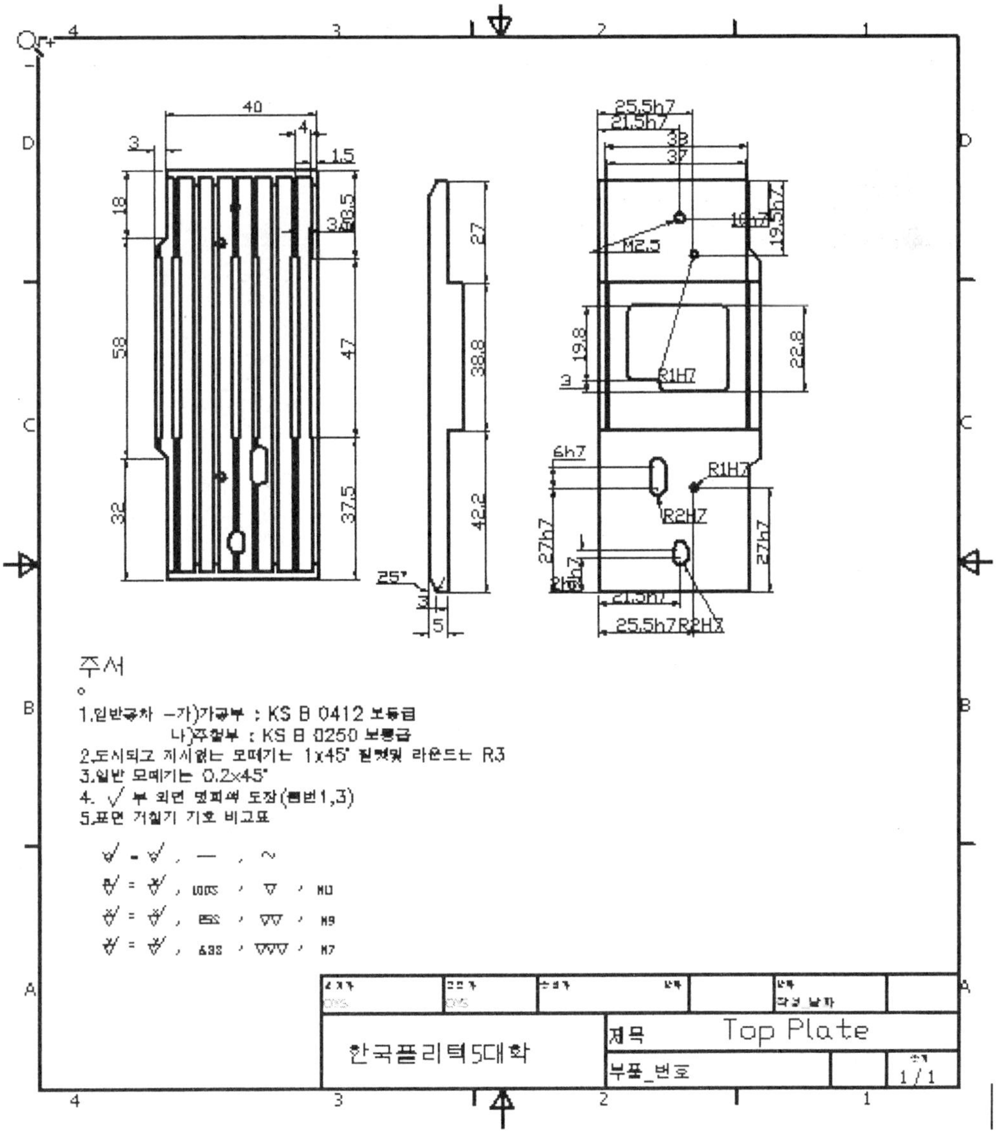

[그림 4-4] 완성된 피처

나. 기준뷰에서 부품 모델링 파일 '1클램프.ipt'를 찾아서 불러오고 가장 알맞은 형태로 정면도 우측면도를 배열한다. 이때 형식 스타일 편집기에서 삼각법으로 지정하여 정투상을 한다.

다. 치수기입을 하고 주서를 기입하여 도면을 완성한다.

제3절 탑 플레이트 설계

1. 스케치 작성

가. 외형 치수 117×45로 하고 상변부를 31×2.5를 양쪽 대칭으로 45°각도로 트림하여 형상을 완성한다.

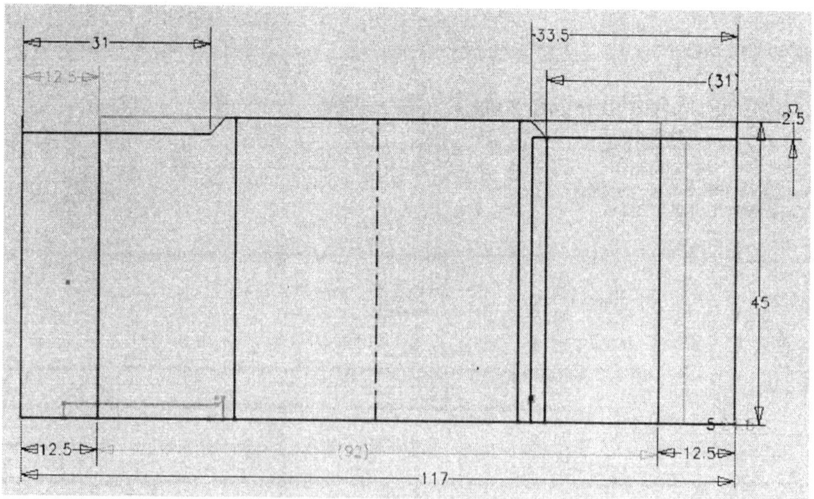

나. 완성된 스케치의 전면부를 두께 0.8mm만큼 양쪽을 돌출(extrude)시켜 피처를 생성한다.

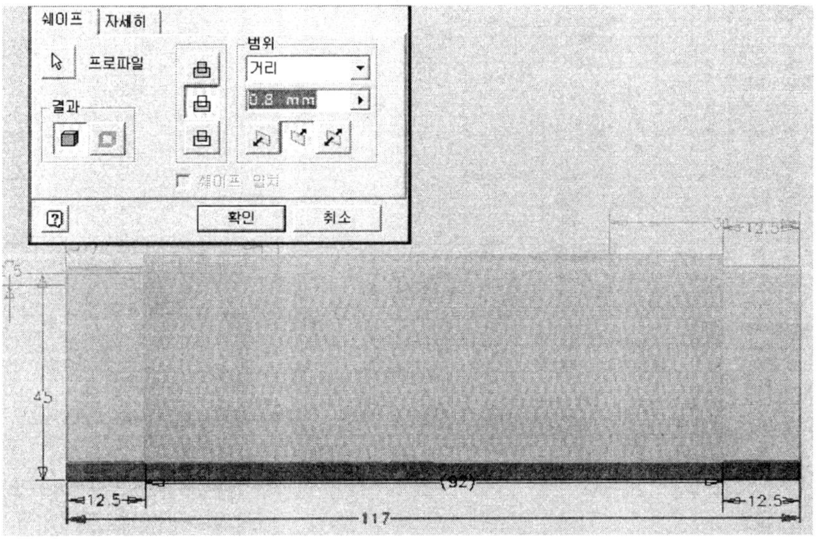

다. 완성된 스케치를 뒷면을 두께 0.5mm만큼 양쪽을 돌출(extrude)시켜 피처를 생성한다.

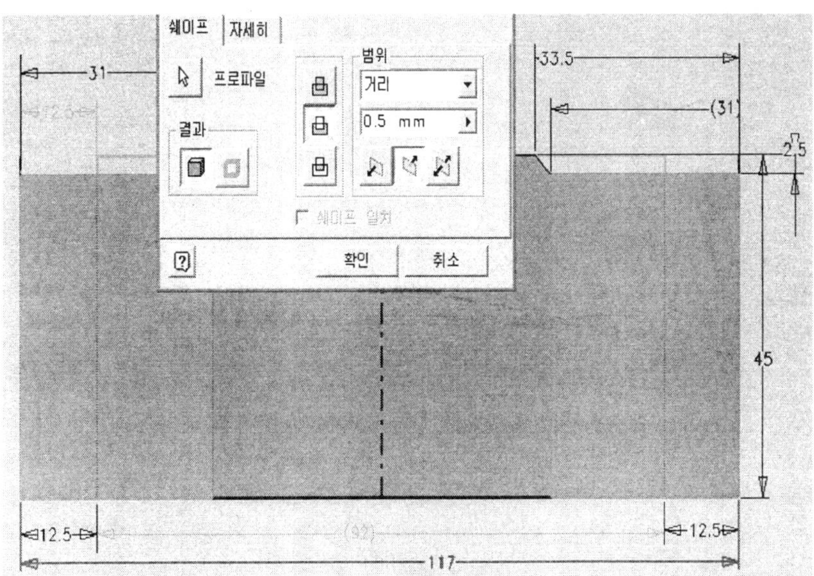

라. 전면부 홈부분의 작업평면을 지정하고 33.5×2.3으로 스케치한다.

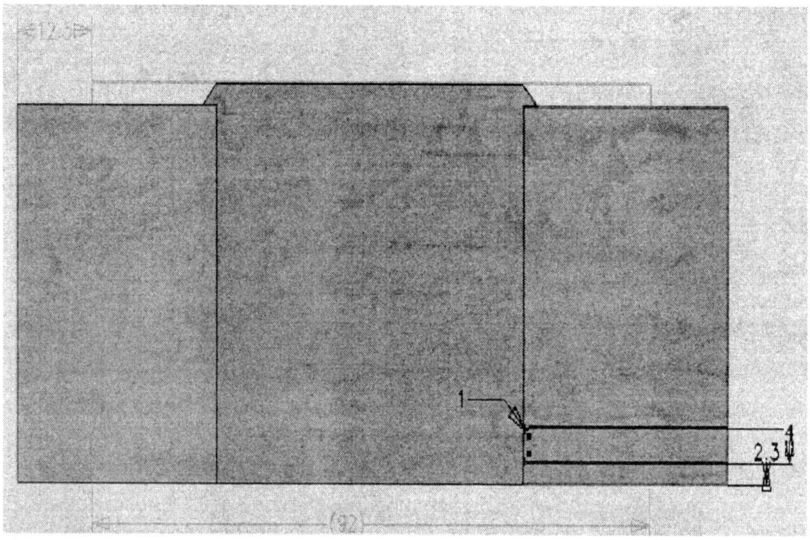

마. 스케치된 홈부분을 본체에 피처 편집으로 1mm만큼 돌출하여 절단한다.

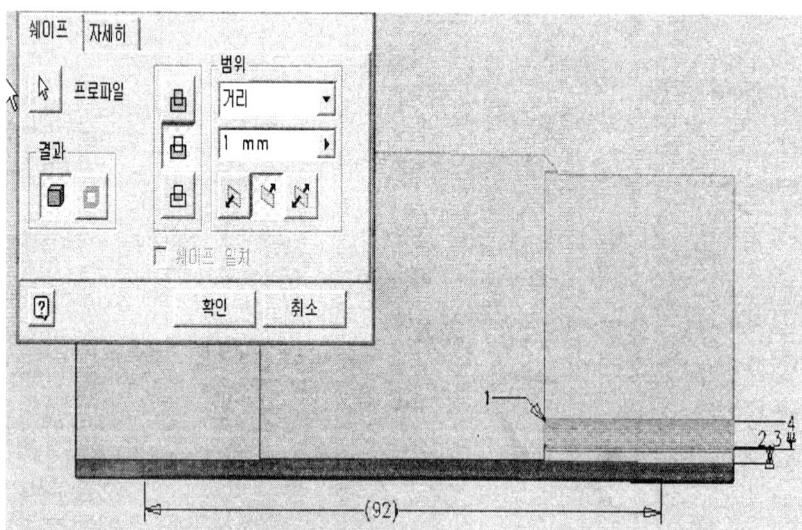

바. 직사각형 패턴으로 8개, 5.2mm 폭으로 배열하고 홈형상을 완성한다.

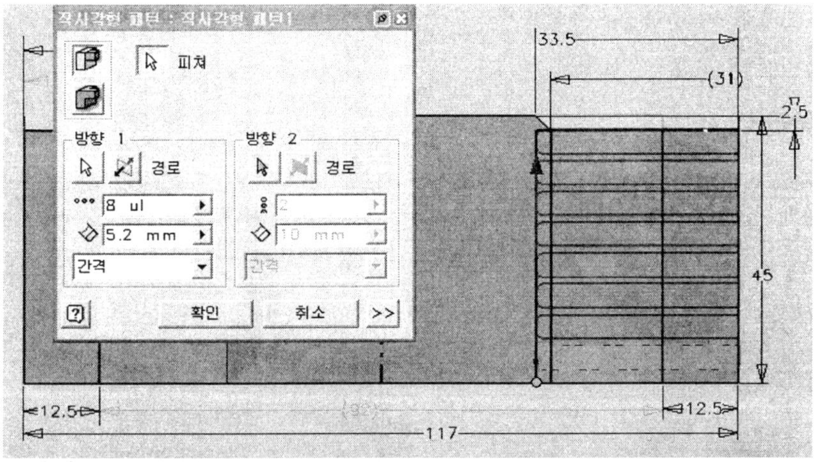

사. 사각패턴으로 돌출하여 절단된 우측부분을 피처 중심에 대칭평면을 생성하여 대칭면을 기준하여 좌측에 같은 피처를 생성한다.

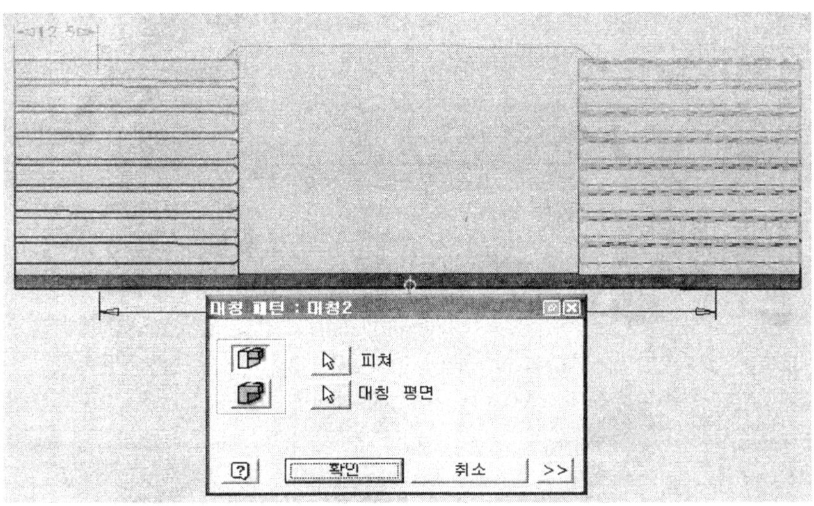

아. 우측 중앙부분 테이퍼를 폭 4mm, 높이 0.5mm로 경사지게 스케치한다.

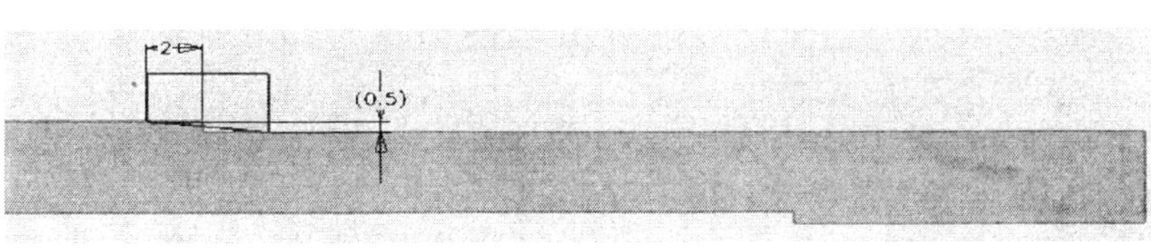

자. 스케치된 우측 중앙부분을 돌출하여 절단하고 중심 대칭면을 기준으로 좌측에 피처를 생성한다.

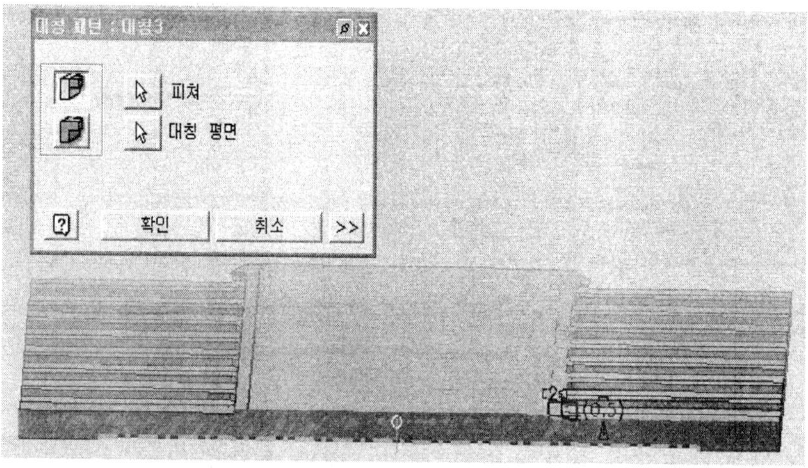

차. 양측 모서리부분 계단은 폭 2mm, 높이 2.5mm, 테이퍼부분은 5 : 1.5 비율로 스케치한다.

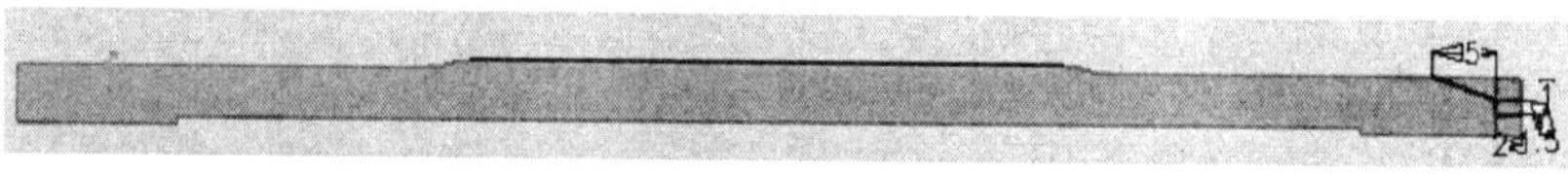

카. 테이퍼부분 스케치된 형상으로 우측 모서리부분을 돌출하여 절단한다.

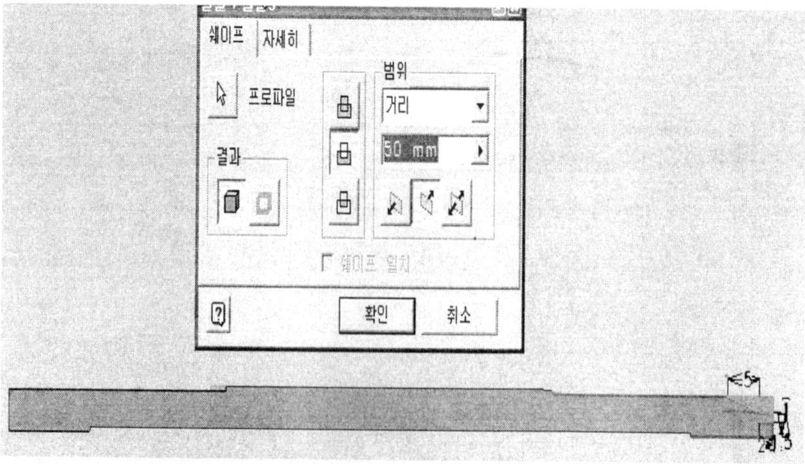

타. 우측 테이퍼부분이 절단된 피처를 대칭으로 좌측 모서리부분을 편집하여 절단한다.

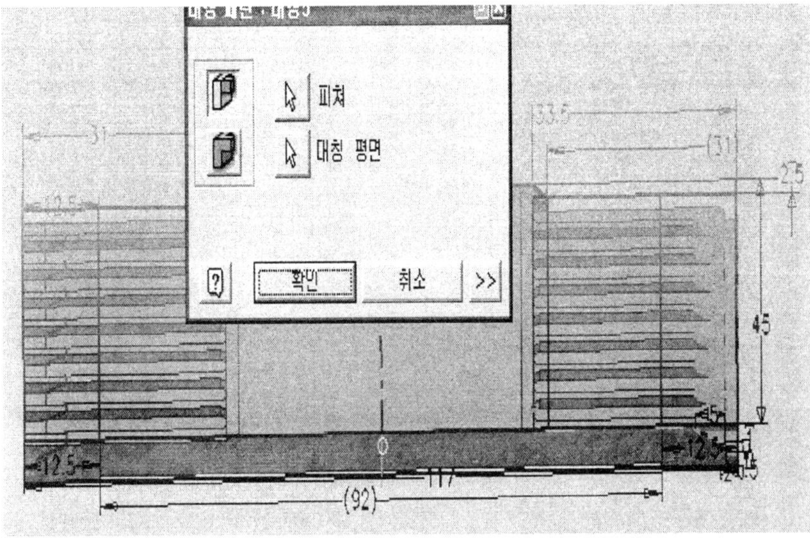

파. 구멍부분 위치를 지정하여 ∅2mm, ∅4mm와 홈부분 ∅2mm, 폭 1mm, ∅4mm에 폭 2mm와 나사 M2.5를 스케치한다.

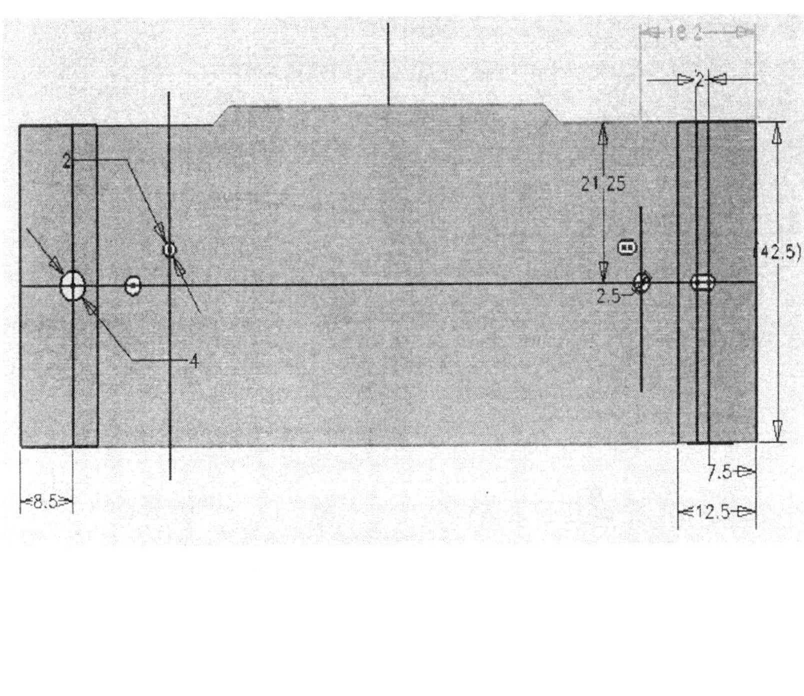

하. 작성된 구멍과 홈부분 구멍 패턴과 돌출 패턴을 사용하여 새로운 피처를 생성한다.

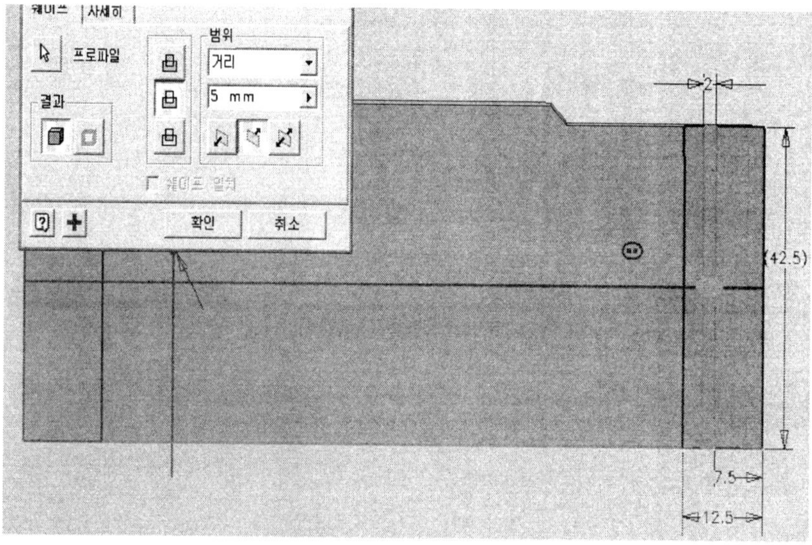

거. 윈도우 클램프의 주요 핵심부분인 중앙 홈은 와이어 본딩 소재를 정확하게 위치를 잡아주는 역할을 하는 부분이다. 크기는 4.8×3.5로 직사각형을 만들고 0.4mm로 모서리깎기로 스케치를 완성하였다.

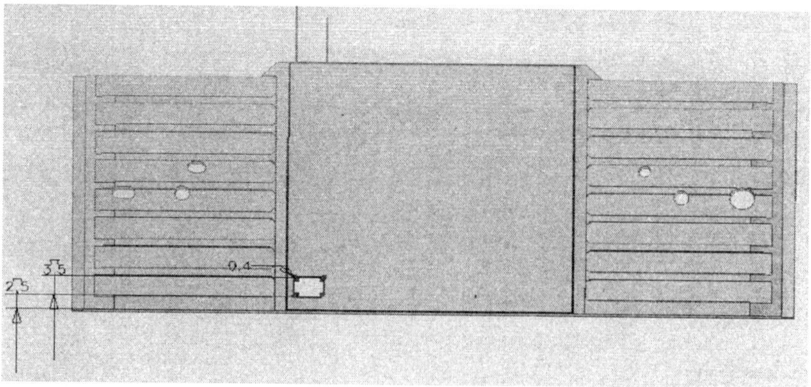

너. 사각스케치를 돌출 테이퍼 22°로 지정하여 피처를 생성한다.

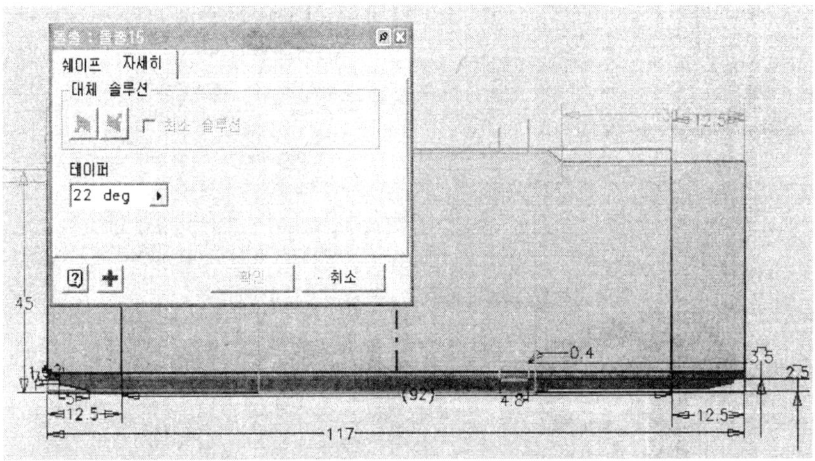

더. 돌출편집된 피처를 사각패턴으로 세로방향 피처수 8개, 간격 5.2mm, 가로 방향 피처수 6개, 간격 8mm로 피처를 생성한다.

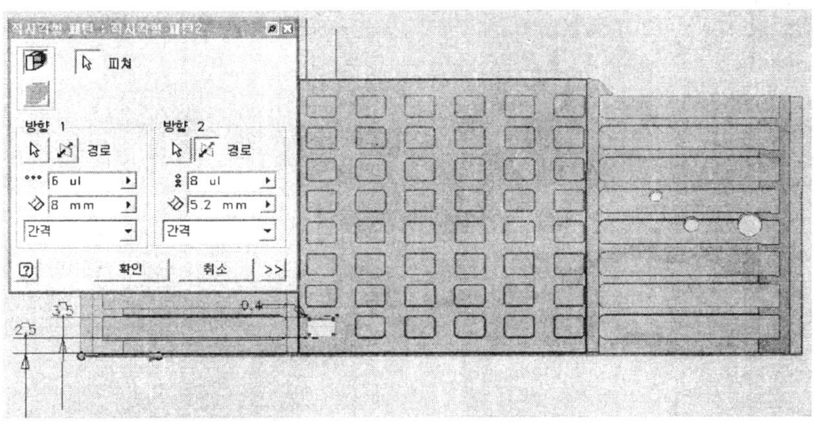

러. 3D 모델링으로 완성된 전면부 등각현상이다.

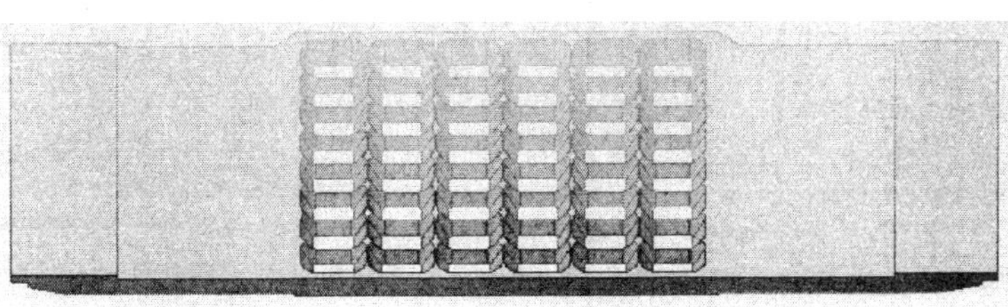

머. 3D 모델링으로 완성된 뒷면부 등각현상이다.

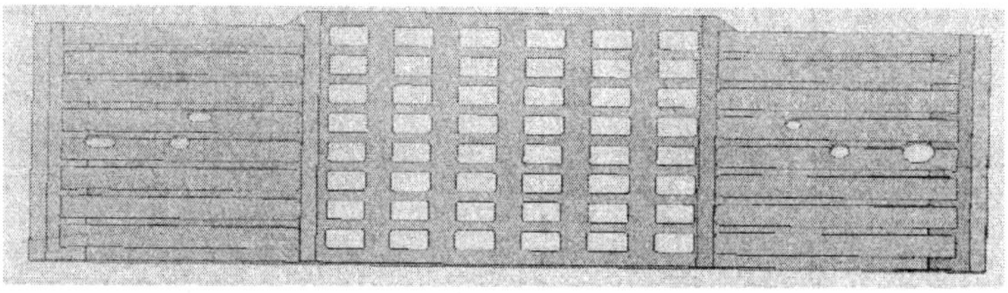

버. Autodesk Inventor 프로그램을 사용하여 클램프를 3D 모델링하여 완성된 피처를 파일명 클램프.ipt 로 저장한다.

2. 도면 생성

가. 2D도면 생성할 수 있는 작업창 확장자명 .idw를 더블클릭하여 새 장을 연다.

나. 기준뷰에서 부품 모델링 파일 '1클램프.ipt'를 찾아서 불러오고 가장 알맞은 형태로 정면도 우측면도를 배열한다. 이때 형식 스타일편집기에서 3각법으로 지정하여 정투상을 한다.

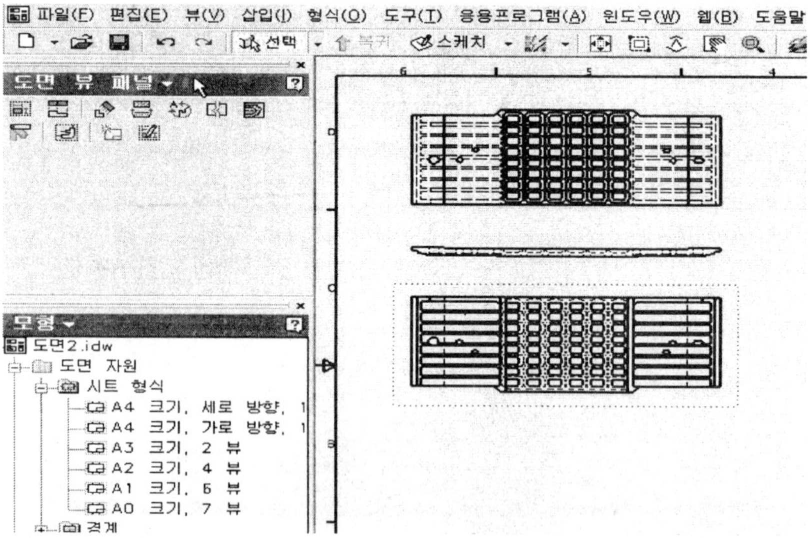

다. 치수기입을 하고 주서를 기입하여 도면을 완성한다.

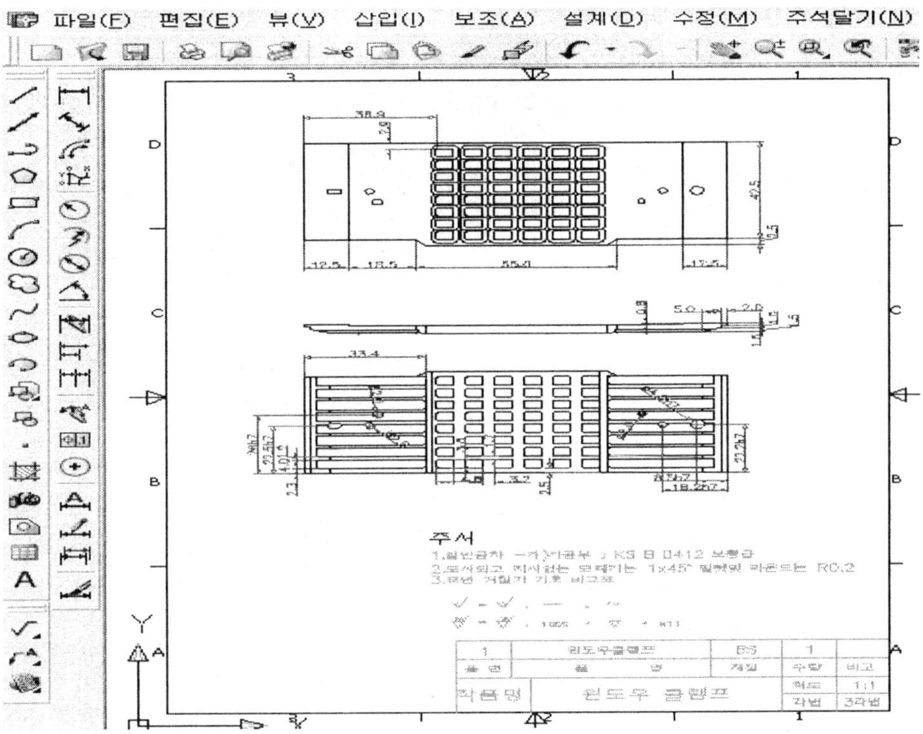

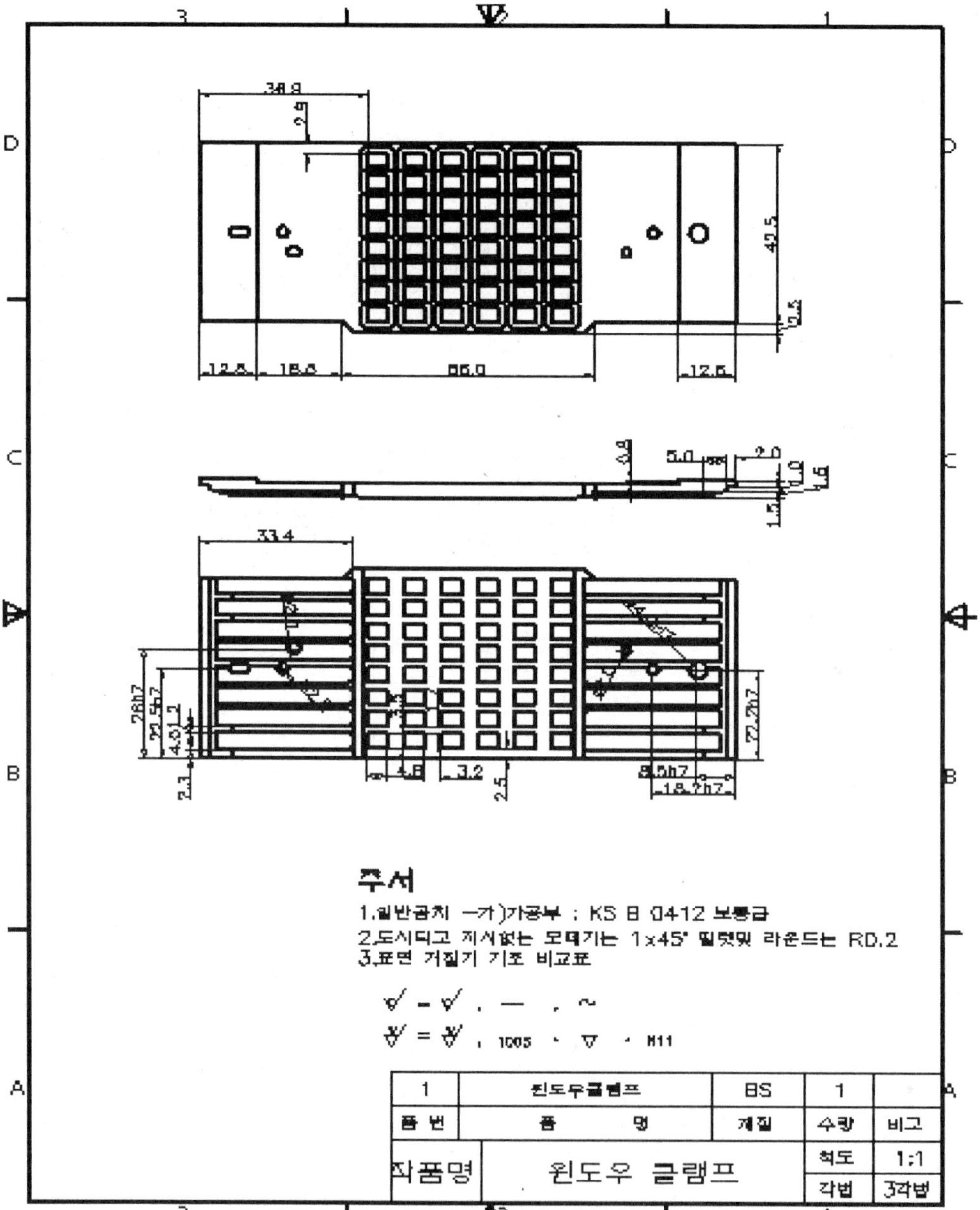
주서
1.일반공차 -가)가공부 : KS B 0412 보통급
2.도시되고 지시없는 모떼기는 1x45° 필렛및 라운드는 RD.2
3.표면 거칠기 기호 비교표
1 윈도우클램프 BS 1
품번 품명 재질 수량 비고
작품명 윈도우 클램프
척도 1:1
각법 3각법

[그림 4-5] 완성된 도면

3. 리드프레임 도면

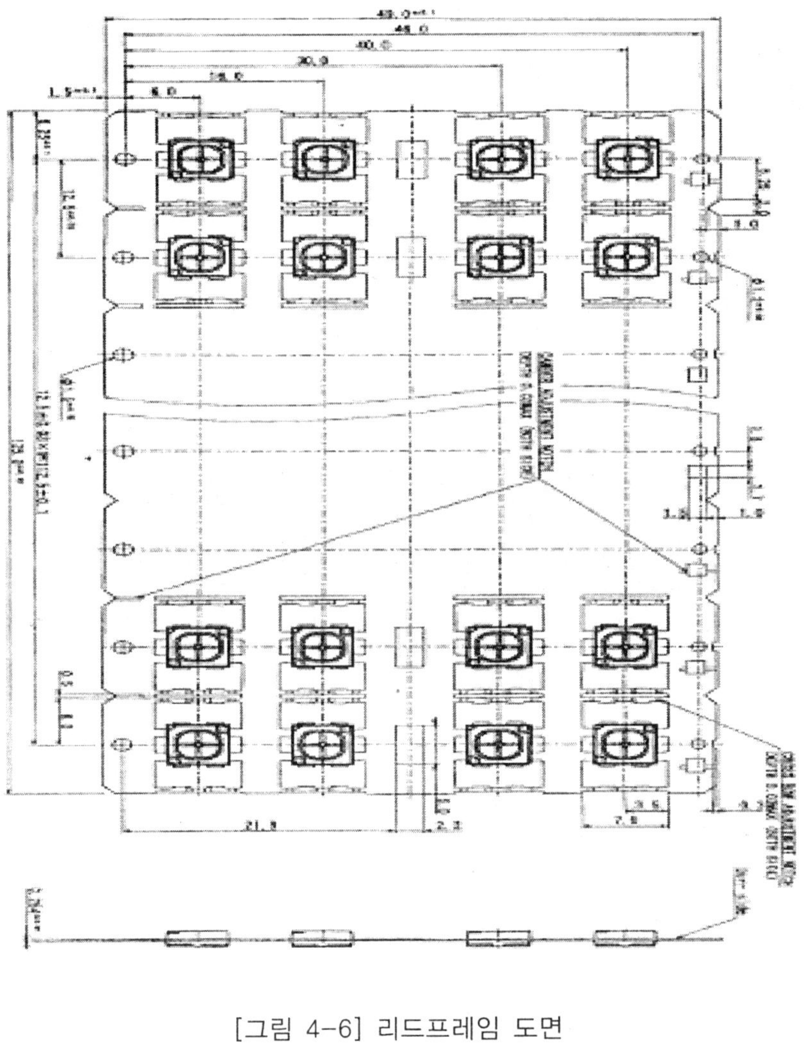

[그림 4-6] 리드프레임 도면

제4절 매거진 설계

1. 설 명

자동 골드와이어 ASM Eagle60-03 와이어 본더 장비로 LED 본딩 작업을 하기 위해 SMD 타입(3528) 리드프레임을 탑재하여 순차적으로 제품을 공급하고 자동 이송되면서 테이블로 이동하여 윈도우 클램프로 고정된 상태에서 본딩 작업을 완료하고 이송되는 리드프레임을 탑재하는 치공구를 리드프레임 매거진이라 한다.

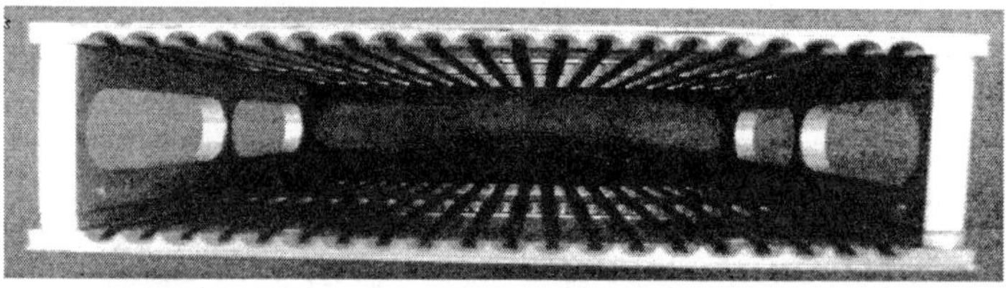

[그림 4-7] 리드프레임 매거진

2. 준 비

가. 설계 프로그램 : Autodesk Inventor, Autocad

나. 부품(part) 모델링

가변기술에 의한 직관적인 메뉴와 편리한 스케치 기능을 사용하여 형상을 만들고 치수기입과 파라미터를 사용하여 형상의 변화를 자유로이 하여 스케치를 완성하고 피처편집을 사용하여 돌출(extrude), 회전(revolve), 로프트(loft), 스윕(sweep) 등 모델형상을 주어진 치수로 완성하고, 확장자 .ipt 로 파일을 생성하여 저장한다.

다. 부품을 스케치하고 모델링하여 피처를 생성하는 파일의 확장자명은 ***.ipt 이다.

라. assembly(조립품) 모델링

Assembly란 부품(part)과 서브 어셈블리(sub assembly)의 집합체이다.

Autodesk inventor의 어셈블리 환경에서 기존 부품을 조합하거나 부품과 부분 조립품을 한 곳에 작성, 편집할 수 있으므로 설계공정의 어느 시점에서도 어셈블리를 작성할 수 있다. 이러한 설계 방법에 따라 top-down, bottom-up 및 middle-out의 각 설계 방법을 사용할 수 있다.

마. 도면(drawing)

2D도면에는 부품이나 어셈블리의 뷰가 포함되며 1개 이상의 drawing sheet를 가질 수 있다. 열려있는 부품, 어셈블리, 프리젠테이션뷰 파일과 로컬 및 네트워크 파일에서 도면 sheet를 만들 수 있다.

바. 부품을 3D 모델링으로 2D 설계도면을 생성하여 치수를 기입하여 완성하고, 확장자는 .idw를 갖는다.

3. 리드프레임 매거진의 설계

가. 홈플레이트 작성

(1) 외형 치수 170×145, 홈부분 폭은 3mm 길이 68.5로 1개를 스케치하고 세

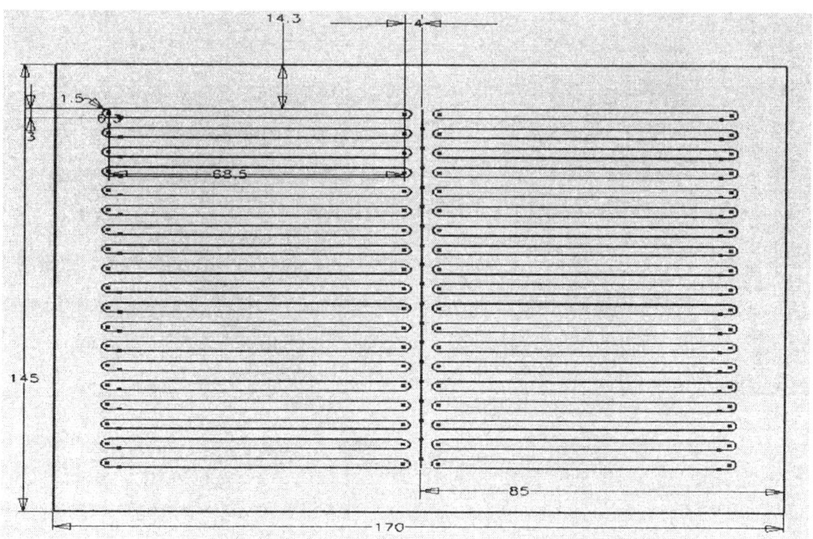

로방향으로 19개 6.3mm, 가로방향으로 2개 76.5mm로 사각배열을 한다. 모서리부분 R값은 1.5mm로 설계한다.

(2) 완성된 스케치를 두께만큼 돌출(extrude)시켜 절단시켜 홈피처를 생성한다.

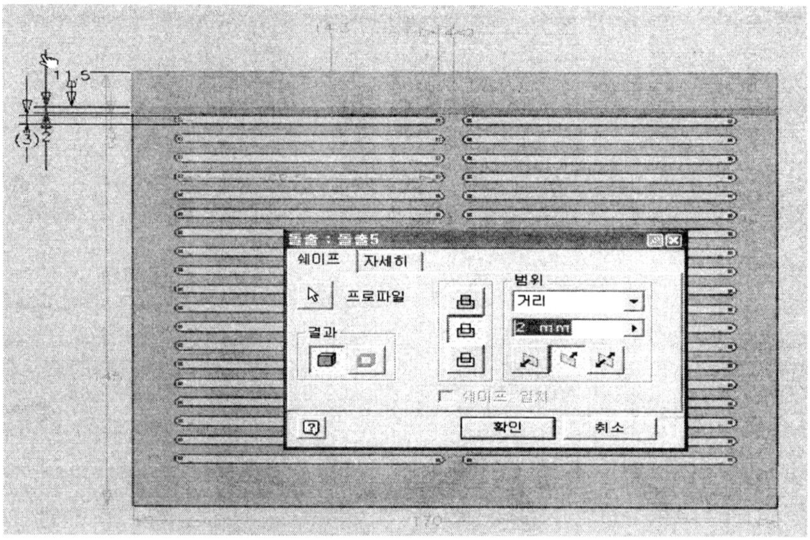

(3) 판의 뒷면부 홈설계는 기준면으로부터 11.5mm 지점에 폭 2mm로 설계한다.

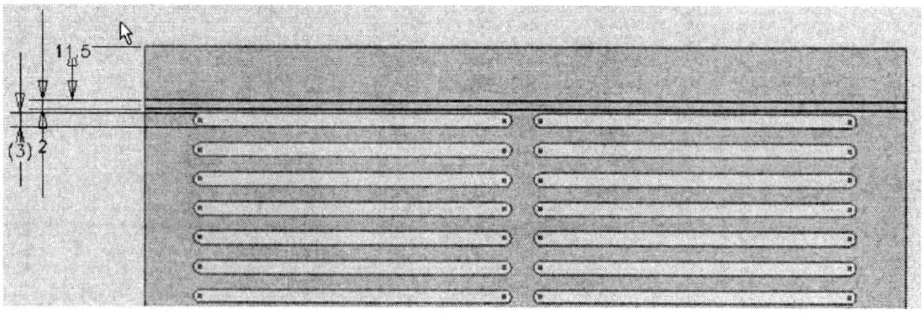

(4) 스케치된 홈부분을 본체에 피처 작성하기로 2mm만큼 돌출하여 절단한다.

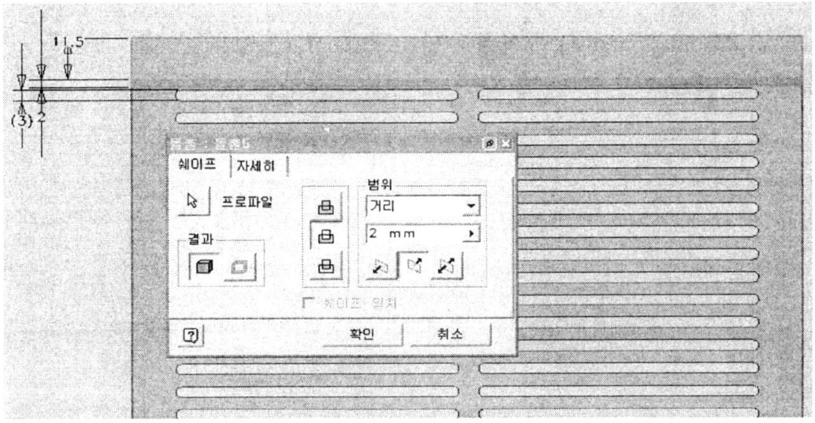

(5) 직사각형 패턴으로 20개-6.3mm 폭으로 배열하고 홈형상을 완성한다.

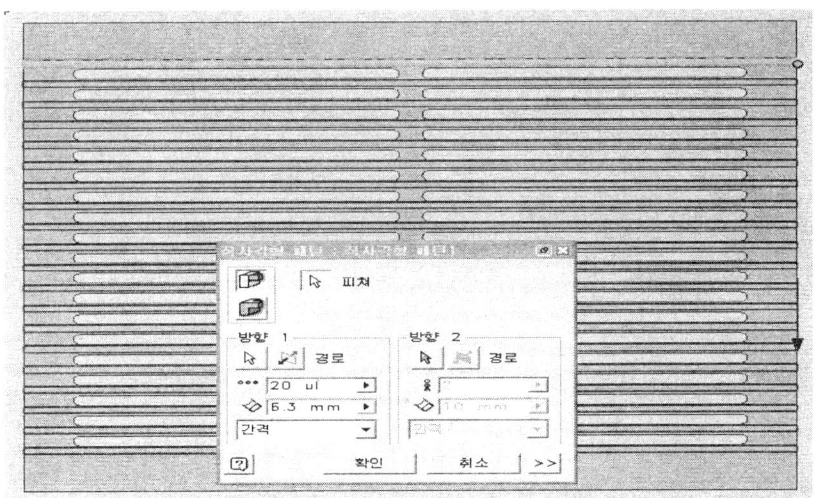

(6) 옆면 홈부분에 원형으로 테이퍼된 구멍을 형성하여 재료 진입을 편리하게 해준다. ① 지름 5mm로 홈 중심에 스케치하고, ② 30°로 테이퍼값을 주고 돌출하고, ③ 사각패턴으로 6.3mm 간격으로 홈부분에 배열시켜 절단한다.

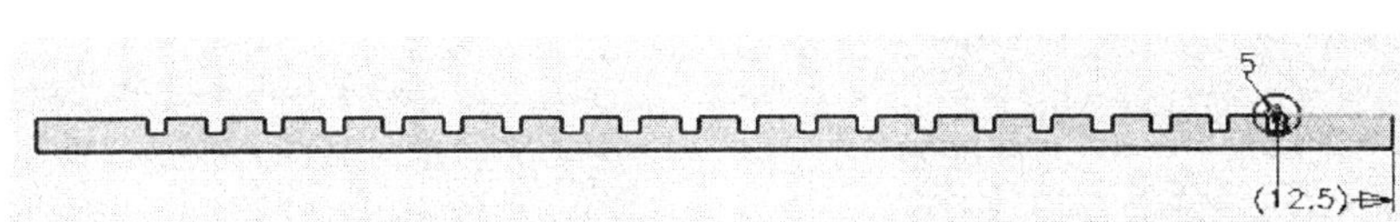

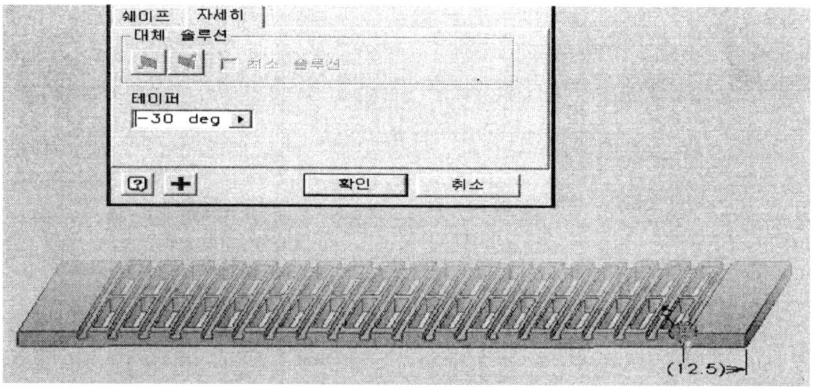

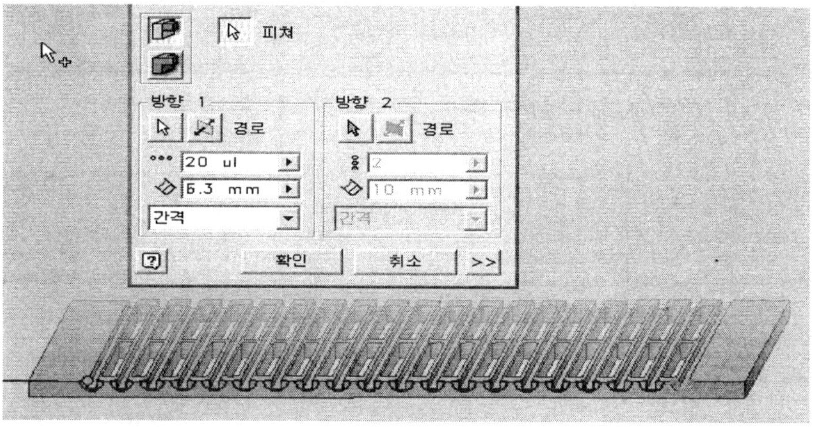

(7) 구멍가공으로 지름 3.5mm, 카운터싱크 7mm, 90° 윗부분을 3개소, 관통 구멍을 생성한다.

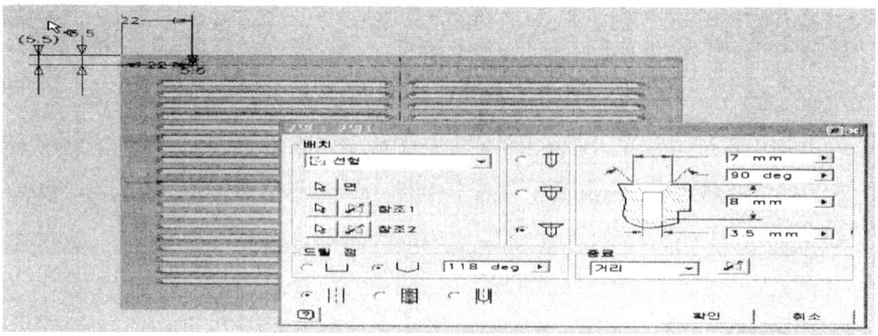

(8) 관통된 3개의 구멍을 판의 중심에 기준면을 만들고 반대편에 대칭 피처 편집으로 구멍을 생성한다.

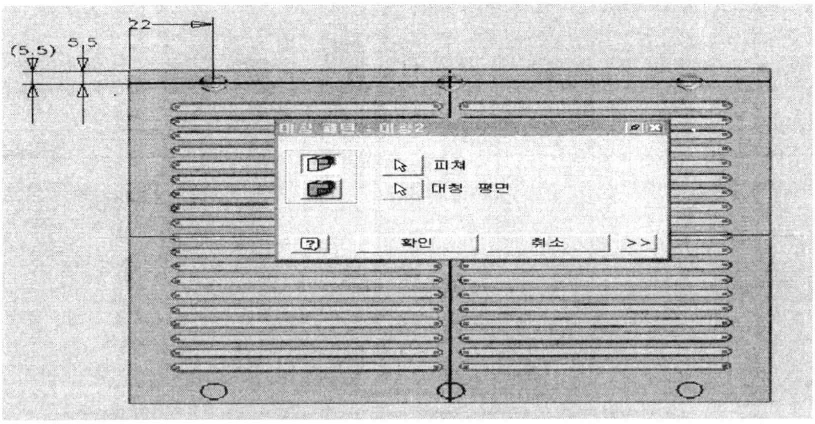

(9) 3D 모델링으로 완성된 전면부 등각현상이다.

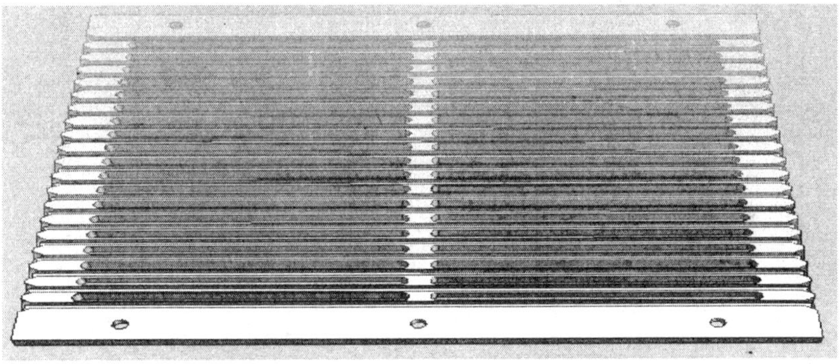

(10) 3D 모델링으로 완성된 측면부 등각현상이다.

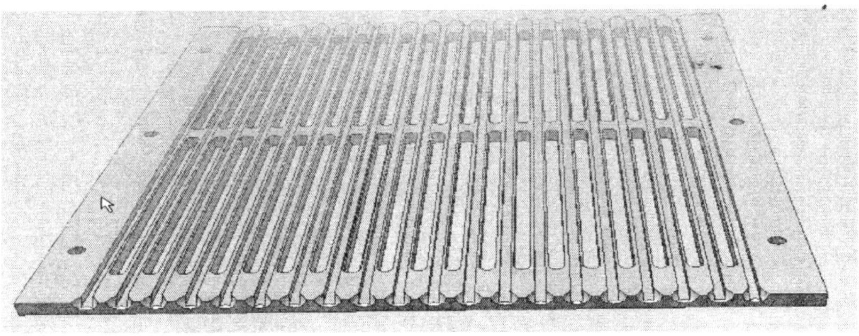

(11) Autodesk Inventor 프로그램을 사용하여 클램프를 3D 모델링하여 완성된 피처를 파일명 클램프.ipt 로 저장한다.

(12) 도면 생성

① 2D도면 생성할 수 있는 작업창 확장자명 .idw를 더블클릭하여 새 장을 연다.

② 기준뷰에서 부품 모델링 파일 '1클램프.ipt'를 찾아서 불러오고 가장 알맞은 형태로 정면도 우측면도를 배열한다. 이때 형식 스타일편집기에서 3각법으로 지정하여 정투상을 한다.

③ 치수기입을 하고 주서를 기입하여 도면을 완성한다.

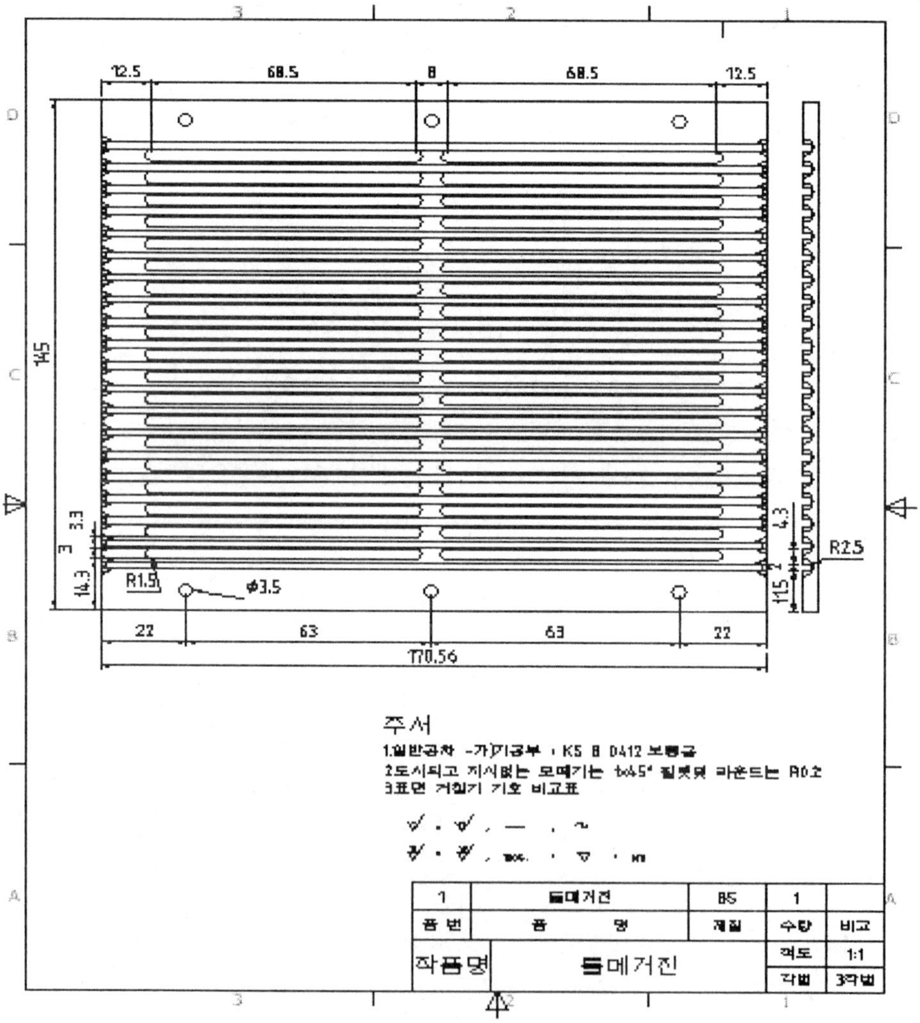

[그림 4-8] 완성된 도면

나. 매거진 옆판 설계

(1) 외형 치수 170×42로 하고 중앙에 홈 58×22를 2개 스케치한다.
(2) 부품피처 돌출을 6mm만큼 시켜 피처를 완성한다.

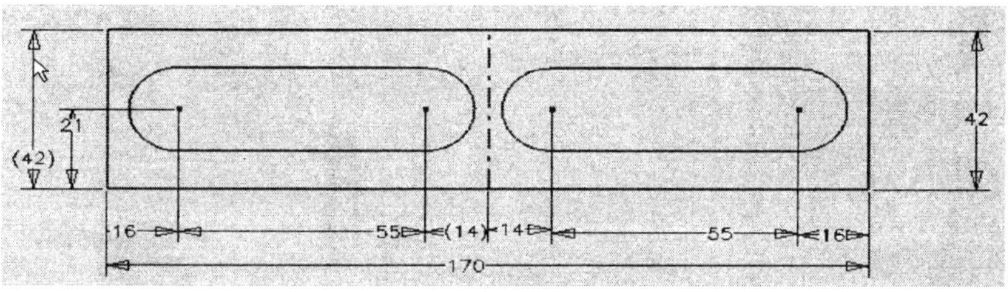

(3) 완성된 피처의 측면에 구멍을 지름 3mm로 3개 뚫고 반대편은 대칭 피처 편집을 한다.

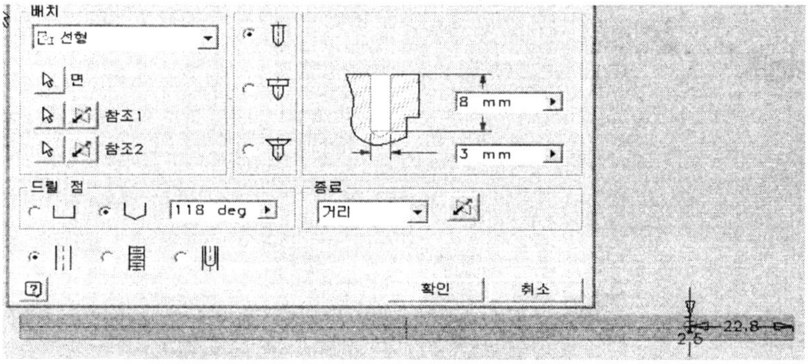

(4) 완성된 피처의 중간면에 작업평면을 만들고 반대편 측면에 구멍을 대칭으로 피처를 편집하여 구멍을 생성한다.

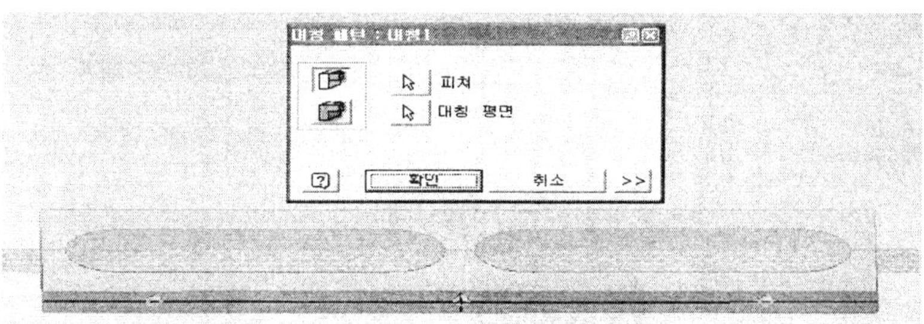

(5) Autodesk Inventor 프로그램을 사용하여 매거진 옆판을 3D 모델링하여 완성된 피처를 파일명 클램프.ipt 로 저장한다.

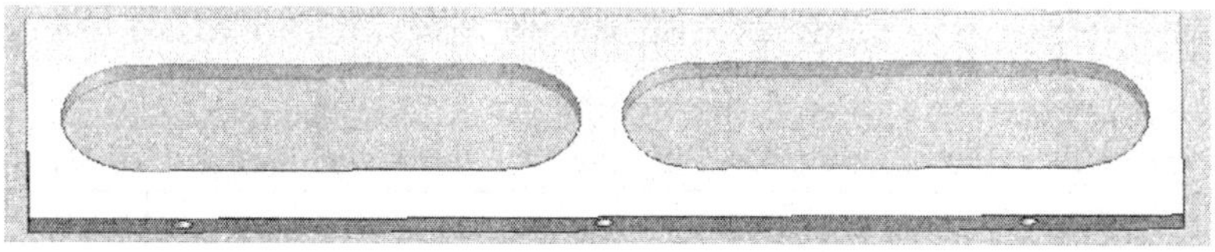

(6) 도면 생성

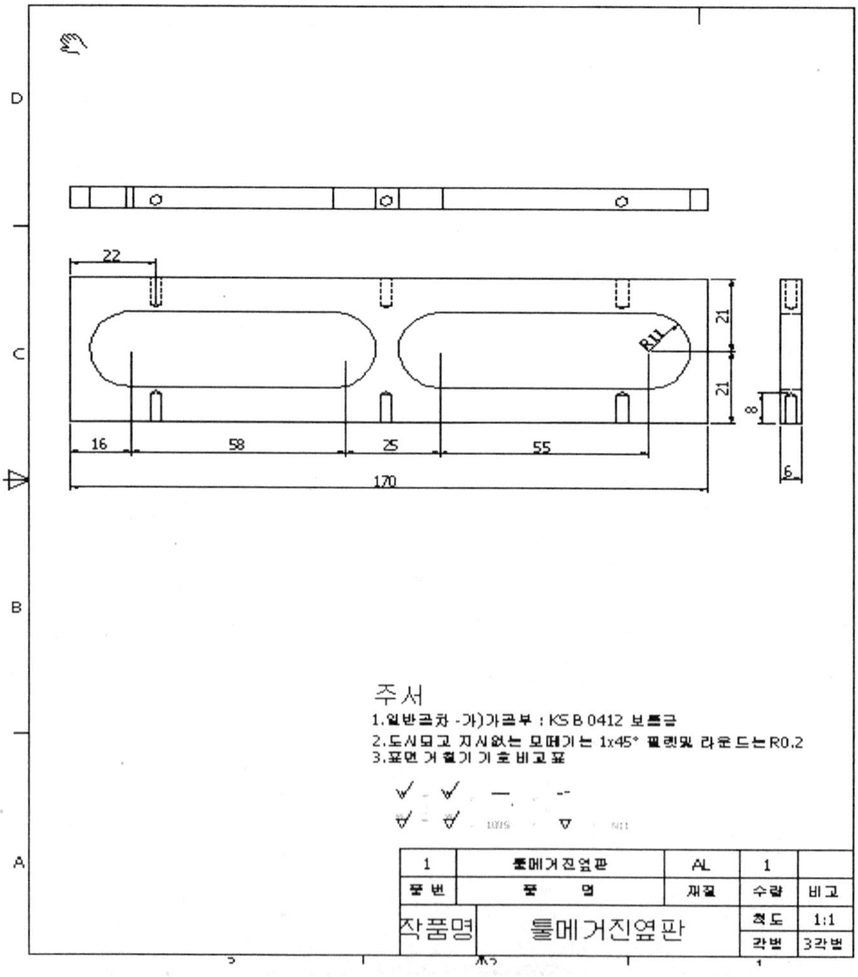

[그림 4-9] 완성된 도면

① 2D도면 생성할 수 있는 작업창 확장자명 .idw를 더블 클릭하여 새 장을 연다.

② 기준뷰에서 부품 모델링 파일 '1클램프.ipt'를 찾아서 불러오고 가장 알맞은 형태로 정면도 우측면도를 배열한다. 이때 형식 스타일편집기에서 3각법으로 지정하여 정투상을 한다.

③ 치수기입을 하고 주서를 기입하여 도면을 완성한다.

다. 보조 옆판 설계

외형 치수 170×6×4로 직육면체를 피처를 생성하고 구멍 3mm를 3개 뚫는다.

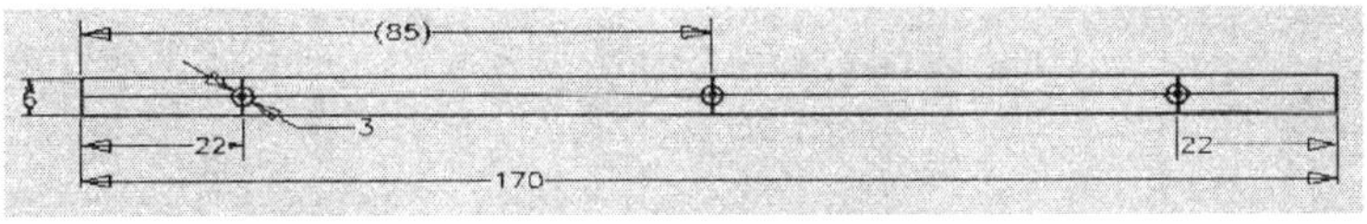

라. 보조 위판 설계

(1) 외형 치수 170×145로 하고 중앙에 홈 70×117.5를 2개 스케치한다.

(2) 부품피처 돌출을 1mm만큼 시켜 피처를 완성한다.

(3) 완성된 피처의 양쪽에 7mm 구멍을 6개 뚫는다.

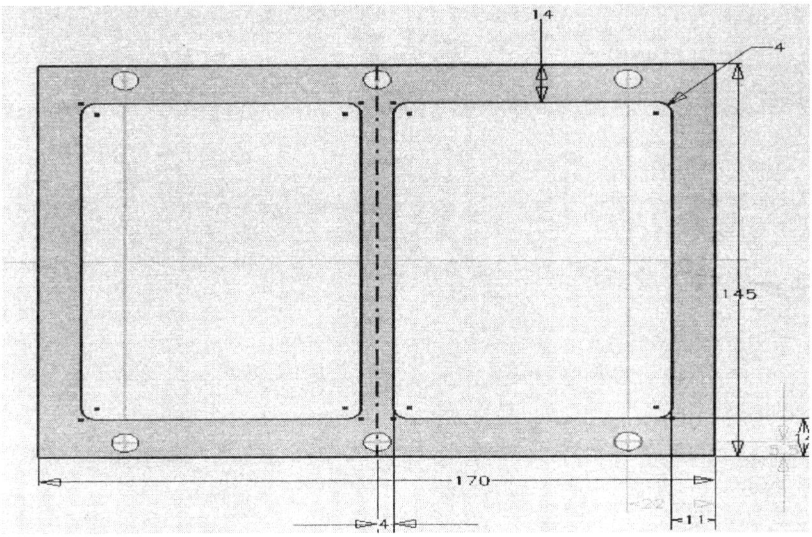

(4) Autodesk Inventor 프로그램을 사용하여 매거진 옆판을 3D 모델링하여 완성된 피처를 파일명 클램프.ipt 로 저장한다.

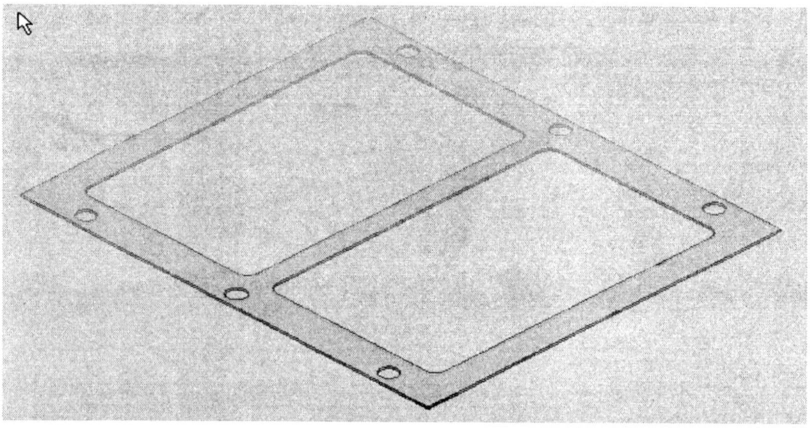

(5) 도면 생성

① 2D도면 생성할 수 있는 작업창 확장자명 .idw를 더블클릭하여 새 장을 연다.

② 기준뷰에서 부품 모델링 파일 '1클램프.ipt'를 찾아서 불러오고 가장 알맞은 형태로 정면도 우측면도를 배열한다. 이때 형식 스타일편집기에서 3각법으로 지정하여 정투상을 한다.

③ 치수기입을 하고 주서를 기입하여 도면을 완성한다.

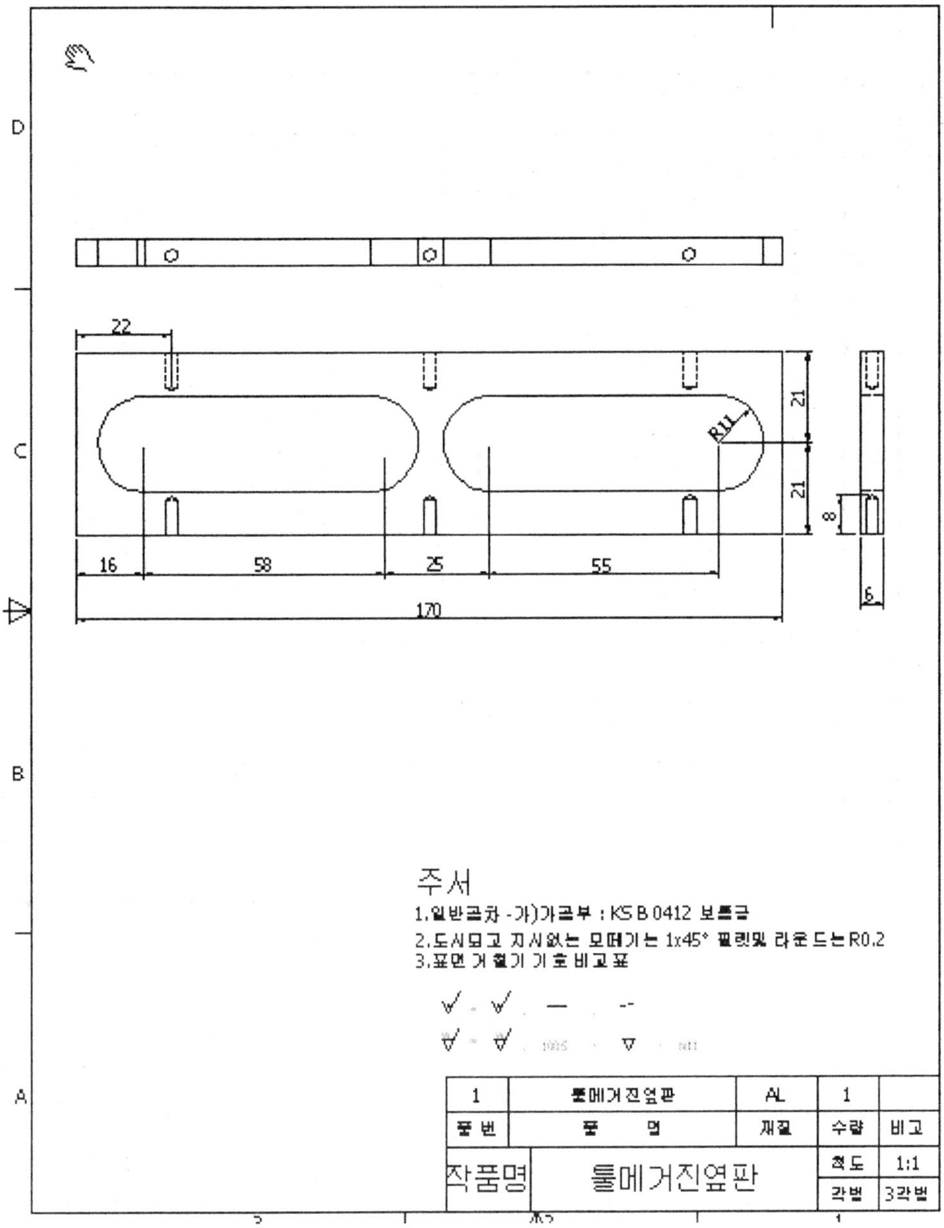
22
21
R11
21
8
16
58
25
55
170
6
주서
1.일반공차 -가)가공부 : KS B 0412 보통급
2.도시되고 지시없는 모떼기는 1x45° 필렛및 라운드는R0.2
3.표면 거칠기 기호 비교표
1
툴메거진옆판
AL
1
품번
품 명
재질
수량
비고
작품명
툴메거진옆판
척도
1:1
각법
3각법

[그림 4-10] 완성된 도면

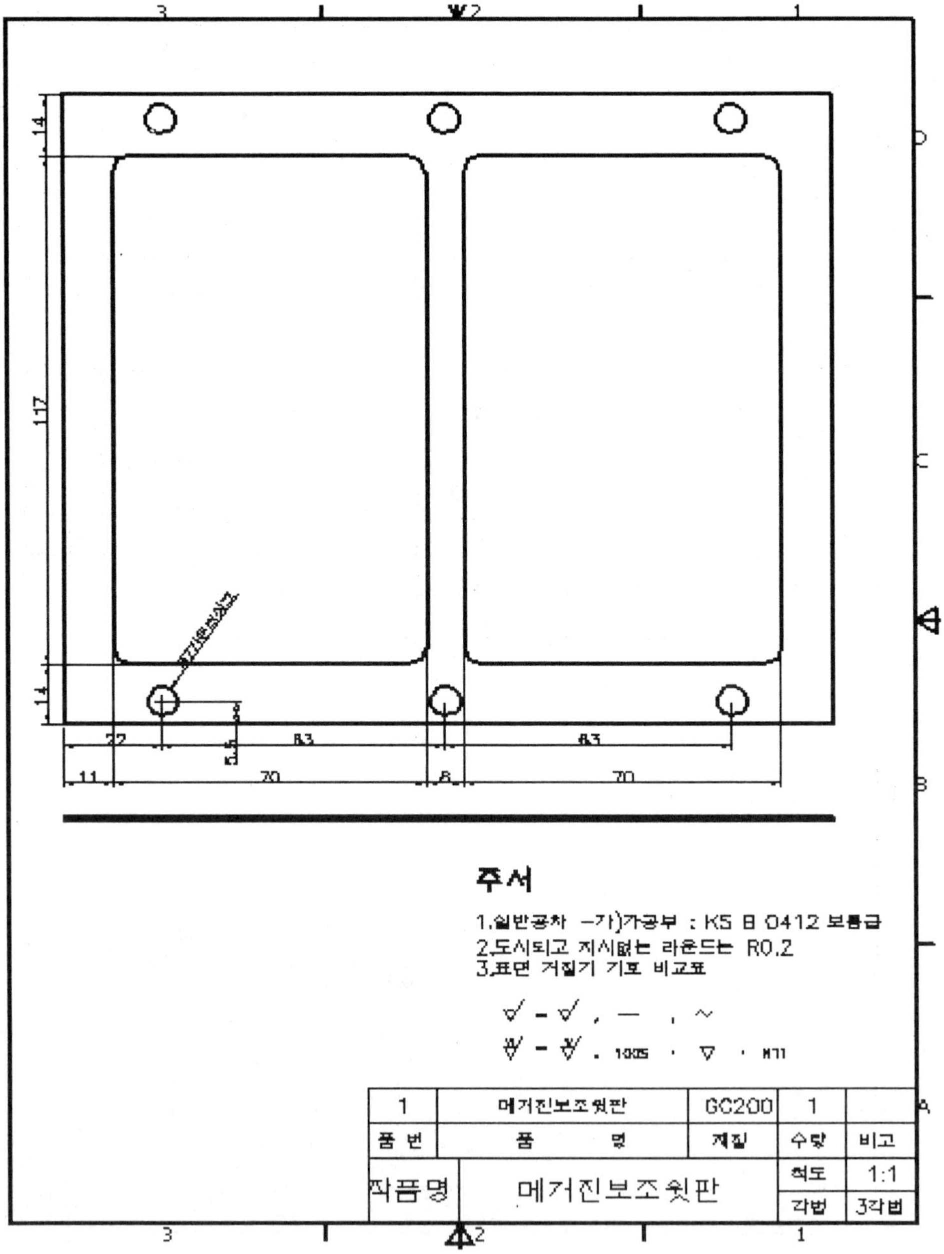
14
117
14
22
63
63
5.5
11
70
8
70
주서
1.일반공차 -가)가공부 : KS B 0412 보통급
2.도시되고 지시없는 라운드는 R0.2
3.표면 거칠기 기호 비교표
1
메거진보조쉿판
GC200
1
품 번
품 명
재질
수량
비고
작품명
메거진보조쉿판
척도
1:1
각법
3각법

[그림 4-11] 완성된 도면

4. 부품조립도 완성

가. assembly(조립품) 환경으로 조립 구속을 추가하고 가시성(visibility)을 설정하여 다른 조립품 도구들을 수행할 수 있다.

나. 부품으로 완성된 피처를 불러와서 구속조건을 주어서 1차 위판에 옆판을 에지부분으로 구속하고 2차 구속된 부품의 다른 면을 일치시켜서 조립한다.

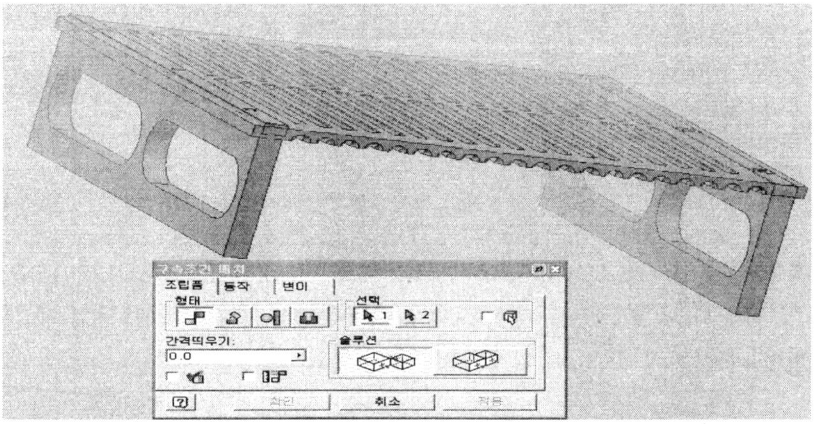

다. 보조 위판을 조립한다.

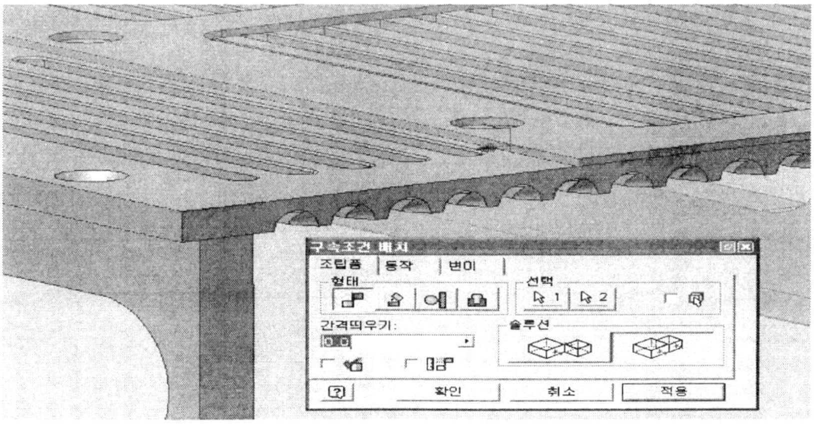

라. 조립된 위판을 반대편에 조립할 수 있도록 중심에 작업평면을 만든다.

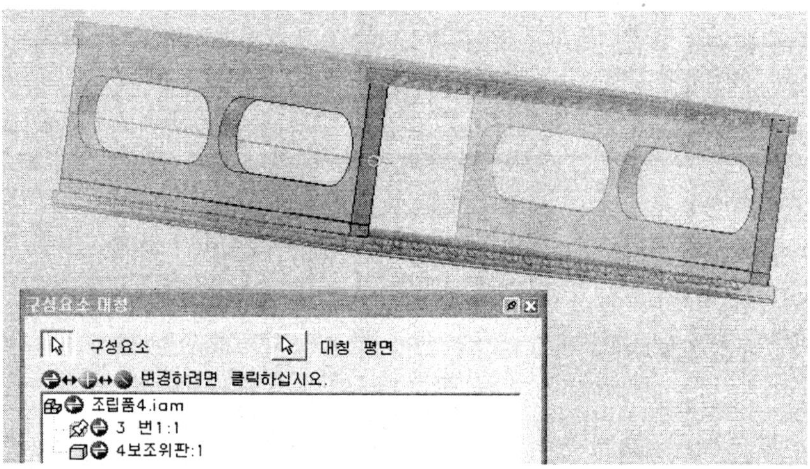

마. 완성된 조립도를 assembly 구성요소에서 2D(drawing)환경으로 조립도.iam 을 불러와서 정투상도를 생성하고 autocad에서 치수를 기입하고 주서와 표제란을 작성하여 도면을 완성한다.

바. 완성된 조립도

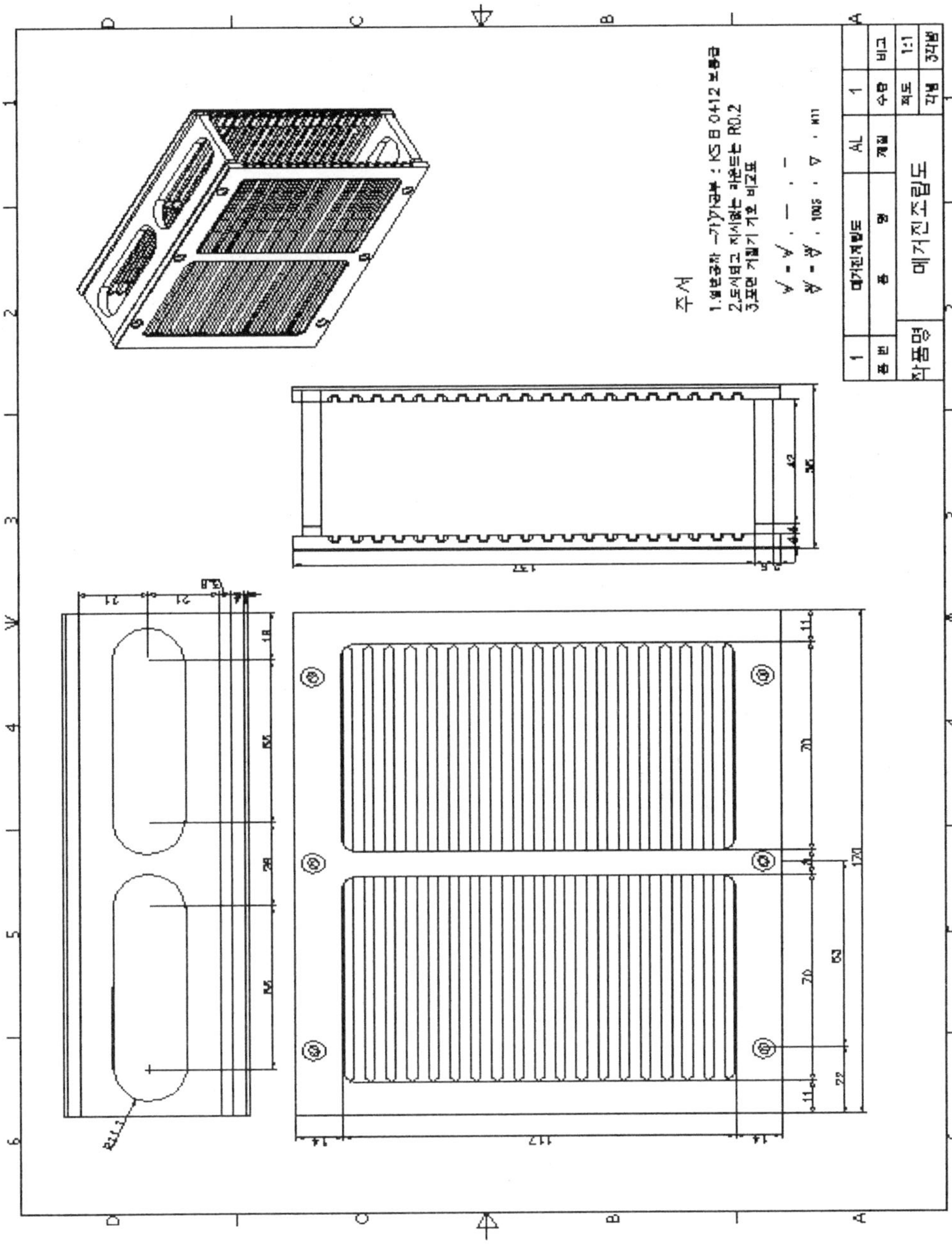

[그림 4-12] 완성된 도면

제 5 장

오픈 제어 온도센서

제1절 온도센서의 종류

온도센서의 종류는 다음과 같다.

〈표 5-1〉 온도센서의 종류

- 온도센서
  - 접촉식
    - 백금 측온 저항체(니켈, 구리)
    - 서미스터(NTC, PTC, CTR)
    - 열전대(제백 효과를 응용한 것)
    - IC 온도센서(실리콘 트랜지스터의 온도특성을 이용)
    - 바이메탈식 온도계(크로멜, 알루멜, 철콘스탄탄)
    - 수정 온도계(수정의 Y커트 앵글을 이용한 것)
    - 수은, 알콜 온도계(우리 막대에 봉입한 온도계)
  - 비접촉식(방사온도계)
    - 초전형 온도센서(PZT계, $LitaO_3$계)
    - 양자형 온도센서(기전력형, 도전형)

〈표 5-2〉 온도센서의 종류별 사용온도 범위

온도센서의 종류	사용온도 범위
수정 온도계	－100℃ ~ 220℃
서미스터(thermistor)	－200℃ ~ 600℃
IC 온도 센서	－55℃ ~ 150℃
백금 측온 저항체	－180℃ ~ 600℃($\alpha = +0.003916$℃)

구리 측온 저항체	0℃ ~ 200℃(α=+0.004250/℃)
니켈 측온 저항체	−20℃ ~ 300℃(별로 사용하지 않음)
바이메탈식 온도계	0℃ ~ 300℃
수은 온도계	−30℃ ~ 350℃
알코올 온도계	−60℃ ~ 100℃
열전대 R(백금 로듐)	200℃ ~ 1400℃
열전대 K(크로멜 알루멜)	0℃ ~ 1000℃
열전대 E(크로멜 콘스탄탄)	−200℃ ~ 700
열전대 J(철 콘스탄탄)	0℃ ~ 600℃
광온도계	800℃ ~ 2000℃
방사온도계	0℃ ~ 2000℃

제2절 서미스터

1. 관련 지식

가. 서미스터란

서미스터(thermistor)는 온도에 의해 저항값이 변하는 저항체를 말하며, 저항의 성질에 따라 온도의 상승에 따라 저항값도 상승하는 정특성의 서미스터와 반대의 특성으로 온도 상승에 저항값이 하강하는 부특성의 서미스터가 있다.

나. 서미스터의 종류

(1) NTC : 온도 상승에 의하여 전기저항이 지수함수적으로 감소한다.
(2) PTC : 온도 상승에 따라 퀴리점 이상에서 저항값이 증가한다.
(3) CTR : 어떤 온도에서 저항값이 급격히 감소한다.

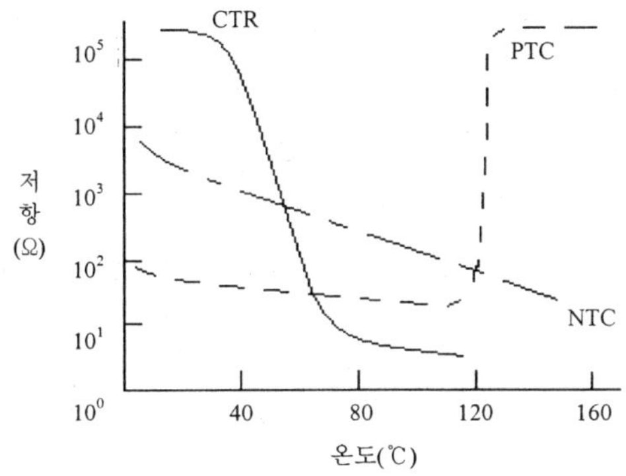

[그림 5-1] 각종 서미스터의 온도-저항 특성

다. 동작원리

서미스터는 열에 민감한 저항체로 Mn(망간), Ni(니켈), Co(코발트) 등의 금속 산화물의 분말을 리드(lead)선과 함께 소결하여 온도에 따른 저항값을 변화시킨다. 서미스터의 구조는 [그림 5-2]와 같다.

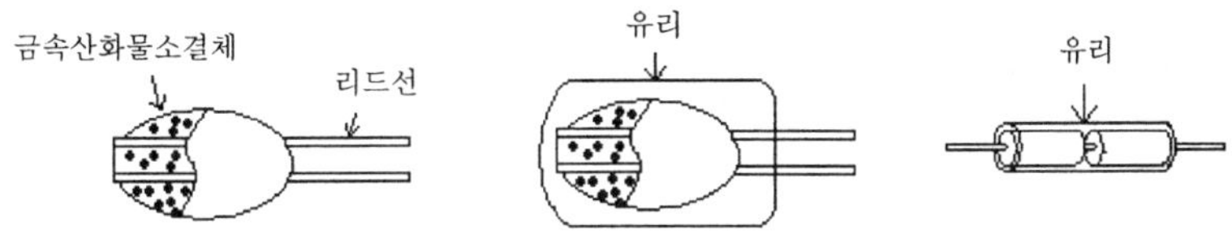

[그림 5-2] 서미스터의 구조

라. 특 성

실험에 사용되는 서미스터의 온도-저항 특성은 [그림 5-3]과 같다.

마. 응용 사례

항온 발열, 온도 스위치, 온도경보, 발열방지, 서지방지, 각종 온도측정 등이다.

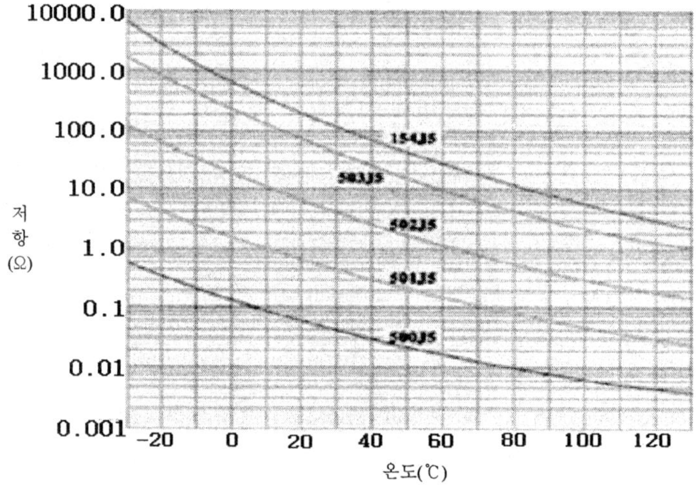

[그림 5-3] NTC Type의 서미스터의 온도-저항 특성

2. 실험 실습

가. 실험 목적

온도 변화에 따른 서미스터의 특성(NTC)을 이해하고 원리를 파악할 수 있다.

나. 실험 장비

〈표 5-3〉 실험 장비

장비명	수량	비고
POWER SUPPLY	1	
DATA ACQUISITION MODULE	1	
SIGNAL CONDITIONER	1	
THERMISTOR MODULE	1	
작업용 프로파일	1	
회로연결 케이블	1set	

AC220V 전원선	2	
DATA Cable	1	
조명 제어용	1	(응용모듈A)
공압 자동문 제어용	1	(응용모듈B)
온도 제어용	1	(응용모듈C)
모터 제어용	1	(응용모듈D)

다. 서미스터(NTC) 모듈 실험 실습 배선도

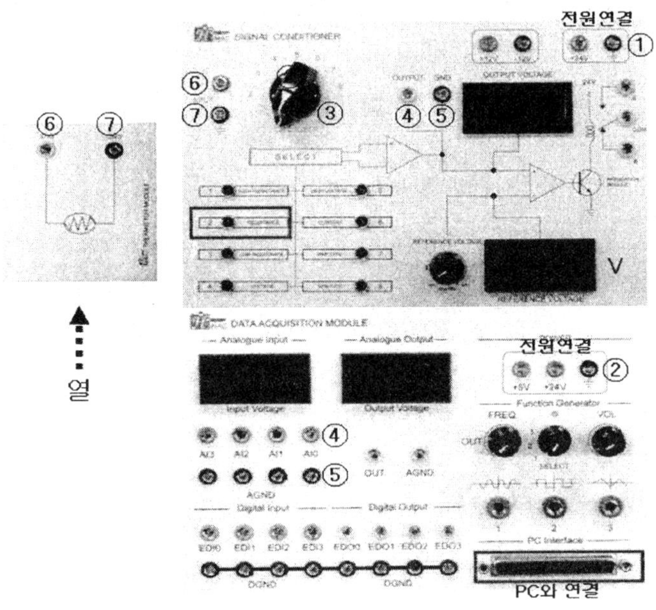

[그림 5-4] 서미스터(NTC) 모듈 실험 실습 배선도

라. 고유 출력값 계산 이론

[그림 5-5]와 같이 SIGNAL CONDITIONER를 RESISTANCE를 선택하면 R1은 4.7kΩ, VCC는 5V이다.

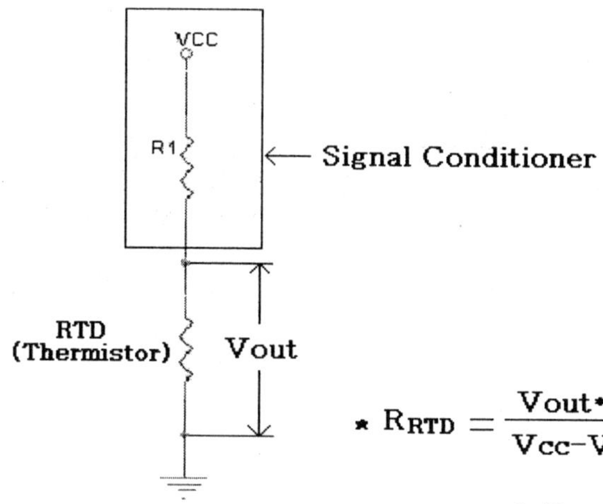

$$R_{RTD} = \frac{Vout * R_1}{Vcc - Vout}$$

$$Vout = \left(\frac{R_{RTD}}{R_{RTD} + R_1} \right) * Vcc$$

[그림 5-5] 고유 출력값 계산 이론

마. 실험 방법

(1) 작업용 프로파일에 SIGNAL CONDITIONER, POWER SUPPLY, DATA ACQUISITION MODULE, THERMISTOR MODULE, 온도 제어용 응용모듈(응용모듈C)을 배치한다.

(2) AC220V 전원선을 이용하여 POWER SUPPLY와 온도 제어용 응용모듈(응용모듈C)에 전원을 연결한다.

(3) DATA 케이블을 이용하여 PC와 DATA ACQUISITION MODULE을 연결하고, DATA ACQUISITION MODULE의 전원을 켠 후 운용 프로그램을 실행시킨다.

(4) 서미스터(NTC) MODULE의 실험 실습 배선도를 보고 회로 연결 케이블을 이용하여 배선도에 맞게 각 모듈을 연결한다.

(5) POWER SUPPLY의 전원을 켜고 SIGNAL CONDITIONER의 Select 스위치를 RESISTANCE 기능에 설정한다.

(6) 센서실습장비 운용 프로그램을 실행한 후 센서실습→온도센서→서미스터센서를 선택한 후 실험 시작 버튼을 클릭하여 실험을 시작한다.

(7) 운용 프로그램에서 Digital Output Switch를 On하여 온도 제어용 응용모듈의 석영관 히터를 켠다.

(8) 석영관 히터에 서미스터 모듈의 감지면을 가까이 근접시킨다.

(9) 온도 계측기를 이용하여 센서의 감지면의 온도가 <표 5-4>의 온도일 때 전압값을 측정한 후 그 값을 <표 5-4>에 기록한다.

(10) 온도의 변화에 따라 서미스터의 출력값은 어떻게 변화하는가? <표 5-4>의 데이터를 가지고 그래프를 작성하여라.

(11) 위의 실험을 다 마친 후 실험 종료 버튼을 클릭하여 실험을 종료한다.

(12) Excel 파일로 저장된 "서미스터 특성 실험"이란 파일을 열어 Excel의 차트 기능을 이용하여 차트를 구성한다.

(13) 위에 그려본 그래프와 Excel 차트의 모양을 비교 분석하여 본다.

〈표 5-4〉 온도의 변화에 따른 출력값

온도(℃)	출력 전압	고유 출력	비고
상온(OFF 시)	V	kΩ	
30	V	kΩ	
40	V	kΩ	
50	V	kΩ	
60	V	kΩ	
70	V	kΩ	

3. 응용 실험의 실습 방법

가. 실험 목적

응용 실험의 실습을 통하여 서미스터의 응용 능력을 배양할 수 있다.

나. 서미스터 모듈의 응용 실험 배선도

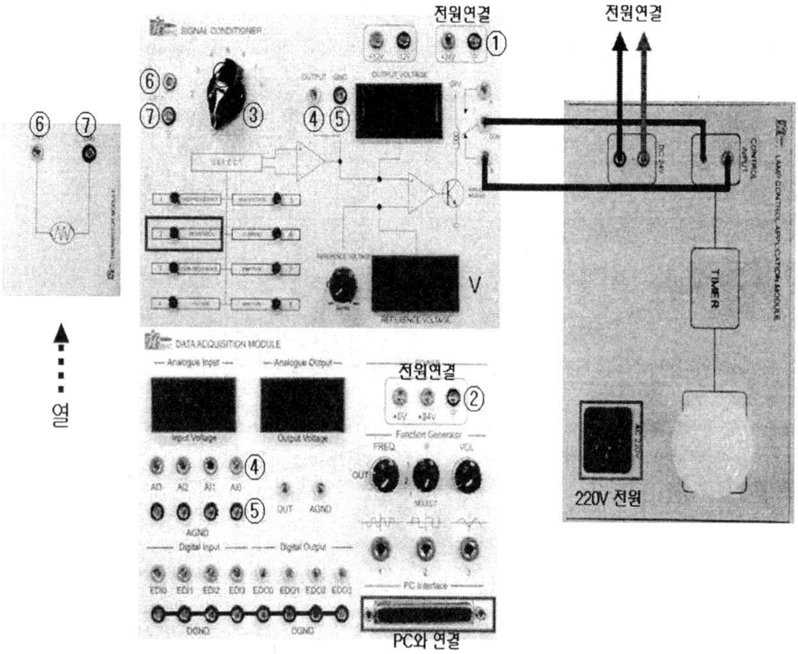

[그림 5-6] 조명 제어용 응용모듈 실험 실습 배선도

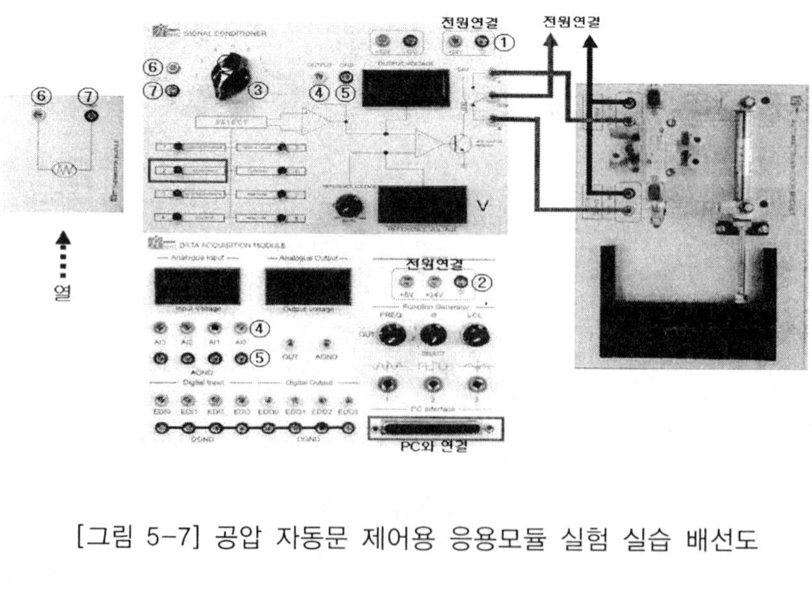

[그림 5-7] 공압 자동문 제어용 응용모듈 실험 실습 배선도

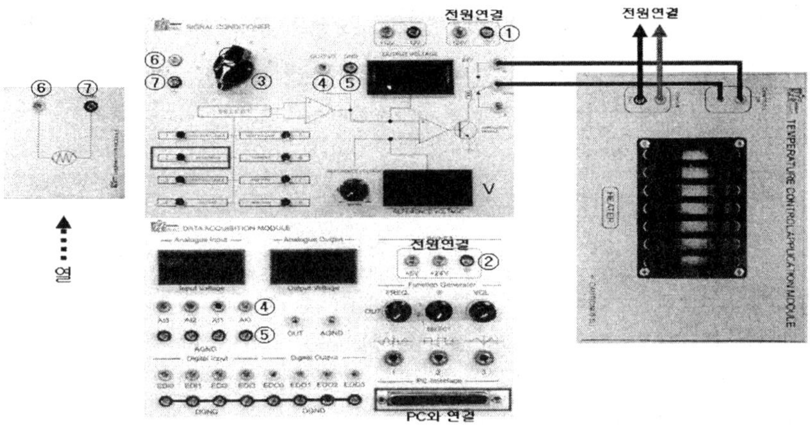

[그림 5-8] 온도 제어용 응용모듈 실험 실습 배선도

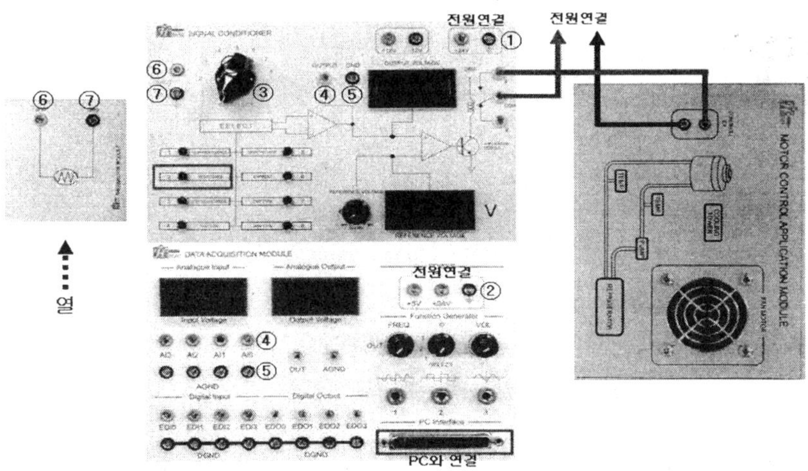

[그림 5-9] 모터 제어용 응용모듈 실험 실습 배선도

다. 실험 방법

(1) [그림 5-6] 조명 제어용 응용모듈 실험 실습 배선도를 보고 회로연결 케이블을 이용하여 배선도에 맞게 연결한다.

(2) SIGNAL CONDITIONER의 Reference Voltage Volume 단자를 이용하여

Reference Voltage를 2.5[V]에 설정한다.→ Reference Voltage는 출력 전압과 비교하여 응용모듈을 Turn On/Off하는 기준 전압이다. 따라서 Reference Voltage를 출력 전압 변화 범위에서 설정 가능하다.

(3) 운용 프로그램에서 Digital Output Switch를 On하여 온도 제어용 응용모듈의 석영관 히터를 켠다.

(4) 석영관 히터에 THERMISTOR MODULE의 감지면을 가까이 근접시킨다.

(5) 온도가 올라감에 따라 출력 전압은 어떻게 변화하는가? 또한 응용모듈은 어떻게 동작하는지 확인한다.

(6) 위의 방법과 동일한 방법으로 공압 자동문, 모터 제어용 응용모듈 실험을 한 후 각각의 응용모듈이 어떻게 동작하는지 확인한다.

제3절 백금 측온 저항체

1. 관련 지식

백금 측온 저항체(Pt-100)이란 측온 저항체는 접촉식 온도센서 중 백금 측온 저항체가 가장 안정되고 온도범위가 넓으며, 높은 정확도가 요구되는 온도계측에 많이 사용된다. 측온 저항계는 백금, 동, Nickel 등이 있으며, 그 중 백금선이 온도변화에 예민하게 전기저항이 증감하므로 현재 널리 이용되며 사용온도 범위는 －200℃~600℃이다.

가. 백금 측온 저항체(Pt-100)의 특징

① 감도가 양호하다.

② 안정성, 재현성이 우수하다.

③ 고정도를 얻을 수 있다.

나. 백금 측온 저항체(Pt-100)의 단점

① 저항소자의 구조가 복잡하고 형상이 커서 응답이 느리며, 좁은 장소에서의 측정이 부적합하다.
② 최고 사용온도가 600℃ 정도로 고온측정은 어렵다.
③ 기계적 충격이나 진동에 약하다.
④ 저항체의 가격이 비싸다.

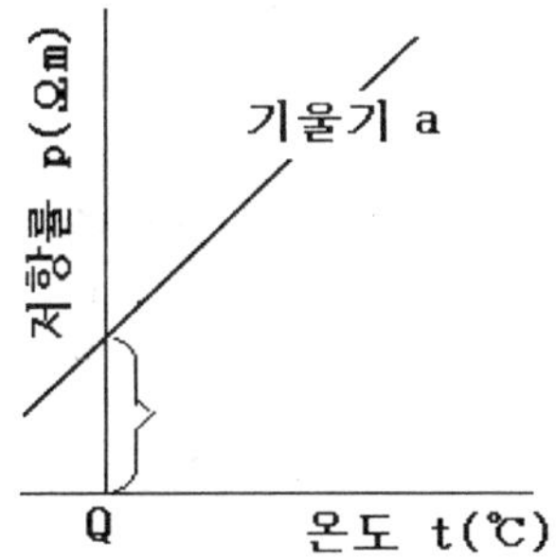

[그림 5-10] 온도-저항 특성

다. 동작 원리

일반적으로 물질의 전기저항은 온도에 의해서 변화하는 것으로 알려져 있다. 금속은 온도에 거의 비례해서 전기저항이 증가하는 이른바 플러스 온도계수를 갖고 있으며 금속의 순도가 높을수록 이 온도계수는 커진다. 측온 저항체는 백금, 니켈, 동 등의 순금속을 사용하며 따라서 이들 금속의 저항값의 온도 의존성을 이용한 온도센서이고, 그 금속의 전기저항을 측정함으로써 온도를 알 수가 있다. 측정방법은 다음과 같다.

(1) 2도선식(2-wires connection : W type) RTD 소자의 두 터미널에 각각 한 개씩의 도선을 접속한 형식으로 비용이 절감되는 효과는 있으나 도선저항의 영향을 받기 때문에 고정밀도(high accuracy)를 요하는 곳에는 적합하지 않다.

[그림 5-11] 2도선식

(2) 3도선식(3-wires connection : X type) RTD 소자의 한 쪽 터미널에는 2개의 도선을, 다른 한 쪽에는 도선저항으로부터의 영향을 줄이기 위해 한 도선만을 각각 연결하는 방식으로 신뢰도가 높기 때문에 가장 많이 적용되고 있다.

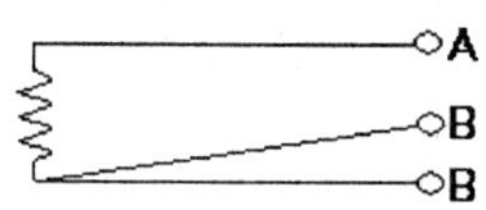

[그림 5-12] 3도선식

(3) 4도선식(4-wires connection : Y type) RTD 소자의 양단에 각각 2개씩의 도선을 접속하여 도선저항의 영향을 없애기 위한 방식으로 특히 높은 정밀도의 온도를 측정하고자 하는 곳에 적합하다.

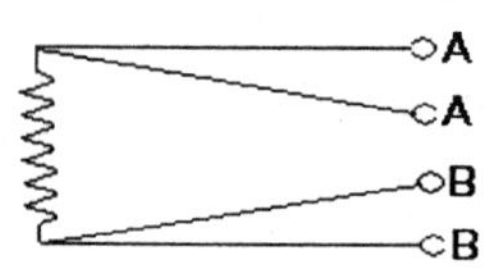

[그림 5-13] 4도선식

라. 실험에 사용되는 백금 측온 저항체의 특성 사용온도

0℃~600℃ → 실온 ~ (실온+205℃)까지 측정 가능 설계 25℃에서의 저항값 : 100Ω 1℃당 저항 변화 : 0.3916~0.3850Ω ≒ 0.39Ω

마. 응용 사례

고정밀도의 온도 계측에 이용한다.

2. 실험 실습

가. 실험 목적

온도의 변화에 따른 백금 측온 저항체(Pt-100)의 특성을 이해하고 원리를 파악할 수 있다.

나. 실험 장비

〈표 5-5〉 실험 장비

장비명	수량	비고
POWER SUPPLY	1	
DATA ACQUISITION MODULE	1	
SIGNAL CONDITIONER	1	
작업용 프로파일	1	
회로연결 케이블	1set	
AC220V 전원선	2	
DATA Cable	1	
Pt-100 MODULE	1	
Pt-100 Sensor	1	
Digital Multimeter	1	
온도 측정기	1	
조명 제어용	1	(응용모듈A)
공압 자동문 제어용	1	(응용모듈B)
온도 제어용	1	(응용모듈C)
모터 제어용	1	(응용모듈D)

다. Pt-100 모듈의 실험 실습 배선도

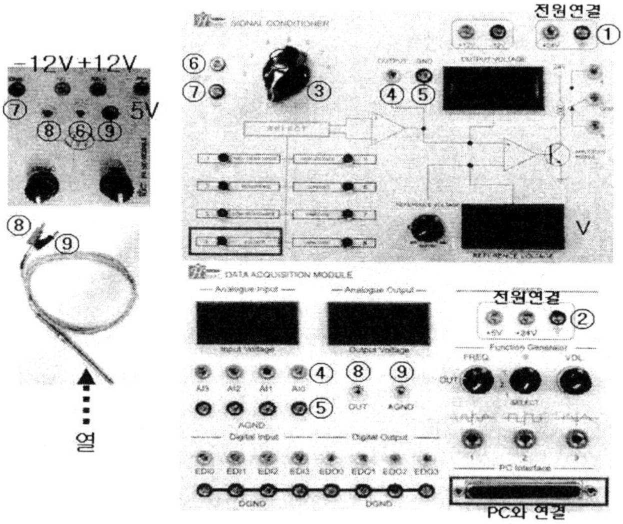

[그림 5-14] Pt-100 모듈의 실험 실습 배선도

라. 고유 출력 값 계산 이론

기준 전압은 238mV, 25℃에서의 Pt-100 센서의 저항값이 100Ω이다.

(1) $V_{out}V = (bV - 0.238V) \times 60$

(2) $R_{Pt-100}\ \Omega = \dfrac{(2 \times 10^3 \Omega) \times bV}{5V - bV}$

- $2 \times 10^3 \Omega$ = 내부 전압 분배에 쓰인 저항값
- $5V$ = Pt-100 모듈에 사용된 입력 전압

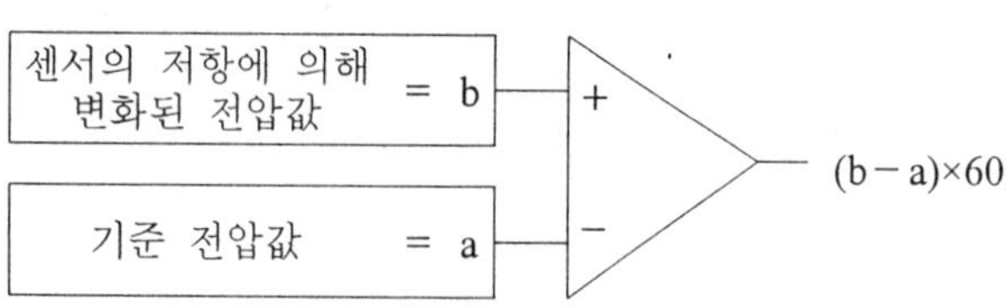

[그림 5-15] 고유 출력값

마. 실험 방법

(1) 작업용 프로파일에 POWER SUPPLY, SIGNAL CONDITIONER, DATA ACQUISITION MODULE, Pt-100 모듈, 온도 제어용 응용모듈(응용모듈C)을 배치한다.

(2) AC220V 전원선을 이용하여 Pt-100 모듈과 POWER SUPPLY에 전원을 연결한다.

(3) 데이터 케이블을 이용하여 PC와 DATA ACQUISITION MODULE을 연결하고, DATA ACQUISITION MODULE의 전원을 켠 후 운용 프로그램을 실행시킨다.

(4) "Pt-100 실험 실습 배선도"를 보고 회로연결 케이블을 이용하여 배선도에 맞게 각 모듈을 연결한다.

(5) POWER SUPPLY의 전원을 켜고 SIGNAL CONDITIONER의 Select 스위치를 VOLTAGE 기능에 설정한다.

(6) Pt-100 모듈의 측면에 있는 스위치를 사용하여 VR Volume을 선택한다.

(7) Digital Multimeter를 이용하여 VR Volume 하단의 Output 단자의 출력 저항값이 100Ω이 되도록 VR Volume을 이용하여 설정한다.

(8) OFFSET Volume을 이용하여 출력 전압값이 0V가 출력되도록 설정한다.

(9) Digital Multimeter를 이용하여 VR Volume 하단의 Output 단자의 출력 저항값이 180Ω이 되도록 VR Volume을 이용하여 설정한다.

(10) SPAN Volume을 이용하여 출력 전압값이 10V가 출력되도록 설정한다.

(11) 석영관 히터 전면 홀(hole)과 Pt-100 센서의 감지봉을 연결한다.

(12) 센서실습장비 운용 프로그램을 실행한 후 센서실습 → 광센서 → Pt-100을 선택한 후 실험 시작 버튼을 클릭하여 실험을 시작한다.

(13) 운용 프로그램에서 Digital Output Switch를 On하여 온도 제어용 응용모듈의 석영관 히터를 켠다.

(14) Pt-100 센서의 바나나 잭을 Pt-100 모듈의 측면 센서 연결 단자에 연결한다.

(15) Pt-100 모듈의 OFFSET Volume을 이용하여 출력 전압값이 '0'에 맞도록 맞춘다.

(16) 석영관 히터 전면 홀(hole)과 Pt-100 센서의 감지봉을 연결한다.

(17) 히터의 전면 홀(hole) 부분의 온도가 70℃가 될 때까지 센서에 열을 전도시킨다. 센서에 열이 충분히 전도되었을 때의 출력 전압값이 2V가 되도록 SPAN Volume을 이용하여 맞춘다.

(18) 운용 프로그램에서 Digital Output Switch를 Off하여 온도 제어용 응용모듈(응용모듈C)의 히터를 끈다.

(19) Pt-100 센서의 감지봉에 전도열을 충분히 내린 후 운용 프로그램에서 Digital Output Switch를 On하여 온도 제어용 응용모듈(응용모듈C)의 히터를 켠다.

(20) 온도 계측기를 이용하여 Pt-100 센서의 감지봉과 석영관 히터의 전면 홀(hole) 연결부분의 온도가 <표 5-6>의 온도일 때 전압값을 측정한 후 그 값을 <표 5-6>에 기록한다.

(21) 온도의 변화에 따라 Pt-100의 출력값은 어떻게 변화하는가? <표 5-6>의 데이터를 가지고 다음의 그래프를 작성하여라.

〈표 5-6〉 온도의 변화에 따라 Pt-100의 출력값

온도(℃)	출력 전압	고유 출력	비고
상온(OFF 시)	V	Ω	
30	V	Ω	
40	V	Ω	
50	V	Ω	
60	V	Ω	
70	V	Ω	

(22) 석영관 히터의 전면의 온도가 40℃가 되면 운용 프로그램의 Data-Log 버튼을 클릭하여 'Pt-100 특성 실험'이란 이름으로 파일을 저장한다.

(23) 위의 실험을 다 마친 후 실험 종료 버튼을 클릭하여 실험을 종료한다.

(24) Excel 파일로 저장된 'Pt-100 특성 실험'이란 파일을 열어 Excel의 차트기능을 이용하여 차트를 구성한다.

(25) 위에 그려본 그래프와 Excel 차트의 모양을 비교 분석하여 본다.

3. 응용 실험의 실습 방법

가. 실험 목적

응용 실험의 실습을 통하여 Pt-100의 응용 능력을 배양할 수 있다.

나. Pt-100 모듈의 응용 실험 배선도

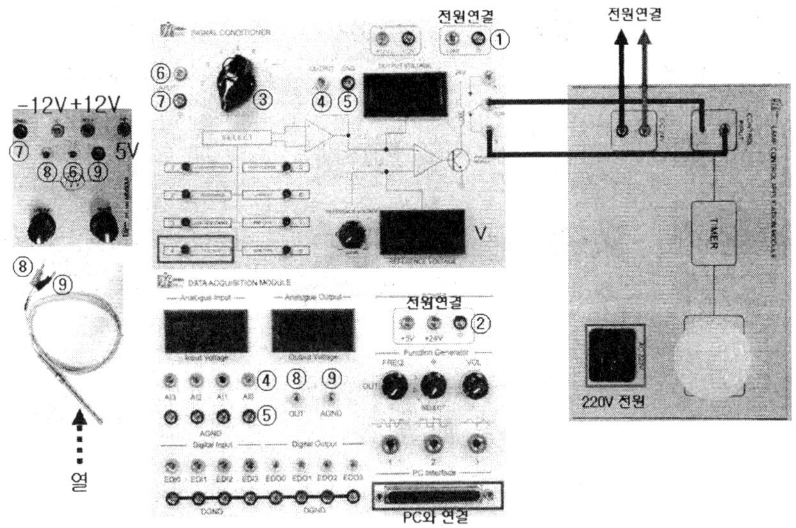

[그림 5-16] 조명 제어용 응용모듈 실험 실습 배선도

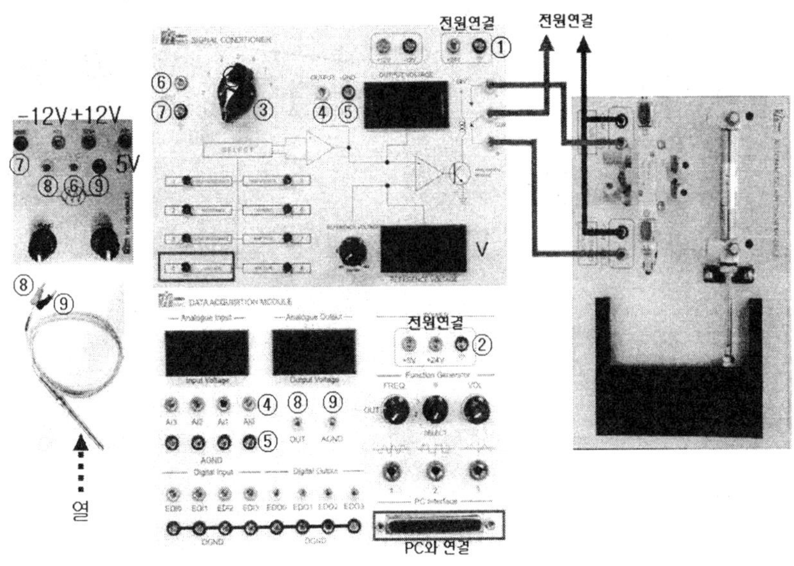

[그림 5-17] 공압 자동문 제어용 응용모듈 실험 실습 배선도

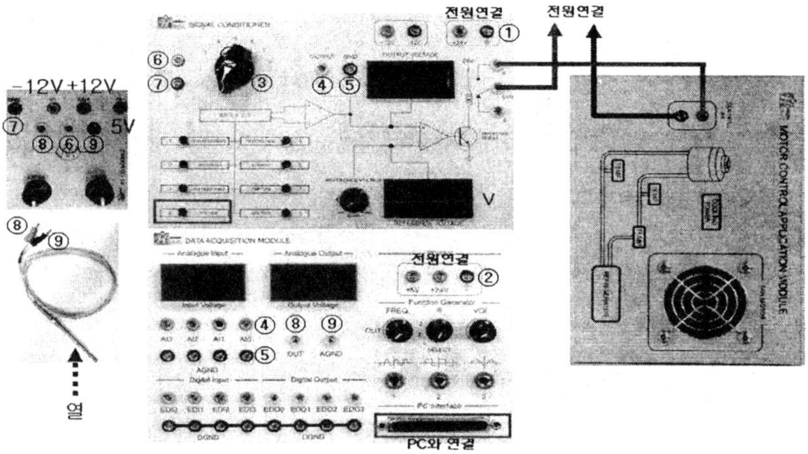

[그림 5-18] 온도 제어용 응용모듈 실험 실습 배선도

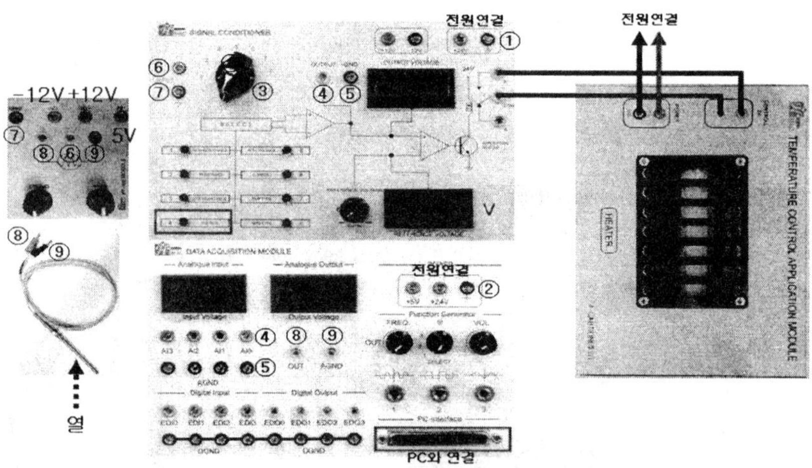

[그림 5-19] 모터 제어용 응용모듈 실험 실습 배선도

다. 실험 방법

(1) [그림 5-16] 조명 제어용 응용모듈 실험 실습 배선도를 보고 회로연결 케이블을 이용하여 배선도에 맞게 연결한다.

(2) SIGNAL CONDITIONER의 Reference Voltage Volume 단자를 이용하여 Reference Voltage를 2[V]에 설정한다. → Reference Voltage는 출력 전압과

비교하여 응용모듈을 Turn On/Off하는 기준 전압이다. 따라서 Reference Voltage를 출력 전압 변화 범위에서 설정 가능하다.

(3) Pt-100 모듈의 측면에 있는 스위치를 사용하여 VR Volume을 선택한다.

(4) Digital Multimeter를 이용하여 VR Volume 하단의 Output 단자의 출력 저항값이 100Ω이 되도록 VR Volume을 이용하여 설정한다.

(5) OFFSET Volume을 이용하여 출력 전압값이 '0V'가 출력되도록 설정한다.

(6) Digital Multimeter를 이용하여 VR Volume 하단의 Output 단자의 출력 저항값이 180Ω이 되도록 VR Volume을 이용하여 설정한다.

(7) SPAN Volume을 이용하여 출력 전압값이 '10V'가 출력되도록 설정한다.

(8) 석영관 히터 전면 홀(hole)과 Pt-100 센서의 감지봉을 연결한다.

(9) Pt-100 센서의 감지봉에 전도열을 충분히 내린 후 운용 프로그램에서 Digital Output Switch를 On하여 온도 제어용 응용모듈(응용모듈3)의 히터를 켠다.

(10) 온도가 올라감에 따라 출력 전압은 어떻게 변화하는가? 또한 응용모듈은 어떻게 동작하는지 확인한다.

(11) 위의 방법과 동일한 방법으로 공압 자동문, 모터 제어용 응용모듈 실험을 한 후 각각의 응용모듈이 어떻게 동작하는지 확인한다.

제6장

물품 검출 센서 작업

제1절 근접센서의 종류

근접센서의 종류는 다음과 같다.

〈표 6-1〉 근접센서의 종류

- 근접센서
  - 교류자계의 변화를 이용
    - 유도브리지형
      - 인덕턴스 브리지용
      - 차동 트랜스형
    - 고주파발진형
      - 진동폭변화 검출용
      - 주파수변화 검출용
  - 정자계의 변화를 이용
    - 자기형
      - 리드 스위치형
      - 자기 소자형
  - 정전용량의 변화를 이용
    - 고주파발진형
      - 진동폭변화 검출용
      - 주파수변화 검출용

용도에 의한 분류	구성에 의한 분류
실드(shield)형	앰프(AMP) 내장형
비실드(非shield)형	앰프(AMP) 분리형
	앰프(AMP) 중계형

[그림 6-1] 근접스위치의 검출부 머리형상

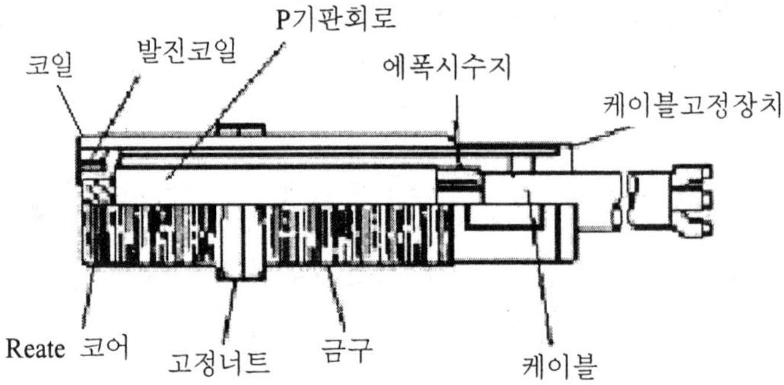

[그림 6-2] 근접스위치의 외형

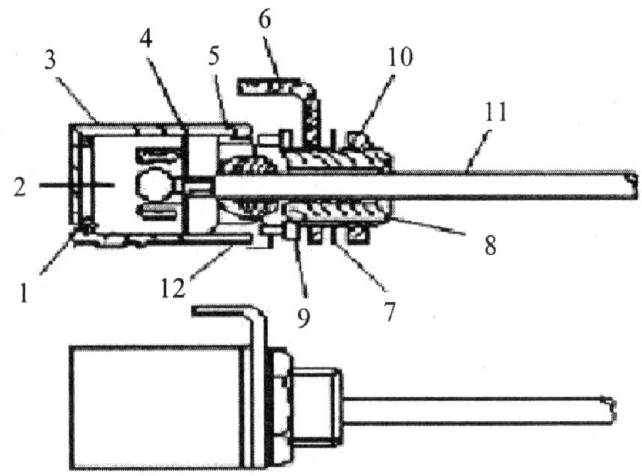

1. 코일
2. 에폭시 수지 충전
3. Case(에폭시 수지)
4. P 기판회로
5. 고무텍
6. Case 부착 중간판
7. 파이버
8. 진선관(C15)
9. Case 부착 금구(SPCC)
10. 너트
11. 비닐케이블
12. 명판

[그림 6-3] 근접스위치의 구조

제2절 용량형 근접센서

1. 관련 지식

가. 정전용량형 근접센서(근접스위치)란

근접센서(근접스위치)는 검출 코일로부터 자계를 발생시켜 검출 물체에 와전류를 생성시킨다. 이때 와전류의 변화를 검출하는 것이다. 따라서 검출 물체는 도체(금속)에 한정되어 있다. 그렇지만 정전용량형 근접센서의 경우는 전계를 발생시켜 전계 중에 존재하는 물체내의 전하의 이동, 분리에 따른 정전용량의 변화를 검출하는 것이다.

정전용량형의 장・단점은 다음과 같다.

(1) 플라스틱, 유리, 도자기, 목재와 같은 절연물(유전체) 그리고 물, 기름, 약물과 액체도 검출이 가능하다.
(2) 비금속 용기(종이, 유리, 플라스틱) 속에 들어 있는 물체검지가 가능하다.
(3) 검출물 표면상태(광택 또는 색깔)의 영향을 받지 않는다.
(4) 유도형에 비해 응답 속도가 다소 늦다.

나. 동작 원리

[그림 6-4]와 같이 고주파 발진 회로에서 검출 head에 100kHz~수 kHz 고주파전계를 발생시켜 고주파장을 만든다. 이 때 고주파 전계 사이에 물체가 접근하면 물체표면과 검출 head 표면에서 분극현상이 일어나 정전용량이 증가하게 된다. 이는 발진기에 의해 증폭된 출력을 얻는다.

Volt 전지에서 전류가 흐르면 (+)극에서 수소 기체가 발생하고, 이 수소 기체가 산화・환원 반응이 일어나는 것을 막아 전류의 흐름을 방해해 전압이 떨어지는 현상을 분극현상이라 한다.

〈표 6-2〉 정전용량형 근접센서

항 목	내 용
동작 전압	DC 10~30V, AC 20~250V
검출 거리	일반 5~20mm, 최대 60mm
사용 주위 온도	−25~70℃
소비 전류	50mA 이하
응답 주파수	20~50Hz
외 형	원주형

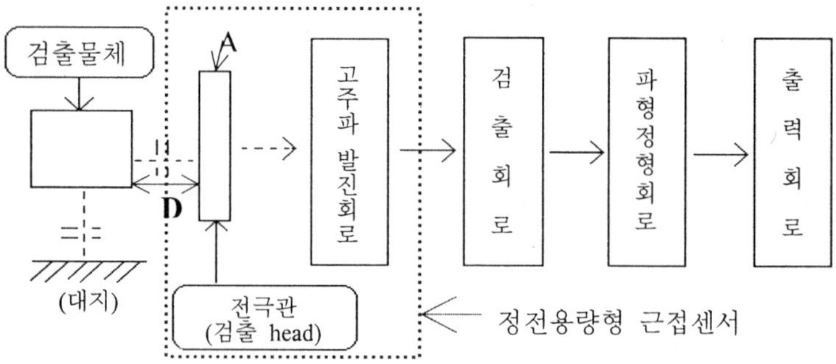

[그림 6-4] 정전용량형 근접스위치의 검출회로 예

$$정전용량(C) = \frac{0.57A}{D} pF$$

〈표 6-3〉 정전용량근접 스위치의 재료에 따른 특성

검출 물체의 재료	검출 물체의 표준 두께	검출 가능 거리
금 속	1mm 이상	1mm 이내
물표면	--	1mm 이내
유 리	4mm 이상	0.7mm 이내
PVC 폴리에이드	4mm 이상	0.6mm 이내
종 이	5mm 이상	0.3mm 이내
나 무	10mm 이상	0.2~0.7mm 이내

다. 실험에 사용되는 정전용량형 근접스위치의 동작 특성

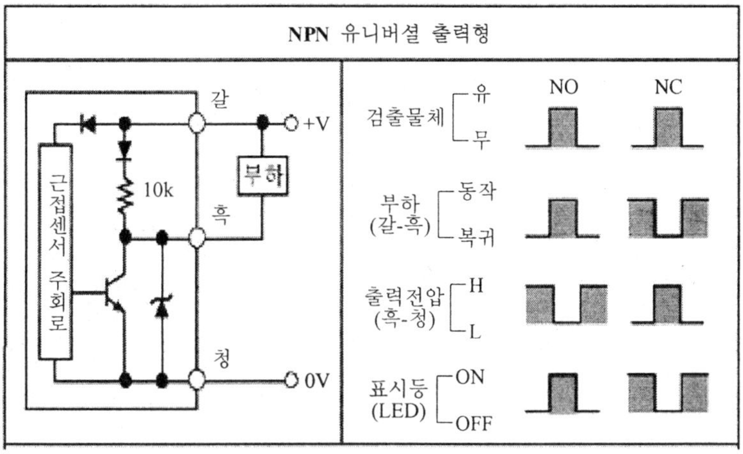

[그림 6-5] 정전용량형 근접스위치의 Timing chart

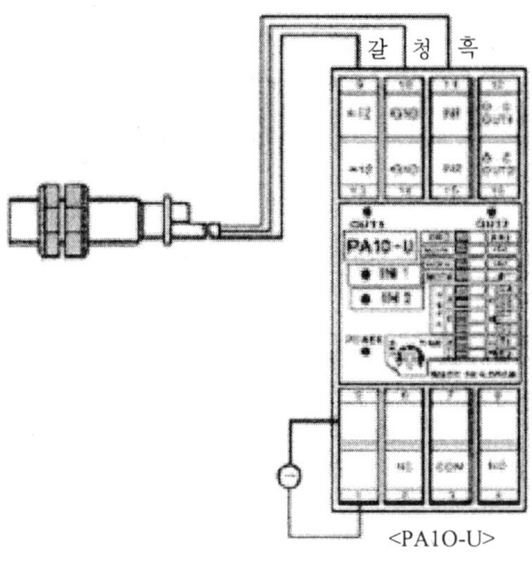

[그림 6-6] 접속 방법

라. 응용 사례

액체의 레벨 검출(정전 용량형)	종이팩 내의 우유 유•무 검출(정전 용량형)
정전용량형 근접센서를 물투명 액체의 용기 밖에서 액체의 유•무를 검출할 수 있습니다. 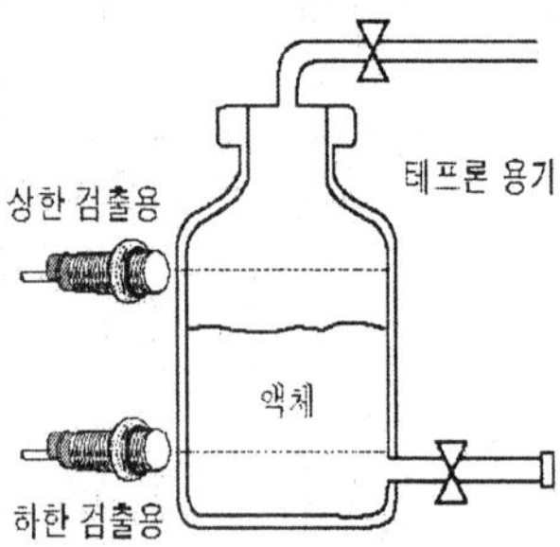	물투명한 종이팩안의 우유의 유•무를 정전용량형 근접센서로 검출할 수 있습니다. 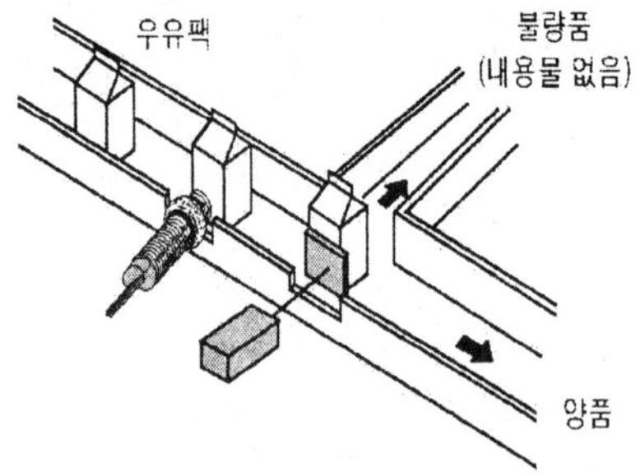
병마개의 유•무 검출(정전 용량형)	밴드의 이상 유•무 검출(정전 용량형)
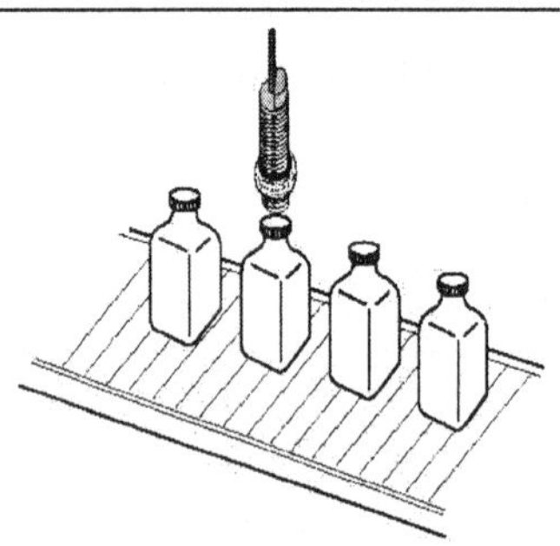	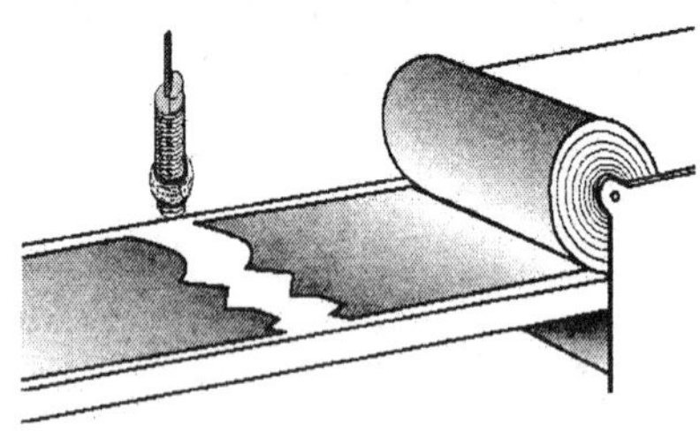

[그림 6-7] 응용 사례

2. 실험 실습

가. 실험 목적

여러 가지 시편의 변화에 따른 용량형 근접센서의 특성을 이해하고 원리를 파악할 수 있다.

나. 실험 장비

〈표 6-4〉 실험 장비

장비명	수량	비고
POWER SUPPLY	1	
DATA ACQUISITION 모듈	1	
SIGNAL CONDITIONER	1	
작업용 프로파일	1	
회로연결 케이블	1set	
AC220V 전원선	2	
DATA Cable	1	
PROXIMITY 센서 모듈	1	CAPACITIVE
LAMP & BUZZER 모듈	1	
슬라이드 유닛	1	버니어 캘리퍼스 포함
시편 세트	1	
조명 제어용	1	(응용모듈A)
공압 자동문 제어용	1	(응용모듈B)
온도 제어용	1	(응용모듈C)
모터 제어용	1	(응용모듈D)

다. PROXIMITY SENSOR 모듈의 실험 실습 배선도

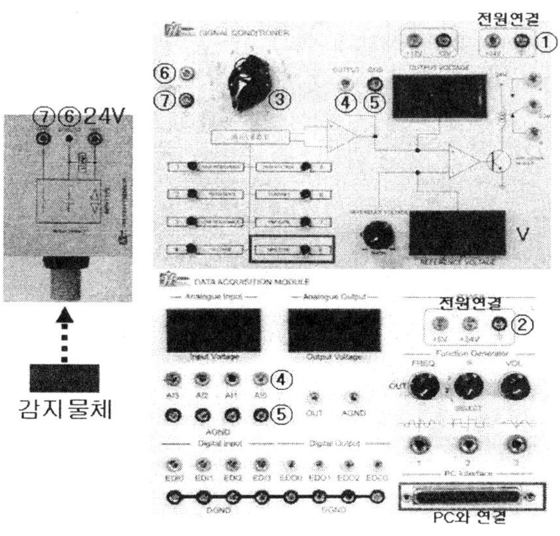

[그림 6-8] PROXIMITY SENSOR 모듈 실습 배선도

라. 실험 방법

(1) 작업용 프로파일에 DATA ACQUISITION 모듈, SIGNAL CONDITIONER, POWER SUPPLY, PROXIMITY SENSOR를 배치한다.

(2) AC220V 전원선을 이용하여 POWER SUPPLY에 전원을 연결한다.

(3) 데이터 연결 케이블을 이용하여 PC와 DATA ACQUISITION 모듈을 연결하고, DATA ACQUISITION 모듈의 전원을 켠 후 운용 프로그램을 실행시킨다.

(4) '정전용량형 근접센서의 실험 실습 배선도'를 보고 회로연결 케이블을 이용하여 배선도에 맞게 각 모듈을 연결한다.

(5) POWER SUPPLY의 전원을 켜고 SIGNAL CONDITIONER의 Select 스위치를 PNP TYPE 기능에 설정한다.

(6) 운용 프로그램에서 센서 실습 → 자동화용 센서 → 용량형 근접센서를 선택한 후 실험시작 버튼을 클릭한다.

(7) 센서의 감지면에 일치하도록 슬라이드 유닛을 장착하고 자석부에 버니어 캘리퍼스를 견고히 부착한 후 버니어 캘리퍼스의 zero point를 설정하여 원점을 '0'으로 조절한다.

(8) 제공된 시편을 센서에 번갈아가며 접근시켜 색상과 재질에 따른 센서의 검출 특성과 동작 특성을 확인하고, 시편의 종류와 재질에 따른 인식거리를 <표 6-5>에 기록한다(인식거리는 버니어캘리퍼스를 이용한다).

〈표 6-5〉 시편 종류에 따른 출력 전압 및 인식거리

시편 종류		인식 거리	출력 전압	비 고
황동		mm	V	
스테인리스 스틸		mm	V	
알루미늄		mm	V	
구리		mm	V	
플라스틱	투명	mm	V	
	검정	mm	V	

3. 응용 실험의 실습 방법

가. 실험 목적

응용 실험의 실습을 통하여 전정용량형 근접센서의 응용능력을 배양할 수 있다.

나. PROXIMITY SENSOR 모듈의 응용 실험 배선도

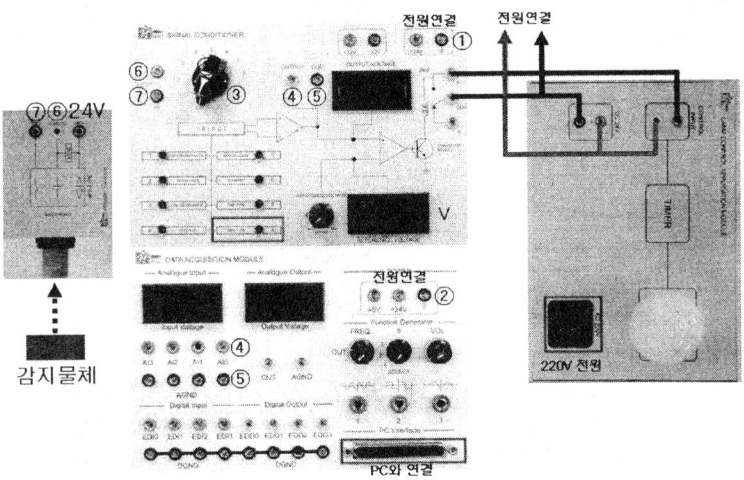

[그림 6-9] 조명 제어용 응용모듈 실험 배선도

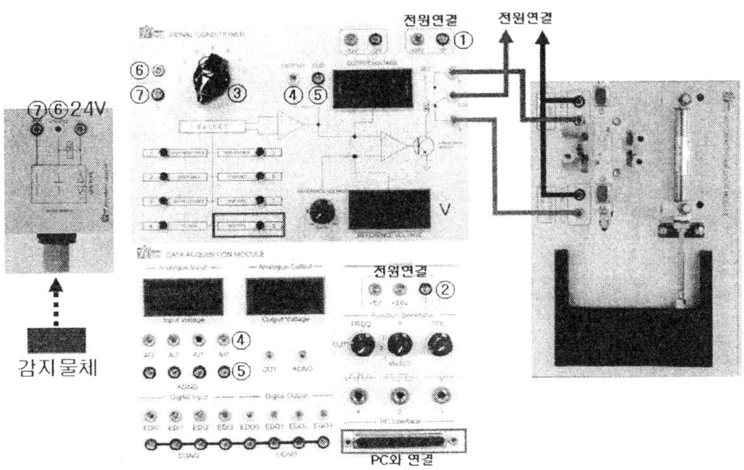

[그림 6-10] 공압 자동문 제어용 응용모듈 실험 배선도

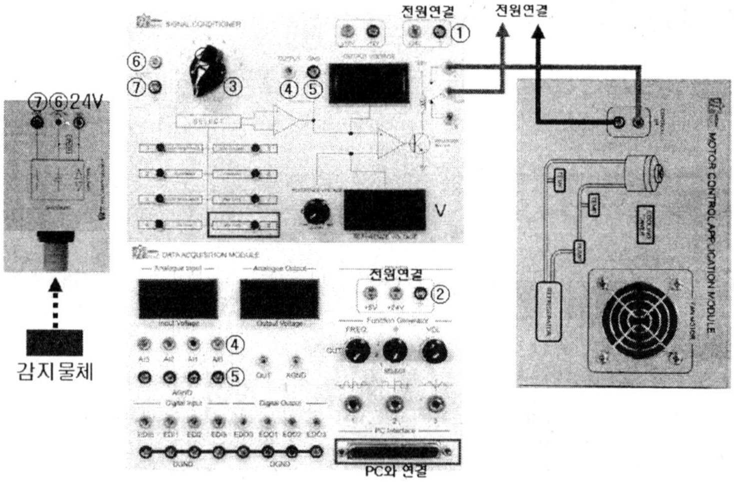

[그림 6-11] 모터 제어용 응용모듈 실험 배선도

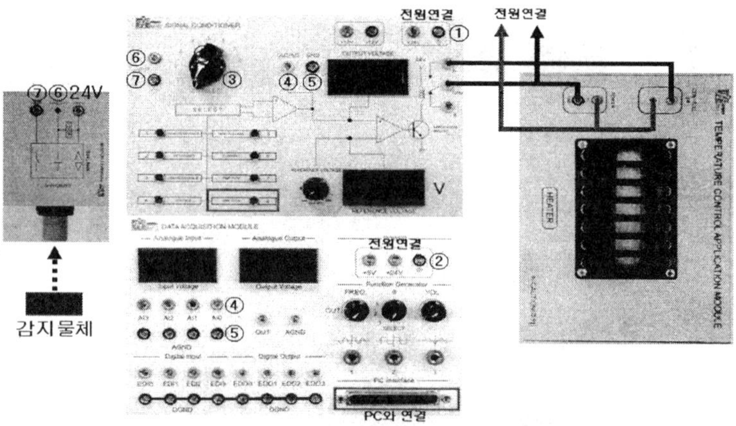

[그림 6-12] 온도 제어용 응용모듈 실험 배선도

다. LAMP & BUZZER 모듈의 배선 및 사용 방법

사용 방법은 다음과 같다.

(1) [그림 6-13]과 같이 배선을 연결한다.
(2) 센서의 출력 형태에 따라 적합한 단자에 센서를 연결한다.
(3) 센서에 시편이나 다른 것을 이용하여 센서를 동작시킨다.
(4) Lamp가 점등되고 Buzzer가 동작함을 확인한다.

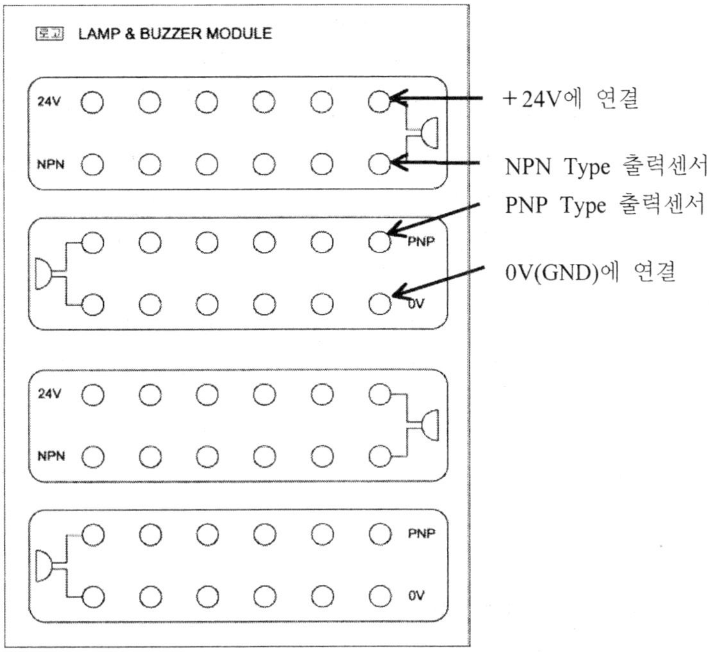

[그림 6-13] LAMP & BUZZER 모듈의 배선 및 사용 방법

라. 실험 방법

(1) [그림 6-9] 조명 제어용 응용모듈 실습 배선도를 보고 회로연결 케이블을 이용하여 배선도에 맞게 연결한다.

(2) SIGNAL CONDITIONER의 Reference Voltage 볼륨을 이용하여 Reference Voltage를 5[V]로 설정하고, 백색 아크릴을 광센서에 가까이 접근시키고 서서히 멀리하여 본다. Reference Voltage는 출력 전압과 비교하여 응용모듈을 Turn On/Off하는 기준 전압이다.

따라서 Reference Voltage를 꼭 5V가 아니어도 상관없으므로, Reference Voltage는 출력 전압 +10V 이하에 설정한다.

(3) 위의 실험 방법과 같이 각각 응용모듈들이 얼마의 거리에서 동작되는지 시편을 바꿔가며 실험을 해본다. 실험 후 다음 <표 6-6>에 각 시편들에 따라 동작되는 거리(인식거리)를 기록한다(인식거리는 버니어 캘리퍼스를 이용하여 기록한다).

〈표 6-6〉 실험 방법

시편 종류		조명 제어용 (응용 모듈A)	공압 자동문용 (응용 모듈B)	온도 제어용 (응용 모듈C)	모터 제어용 (응용 모듈D)	비 고
황동		mm	mm	mm	mm	
스테인리스 스틸		mm	mm	mm	mm	
알루미늄		mm	mm	mm	mm	
구리		mm	mm	mm	mm	
플라스틱	투명	mm	mm	mm	mm	
	검정	mm	mm	mm	mm	

제3절 유도형 근접센서

1. 관련 지식

가. 유도형 근접센서란

유도형 또는 고주파발진형 근접센서는 금속물체(metallic object)의 검출에 사용되며, 특히 자성체(Ferrous target)에 대해서는 검출 감도가 양호하고, 검출 거리도 길다.

검출 헤드는 고주파 발진회로에 접속되어 있고, Ferrite Core에 감겨져 있는 코일이 배치되어 있다. 그리고 검출 헤드를 제외한 Ferrite Core의 주변을 금속으로 둘러싸여 주위 금속의 영향을 받지 않는 구조로 되어 있다.

유도형 근접센서의 특징은 다음과 같다.

(1) 발진폭 변화를 검출하는 것이 발진 주파수 변화를 검출하는 것보다는 유리하다.

(2) 와전류에 의해 열손실이 발생하며 이로 인해 손실저항과 인덕턴스가 변한다.

나. 동작 원리

검출 코일로부터 나오는 고주파 자계 속에 금속물체(검출물체)가 근접하면 근접 속에서 전자유도 현상에 의한 유도전류(소용돌이전류 : eddy current라고도 함)가 흐른다. 이 전류에 의해 자계가 발생하고, 이 자계는 검출 코일에 의해 자계가 금속물체의 접근에 따라 증가하려고 할 때 그 크기를 감소시키는 방향으로 움직인다. 이 결과 검출 코일의 impedance(전기저항 성분)를 변화시킨 결과 발진 회로는 발진 상태를 유지할 수 없게 되어 발진을 정지시킨다.

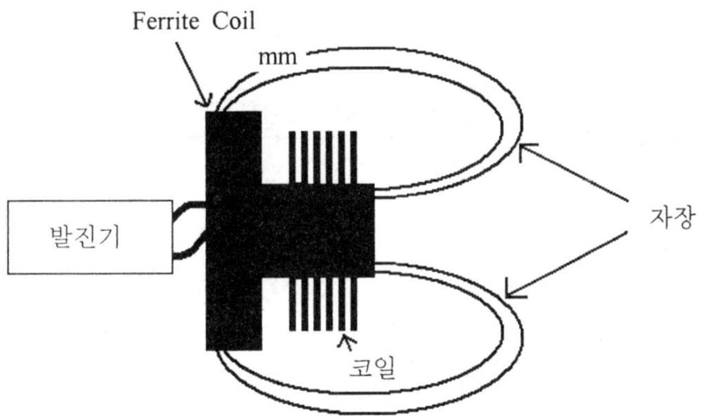

[그림 6-14] 유도형 근접센서 구조

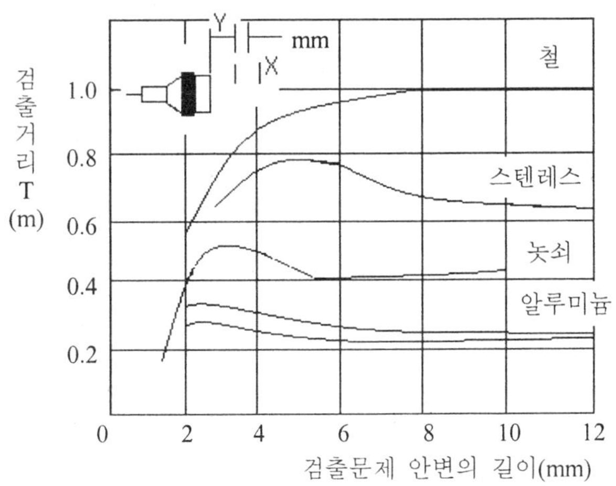

[그림 6-15] 검출물체의 크기와 재질에 의한 검출 거리의 변화

다. 실험에 사용되는 유도형 근접센서의 동작 특성

〈표 6-7〉 동작 근접센서

	4mm 동작 근접센서	5mm 동작 근접센서
검출 거리	4mm ± 10%	5mm ± 10%
응차 거리	검출 거리의 10% 이하	검출 거리의 10% 이하
표준 검출체	12×12×1mm	25×25×1mm
설정 거리	0~2.8mm	0~3.5mm
소비 전류	10mA 이하	10mA 이하
응답 주파수	400Hz	350Hz

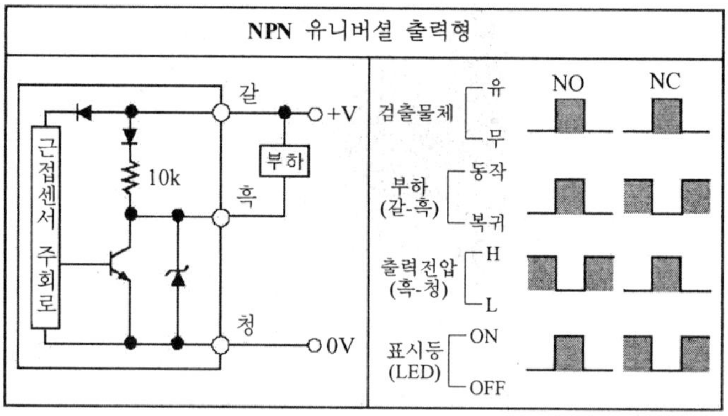

[그림 6-16] 유도형 근접센서 동작 Timing chart

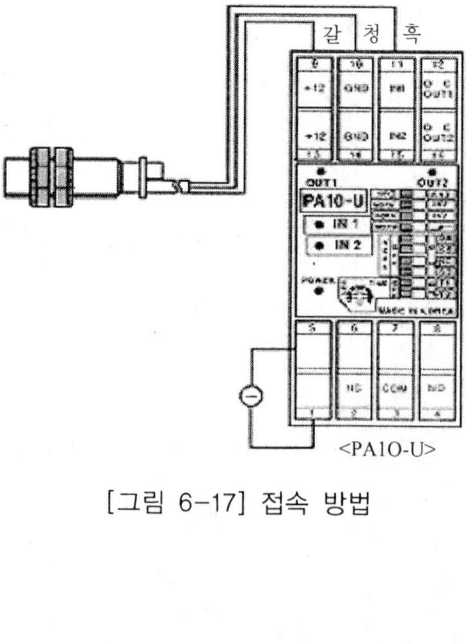

[그림 6-17] 접속 방법

라. 응용 사례

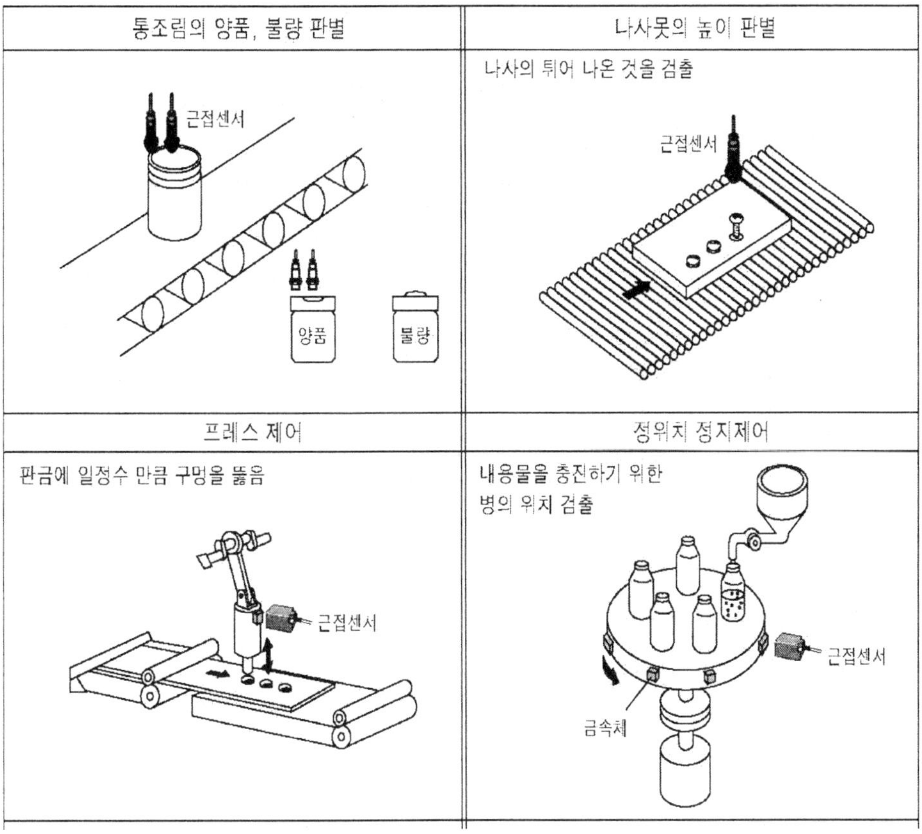

[그림 6-18] 응용 사례

2. 실험 실습

가. 실험 목적

여러 가지 시편의 변화에 따른 유도형 근접센서의 특성을 이해하고 원리를 파악할 수 있다.

나. 실험 장비

〈표 6-8〉 실험 장비

장비명	수량	비고
POWER SUPPLY	1	
DATA ACQUISITION 모듈	1	
SIGNAL CONDITIONER	1	
작업용 프로파일	1	
회로연결 케이블	1set	
AC220V 전원선	2	
DATA Cable	1	
PROXIMITY 센서 모듈	1	INDUCTIVE(M12)
PROXIMITY 센서 모듈	1	INDUCTIVE(M18)
LAMP & BUZZER 모듈	1	
슬라이드 유닛	1	버니어 캘리퍼스 포함
시편 세트	1	
조명 제어용	1	(응용모듈A)
공압 자동문 제어용	1	(응용모듈B)
온도 제어용	1	(응용모듈C)
모터 제어용	1	(응용모듈D)

다. PROXIMITY SENSOR 모듈의 실험 실습 배선도

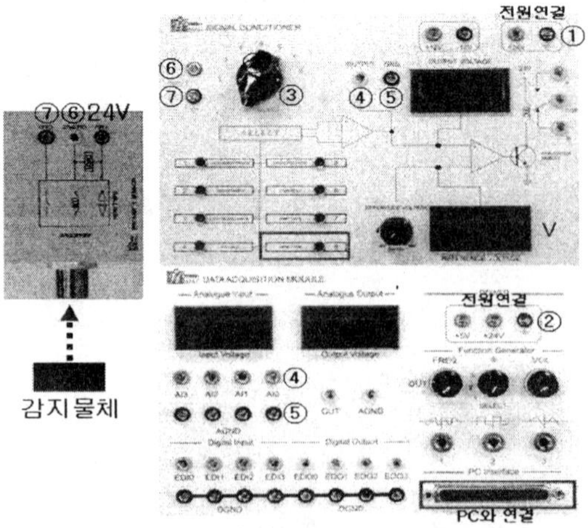

[그림 6-19] 유도형 근접센서(M12) 실습 배선도

라. 실험 방법

(1) 작업용 프로파일에 DATA ACQUISITION 모듈, SIGNAL CONDITIONER, POWER SUPPLY, PROXIMITY SENSOR(M12)를 배치한다.

(2) AC220V 전원선을 이용하여 DC POWER SUPPLY에 전원을 연결한다.

(3) DATA Cable을 이용하여 PC와 DATA ACQUISITION 모듈을 연결하고, DATA ACQUISITION 모듈의 전원을 켠 후 운용 프로그램을 실행시킨다.

(4) "유도형 근접센서(M12) 실습 배선도"를 보고 회로연결 케이블을 이용하여 배선도에 맞게 모듈을 연결한다.

(5) DC POWER SUPPLY의 전원을 켜고 SIGNAL CONDITIONER의 Select 스위치를 PNP TYPE 기능에 설정한다.

(6) 운용 프로그램에서 센서실습 → 자동화용 센서 → 유도형 근접센서를 선택한 후 실험시작 버튼을 실행한다.

(7) 센서의 감지면에 일치하도록 슬라이드 유닛을 장착하고 자석부에 버니어 캘리퍼스를 견고히 부착한 후, 버니어 캘리퍼스의 zero point를 설정하여 원점을 "0"으로 조절한다.

(8) 제공된 시편을 센서에 번갈아가며 접근시켜 색상과 재질에 따른 센서의 검출 특성과 동작 특성을 확인하고, 시편의 종류에 따른 인식거리를 <표 6-9>에 기록한다(인식거리는 버니어 캘리퍼스를 이용한다).

〈표 6-9〉 시편 종류에 따른 출력전압 및 인식거리

시편 종류		인식거리	출력 전압	비고
황동		mm	V	
스테인리스 스틸		mm	V	
알루미늄		mm	V	
구리		mm	V	
플라스틱	투명	mm	V	
	검정	mm	V	

(9) '유도형 근접센서(M18) 실습 배선도'를 보고 회로연결 케이블을 이용하여 배선도에 맞게 각 모듈을 연결한다.

(10) 위의 실험 과정을 반복하여 <표 6-10>에 기록한다.

〈표 6-10〉 시편 종류에 따른 출력 전압 및 인식거리

시편 종류		인식 거리	출력 전압	비고
황동		mm	V	
스테인리스 스틸		mm	V	
알루미늄		mm	V	
구리		mm	V	
플라스틱	투명	mm	V	
	검정	mm	V	

3. 응용 실험의 실습 방법

가. 실험 목적

응용 실험의 실습을 통하여 유도형 근접센서의 응용 능력을 배양할 수 있다.

나. 유도형 근접센서의 응용 실험 배선도

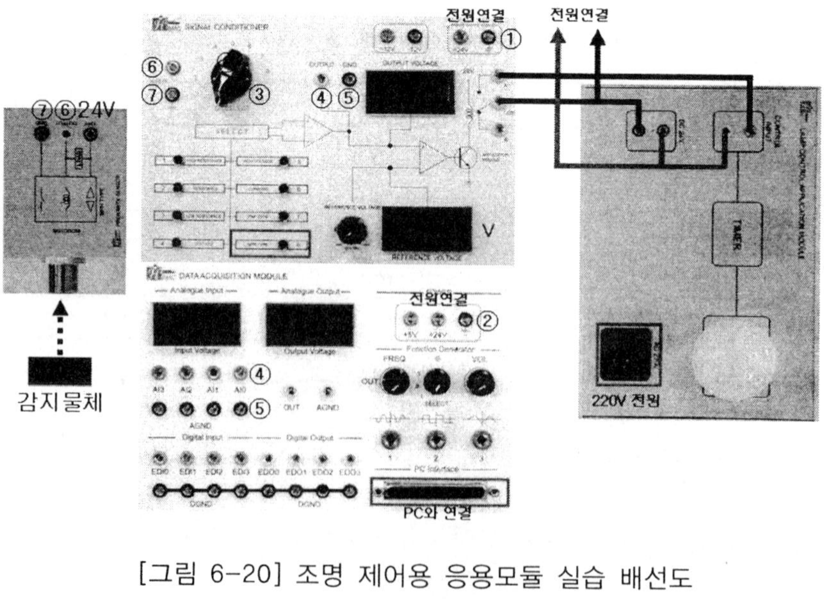

[그림 6-20] 조명 제어용 응용모듈 실습 배선도

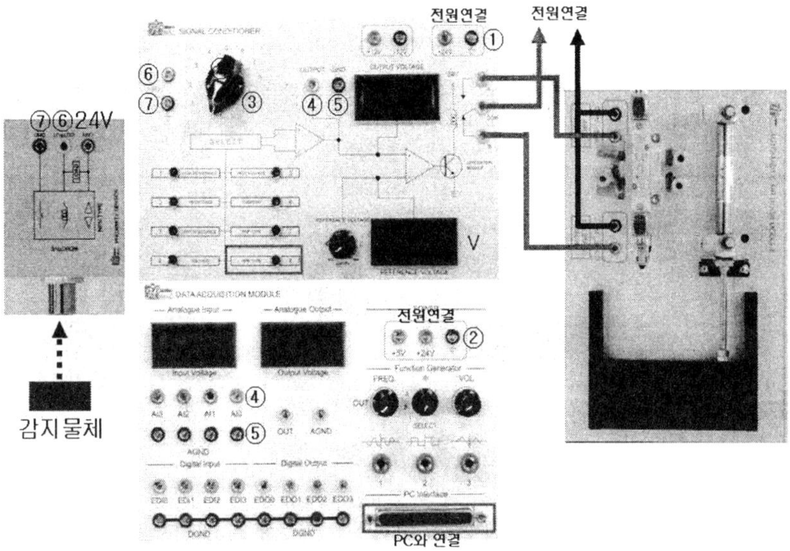

[그림 6-21] 공압 자동문 제어용 응용모듈

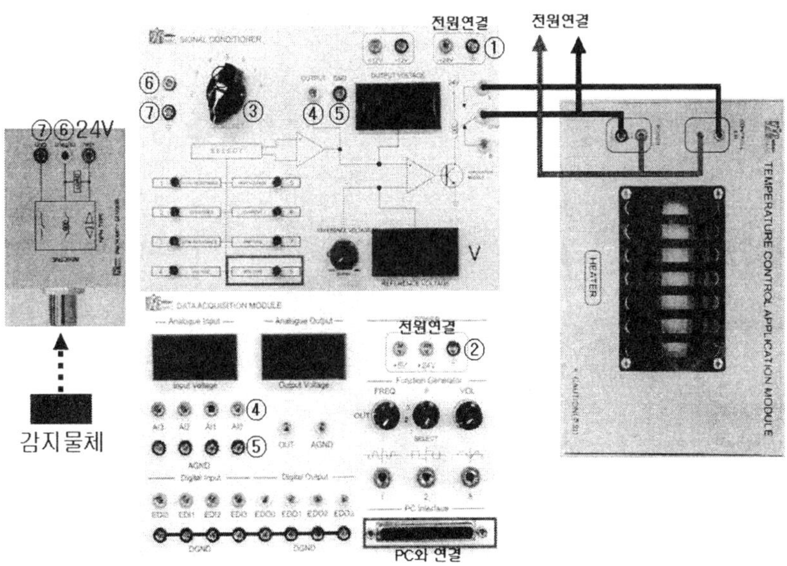

[그림 6-22] 온도 제어용 응용모듈 실습 배선도

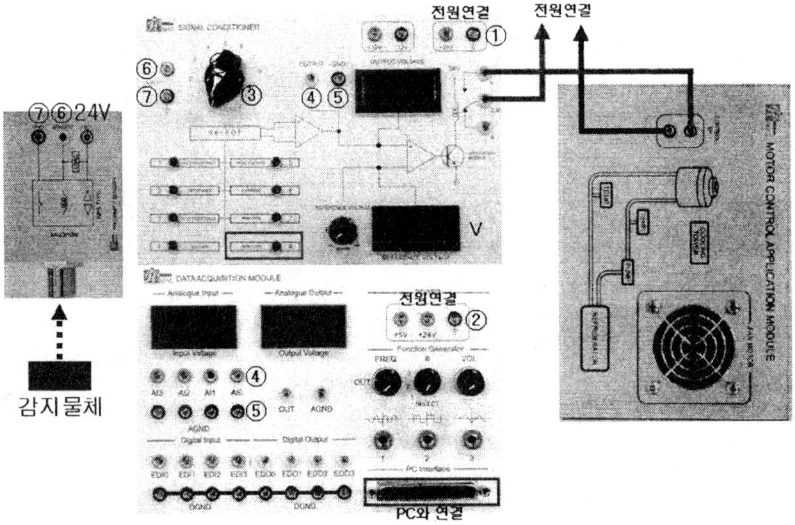

[그림 6-23] 모터 제어용 응용모듈 실습 배선도

다. LAMP & BUZZER 모듈의 배선과 사용 방법

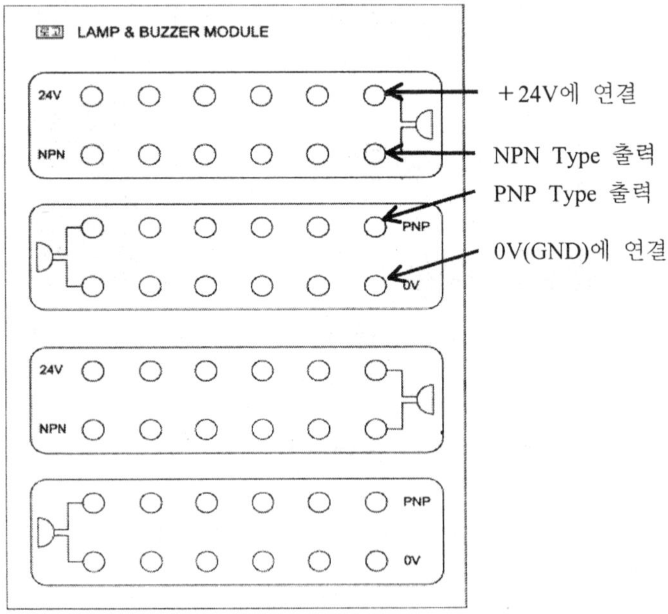

[그림 6-24] LAMP & BUZZER 모듈의 배선과 사용 방법

사용 방법은 다음과 같다.

(1) [그림 6-24]와 같이 배선을 연결한다.
(2) 센서의 출력 형태에 따라 적합한 단자에 센서를 연결한다.
(3) 센서에 시편이나 다른 것을 이용하여 센서를 동작시킨다.
(4) Lamp가 점등되고, Buzzer가 동작함을 확인한다.

라. 실험 방법

(1) PROXIMITY 센서 모듈(M12)를 사용하여 [그림 6-20] 조명 제어용 응용모듈 실습 배선도를 보고 회로연결 케이블을 이용하여 배선도에 맞게 연결한다(다음 실험 과정을 마친 후 PROXIMITY 센서 모듈(M18)를 사용하여 응용 실험 방법 3~5번을 반복 실험한다).

(2) SIGNAL CONDITIONER의 Reference Voltage 볼륨을 이용하여 Reference Voltage를 5V로 설정하고, 백색 아크릴을 광센서 가까이 접근시키고 서서히 멀리하여 본다. Reference Voltage는 출력 전압과 비교하여 응용모듈을 Turn On/Off하는 기준 전압이다. 따라서 Reference Voltage를 꼭 5V가 아니어도 상관없으므로, Reference Voltage는 출력 전압 +10V 이하에 설정한다.

(3) 각 응용모듈들이 얼마의 거리에서 동작되는지 시편을 바꿔가며 실험을 해 본다. 실험 후 <표 6-11>에 각 시편들에 따라 동작되는 거리(인식거리)를 기록한다(인식거리는 버니어 캘리퍼스를 이용하여 기록한다).

<표 6-11> 응용모듈

<table>
<tr><th colspan="2">시편 종류</th><th>조명 제어용
(응용모듈A)</th><th>공압 자동문용
(응용모듈B)</th><th>온도 제어용
(응용모듈C)</th><th>모터 제어용
(응용모듈D)</th><th>비 고</th></tr>
<tr><td colspan="2">황동</td><td>mm</td><td>mm</td><td>mm</td><td>mm</td><td></td></tr>
<tr><td colspan="2">스테인리스 스틸</td><td>mm</td><td>mm</td><td>mm</td><td>mm</td><td></td></tr>
<tr><td colspan="2">알루미늄</td><td>mm</td><td>mm</td><td>mm</td><td>mm</td><td></td></tr>
<tr><td colspan="2">구리</td><td>mm</td><td>mm</td><td>mm</td><td>mm</td><td></td></tr>
<tr><td rowspan="2">플라스틱</td><td>투명</td><td>mm</td><td>mm</td><td>mm</td><td>mm</td><td></td></tr>
<tr><td>검정</td><td>mm</td><td>mm</td><td>mm</td><td>mm</td><td></td></tr>
</table>

(4) PROXIMITY 센서 모듈(M12) 대신 PROXIMITY 센서 모듈(M18)를 사용하여 응용실험 배선도 그림을 보고 회로연결 케이블을 이용하여 배선도에 맞게 연결한다.

(5) SIGNAL CONDITIONER의 Reference Voltage 볼륨을 이용하여 Reference Voltage를 5V로 설정하고, 백색 아크릴을 광센서 가까이 접근시키고 서서히 멀리하여 본다. Reference Voltage는 출력 전압과 비교하여 응용모듈을 Turn On/Off하는 기준 전압이다. 따라서 Reference Voltage를 꼭 5V가 아니어도 상관없으므로, Reference Voltage는 출력 전압 +10V 이하에 설정한다.

(6) 각 응용모듈들이 얼마의 거리에서 동작되는지 시편을 바꿔가며 실험을 해 본다. 실험 후 <표 6-12 >에 각 시편들에 따라 동작되는 거리(인식거리)를 기록한다(인식거리는 버니어 캘리퍼스를 이용하여 기록한다).

〈표 6-12〉 응용모듈

시편 종류		조명 제어용 (응용모듈A)	공압 자동문용 (응용모듈B)	온도 제어용 (응용모듈C)	모터 제어용 (응용모듈D)	비 고
황동		mm	mm	mm	mm	
스테인리스 스틸		mm	mm	mm	mm	
알루미늄		mm	mm	mm	mm	
구리		mm	mm	mm	mm	
플라스틱	투명	mm	mm	mm	mm	
	검정	mm	mm	mm	mm	

제 7 장

CdS와 포토센서

제1절 광센서의 종류

빛을 전기 신호로 변환하는 광센서는 광검출소자, 이미지 센서, 적외선 센서 등이 있다. 광센서의 종류는 <표 7-1>과 같다.

〈표 7-1〉 광센서의 종류

분 류	센서의 종류	특 징	주 용 도
광도전 효과형 광센서	광도전셀	소형, 저가격, High Sensing	카메라 노출계, 포토 릴레이, 광제어
광기전력 효과형 광센서	포토다이오드 포토트랜지스터 광사이리스터	소형, 저가격, 전원 불필요, 대출력, 대전류 제어	카메라 EE 시스템, 스트로브, 광전 스위치, 바코드 리더, 카드리더, 화상 판독, 조광 시스템, 레벨제어
광전자 방출형 광센서	광전증배관 광전관	초고감도, 응답속도가 빠름, 펄스계측, 미약광 검출, 펄스 카운터	정밀 광계측기기, 초고속 극미약광 (미약한 조광) 검출
자외선 센서	Si 자외선 포토다이오드 UV 트론	소형, 전원 불필요, High Sensing	의료기기, 분석기기
복합형 광센서	포토커플러 포토인터럽트	전기 아날로그 광로에 의한 검출	무접점 릴레이, 전자장치, 노이즈 커트, 광전 스위치, 레벨제어, 광전식 카운터

제2절 CdS 셀

1. 관련 지식

가. CdS셀(CdS, CdSe 광전도셀의 제작)이란

CdS, CdSe분말을 세라믹기판에 염화카드뮴, 염화구리($CuCl_2$)와 함께 도포하고 열처리하여 소멸시킨다.

CdS(황화카드뮴)의 최대감도는 빛의 파장 550nm 부근에 있고, CdSe(셀렌화카드뮴)은 파장 700nm 부근에 있다. 이들의 어느 것을 막론하고 빛이 밝아짐에 따라서 전기저항이 감소되는 특성이 있다. CdSe는 사용온도가 40℃ 이하로 낮다.

염화구리($CuCl_2$)를 첨가하여 Cd가 Cu로 화학적 치환을 하면 불순물준위가 형성되어 광도전성을 증대시킨다.

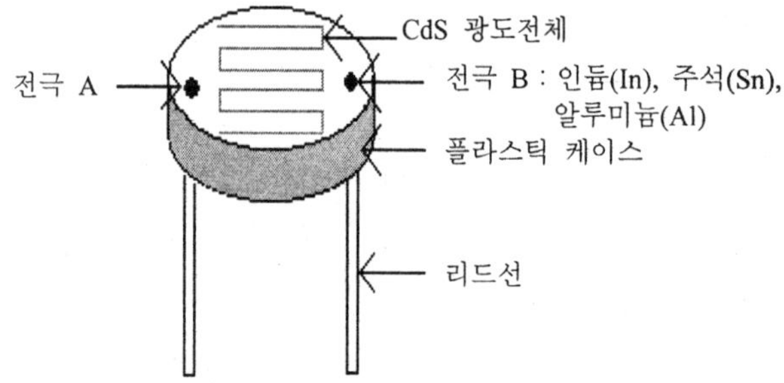

[그림 7-1] CdS셀 구조

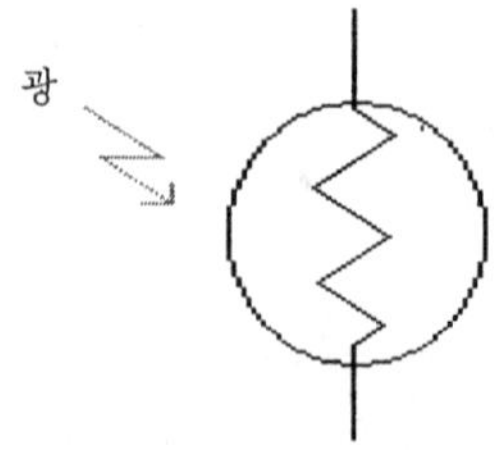

[그림 7-2] CdS셀 기호

나. CdS셀의 특징

① 가시광 영역에 분광 감도를 가지고 있다.
② 교류 동작이 가능하다.
③ 잡음이 강하다.
④ 다른 포토 센서에 비해 응답 속도가 느리다.
⑤ 가시광 영역에 분광 감도를 가지고 있으므로 주위 광이 외란 광이 되기 쉽다.

다. 동작 원리

CdS셀은 조사 광(빛)이 강해지면 내부저항이 낮아지고, 조사 광이 낮아지면 내부저항이 높아진다. 이는 [그림 7-3]과 같이 광전도 효과에 의해 발생된다. 이 성질을 이용한 것이 CdS셀의 기본 동작 원리이다.

N형 반도체에 빛이 조사되면 광에너지를 흡수하여 [그림 7-4]와 같이 도너 준위 또는 가전자대의 전자가 전도대에 끌려 올라간다. 그것이 자유전자되며 외부 전계에 의해서 가속되어 양극에 도달하여 전자의 흐름으로 되는데 이를 광전도 효과라 한다.

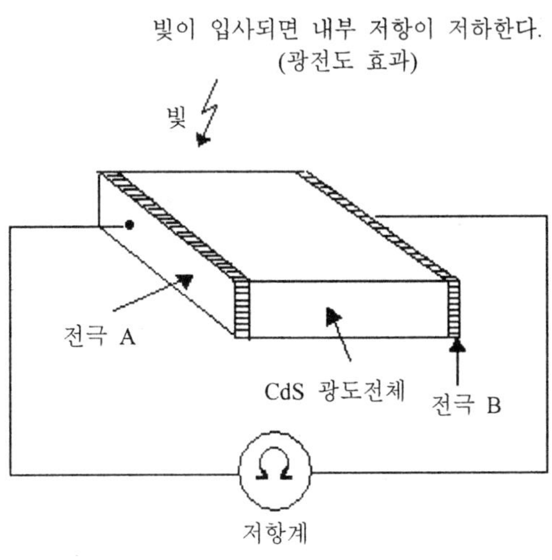

[그림 7-3] CdS 동작 원리

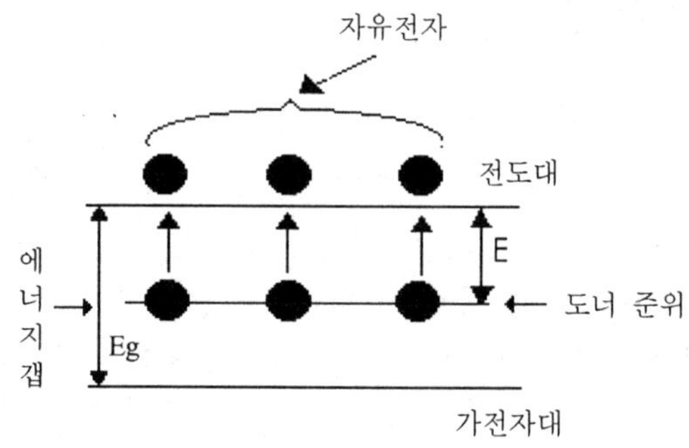

[그림 7-4] 광전도 효과

라. 실험에 사용되는 CdS셀의 조도 대 저항 특성

〈표 7-2〉 실험에 사용되는 CdS셀의 조도 대 저항 특성

photo-electric characteristics(at 25℃)

PARAMETER	SYMBOL	MIN	MAX	UNITS
Light Resistance at 100Lux	RL	30	50	kΩ
Gamma Value at 10~100Lux	γ	0.8(Typ.)		
Dark Resistance(10sec, after shut off 10Lux)	RD	5		MΩ
Peak Spectral Response	λp	550	650	nm

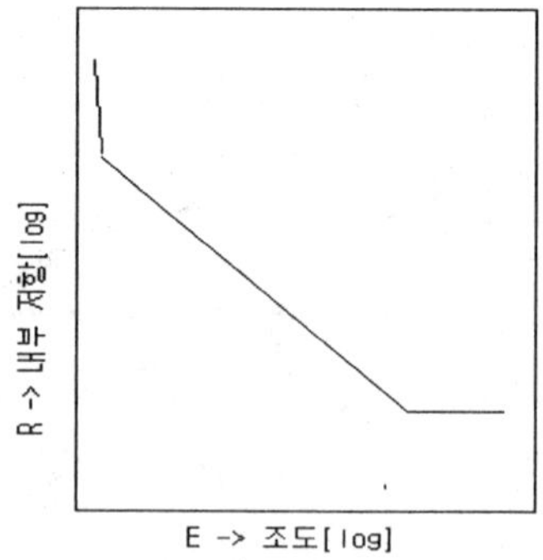

Lux : 빛의 밝기 단위(0Lux = 빛이 없는 상태)
nm : 빛의 파장 단위0Lux)
Ω : 저항 단위

[그림 7-5] Lux

마. 응용 사례

자동차 라이트 램프 자동 조절기, 도로의 가로등 등이다.

2. 실험 실습

가. 실험 목적

광량의 변화에 의한 CdS의 특성 변화를 알고 응용할 수 있다.

나. 실험 장비

〈표 7-3〉 실험 장비

장비명	수량	비고
POWER SUPPLY	1	
DATA ACQUISITION 모듈	1	
SIGNAL CONDITIONER	1	
작업용 프로파일	1	
회로연결 케이블	1set	
AC220V 전원선	2	
DATA Cable	1	
CdS SENSOR 모듈	1	
OPTICAL TRANSFORMS UNIT	1	
조명 제어용	1	(응용모듈A)
공압 자동문 제어용	1	(응용모듈B)
온도 제어용	1	(응용모듈C)
모터 제어용	1	(응용모듈D)

다. CdS 센서 모듈의 실험 실습 배선도

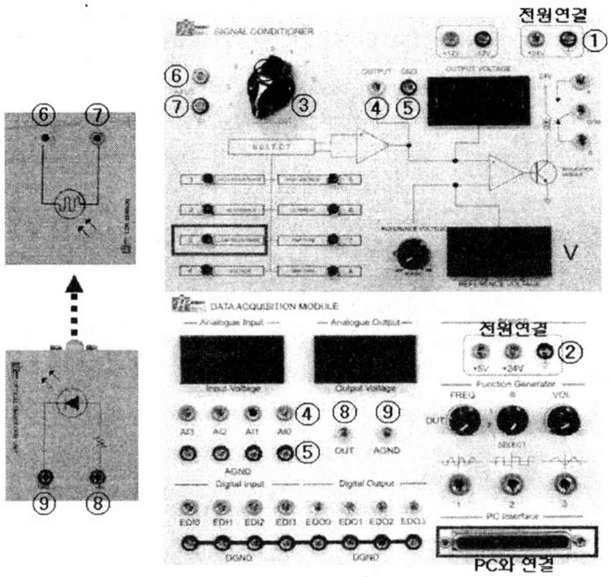

[그림 7-6] CdS 센서 모듈 실험 실습 배선도

라. 고유 출력값 계산 이론

(1) 실험 방법과 같이 SIGNAL CONDITIONER을 HIGH RESISTANCE를 250kΩ, VCC는 5V이다.

Rcds는 위의 조도 대 저항 특성에 따라 40kΩ에서 5MΩ까지 변화한다.

(2) Rcds = 40kΩ → [그림 7-7]에 의해 V_{out} = 0.69V

(3) Rcds = 5MΩ → [그림 7-7]에 의해 V_{out} = 4.76V

마. 실험 방법

(1) POWER SUPPLY, CdS 센서 모듈, OPTICAL TRANSFORMS UNIT을 배치한다. 단, CdS 센서 모듈과 OPTICAL TRANSFORMS UNIT의 감지면의 간격을 최소화하여 배치한다.

(2) AC220V 전원선을 이용하여 POWER SUPPLY에 전원을 연결한다.

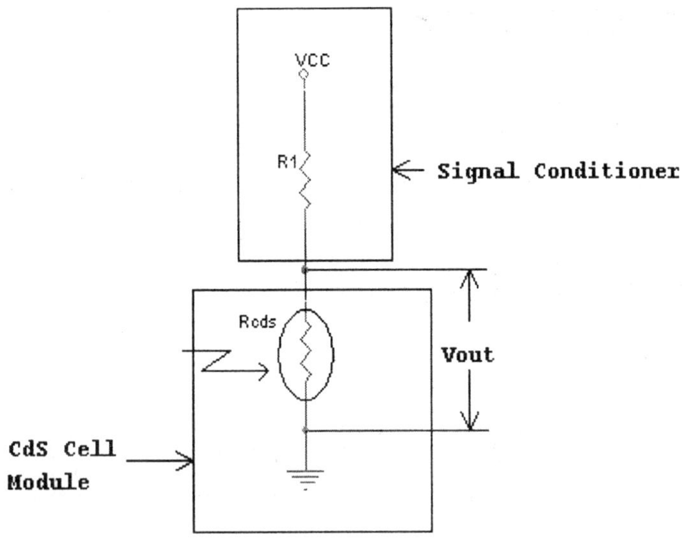

$$* \; Rcds = \frac{Vout * R1}{VCC - Vout} \qquad * \; Vout = \left(\frac{Rcds}{Rcds + R1} \right) * \; VCC$$

[그림 7-7] 고유 출력값 계산 이론

(3) PC 연결 케이블을 이용하여 PC와 DATA ACQUISITION 모듈을 연결하고, DATA ACQUISITION 모듈의 전원을 켠 후 운용 프로그램을 실행시킨다.

(4) CdS 센서 모듈의 실험 실습 배선도를 보고 회로연결 케이블을 이용하여 배선도에 맞게 각 모듈을 연결한다.

(5) POWER SUPPLY의 전원을 켜고 SIGNAL CONDITIONER의 Select 스위치를 LOW RESISTANCE 기능에 설정한다.

(6) 센서실습장비 운용 프로그램을 실행한 후 센서실습 → 광센서 → CdS를 선택한 후 실험시작 버튼을 클릭하여 실험을 시작한다.

(7) 기록된 출력 전압값으로 다음 계산을 이용하여 고유 출력 저항값을 계산하여 기록한다.

(8) 광량의 변화에 따라 CdS의 출력은 어떻게 변화하는가? 위의 데이터를 바탕으로 그래프를 작성하여라.

3. 응용 실험의 실습 방법

가. 실험 목적

응용 실험의 실습을 통하여 CdS의 응용 능력을 배양할 수 있다.

나. CdS 센서 모듈의 응용 실험 배선도

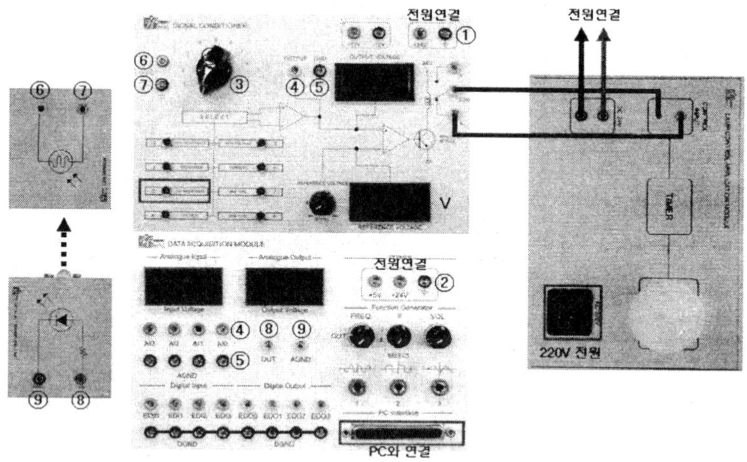

[그림 7-8] 조명 제어용 응용모듈 실습 배선도

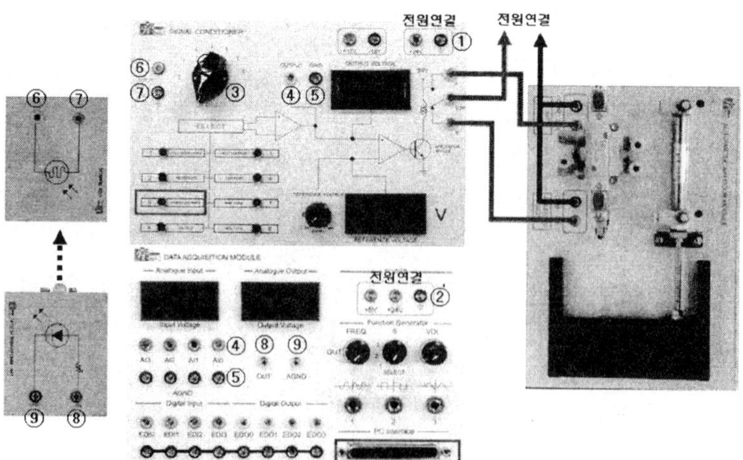

[그림 7-9] 공압 자동문 응용모듈 실습 배선도

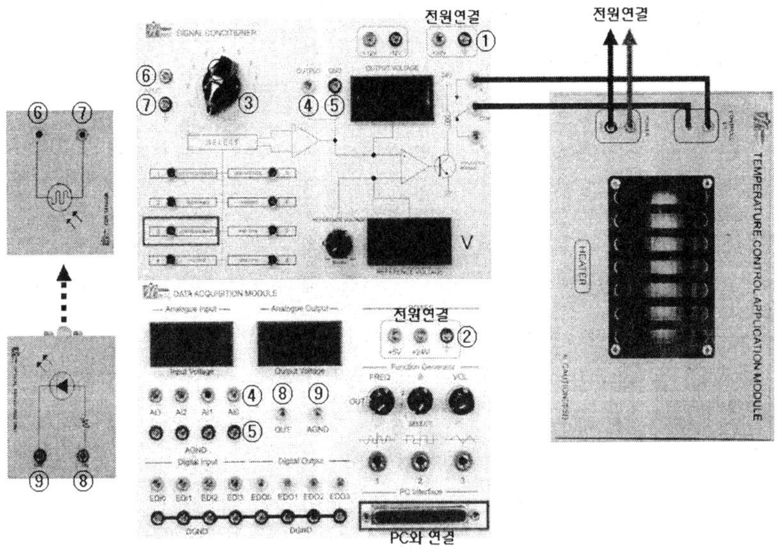

[그림 7-10] 온도 제어용 응용모듈 실습 배선도

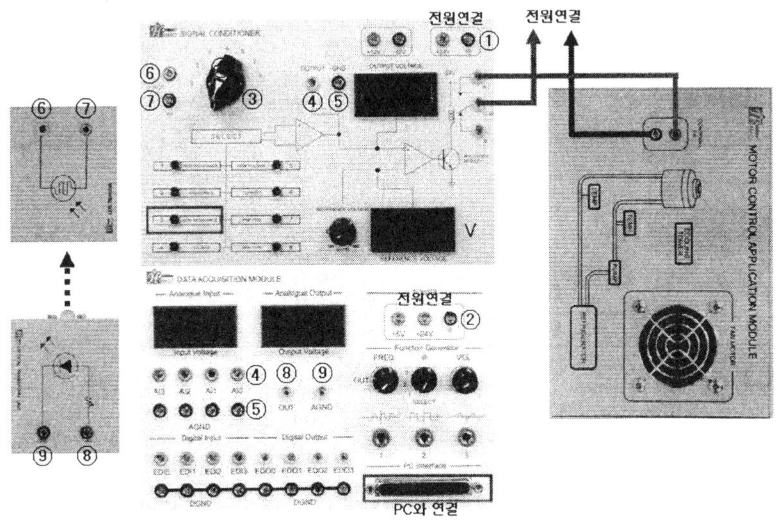

[그림 7-11] 모터 제어용 응용모듈 실습 배선도

다. 실험 방법

(1) [그림 7-8] 조명 제어용 응용모듈 실습 배선도를 보고 회로연결 케이블을 이용하여 배선도에 맞게 연결한다.

(2) SIGNAL CONDITIONER의 Reference Voltage Volume 단자를 이용하여 Reference Voltage를 3V에 설정한다.

Reference Voltage는 출력 전압과 비교하여 응용모듈을 Turn On/Off하는 기준 전압이다. 따라서 Reference Voltage를 꼭 3V가 아니어도 출력 전압 변화 범위에서 설정가능하다.

(3) D/A Wave의 출력을 DC 모드로 전환한 후 전압을 12V에 설정하고, 조명 제어용(응용모듈A)의 전구에 불이 켜졌다가 꺼진 후 D/A Wave의 출력 전압을 감소시켰다가 다시 12V로 설정한다. D/A Wave의 출력 전압에 따른 응용모듈은 어떻게 동작하는지 <표 7-4>에 기록한다.

(4) 위의 방법과 동일한 방법으로 공압 자동문, 온도 제어용, 모터 제어용 응용모듈 실험을 한 후 <표 7-4>에 기록한다.

〈표 7-4〉 응용모듈

D/A 출력 전압	조명 제어용 (응용모듈A)	공압 자동문 (응용모듈B)	온도 제어용 (응용모듈C)	모터 제어용 (응용모듈D)	비 고
0V					
2V					
4V					
6V					
8V					
10V					
12V					

제3절 포토다이오드

1. 관련 지식

가. 포토다이오드란

포토다이오드(photo-diode)는 광에너지를 전기에너지로 변환시키는 광센서의 일종이며 그 구성은 도체의 PN 접합부에 광검출 기능을 추가한 것이다. 포토다이오드는 PN 접합부에 발생하는 광기전력 효과를 이용한 소자이며, 입사광이 유효하게 흡수하기 위해 표면에 산화실리콘막이 구성되어 있다. 포토다이오드는 접합을 형성할 수 있는 재료와 형상, PN 접합의 위치 등에 의해서 수(受)광 파장 영역이 달라진다.

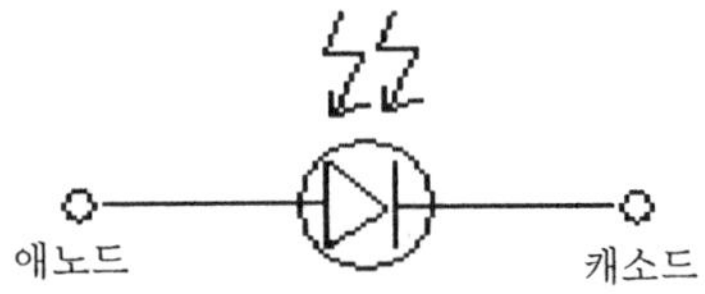

[그림 7-12] 포토다이오드 기호

나. 포토다이오드의 특징

(1) 입사광에 대한 광전류 출력의 직선성이 좋다.
(2) 응답 특성이 양호하다.
(3) 광대역의 파장 감도를 갖는다.
(4) 저잡음이다.
(5) 소형, 경량이다.
(6) 진동, 충격에 강하다.
(7) 출력 전류가 적다.
(8) 일반적으로 100 ~ 1100nm의 파장 영역에서 사용할 수 있고, 700 ~ 900nm에서 최대감도가 된다.

[그림 7-13]과 같이 물질이 입사광이 밴드갭 에너지(Eg)보다 크면 들어오는 광에너지(빛)를 흡수하고 전자를 방출하는 광전효과가 발생한다. 이 때 반도체의 접합부에 광전효과에 의해 전압이 나타나는 현상을 광기전력 효과라 한다.

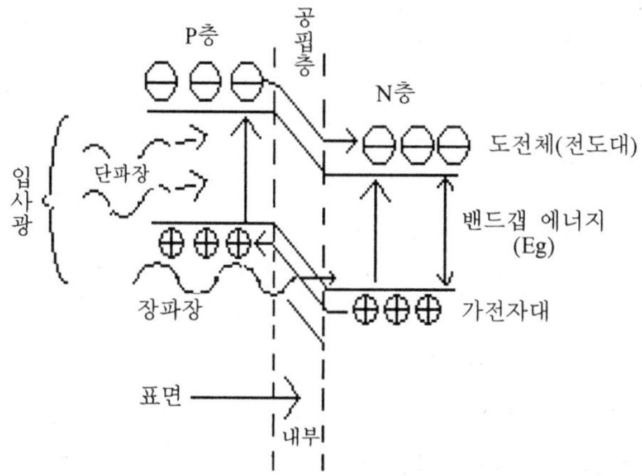

[그림 7-13] 광기전력 효과

다. 동작 원리

포토다이오드는 다음 [그림 7-14]와 같이 P층에 빛이 입사되면 광흡수에 의하여 전자(⊖)-정공(⊕)쌍이 발생하고 공핍층에서 생성된 전자와 정공은 가해진 전압에 의하여 이동한다.

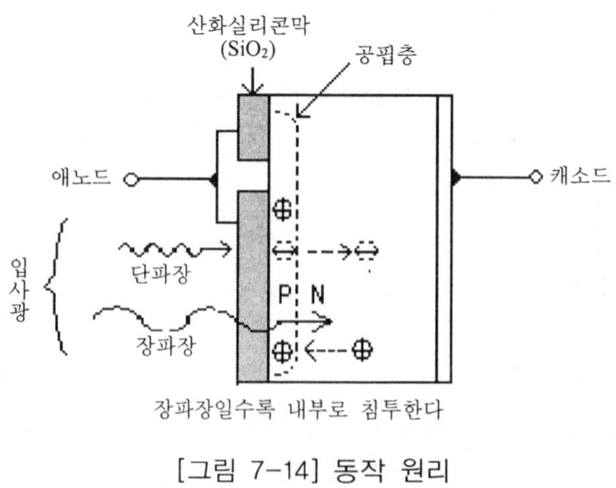

[그림 7-14] 동작 원리

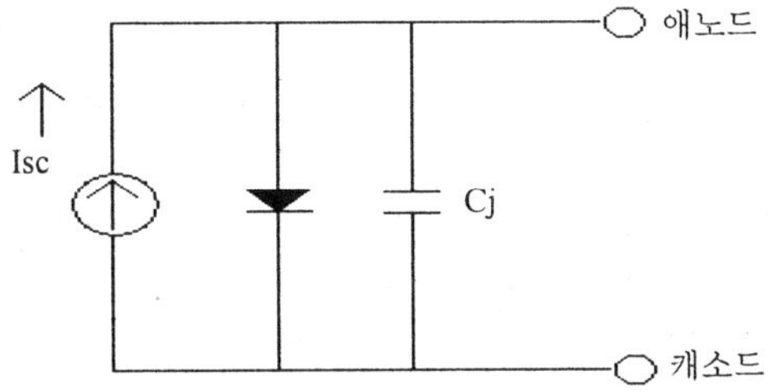

[그림 7-15] 포토다이오드의 등가 회로

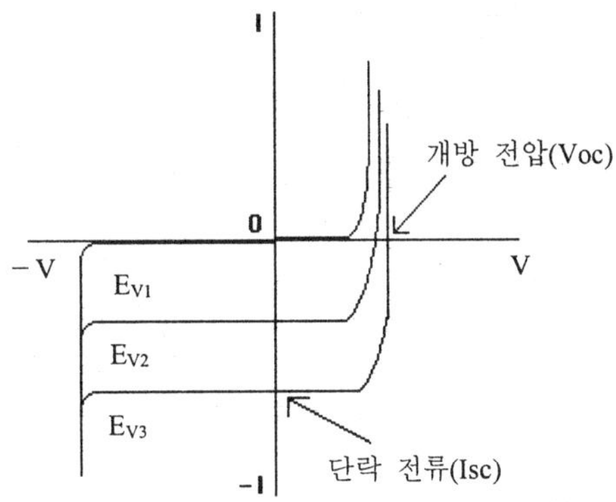

[그림 7-16]

라. 실험에 사용되는 포토다이오드의 전류 특성 및 전기적인 특성

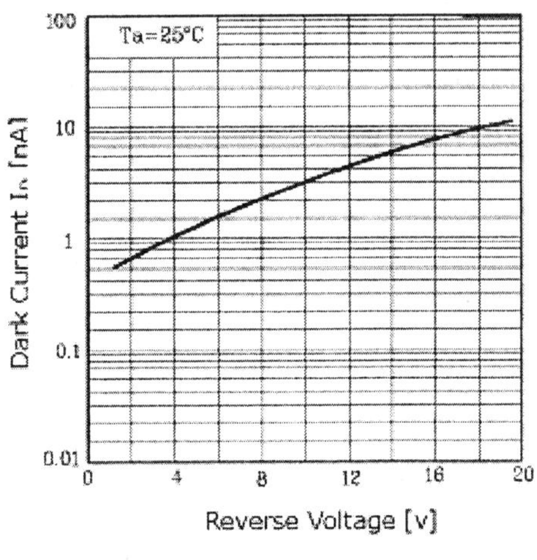

[그림 7-17] 전압 대 전류 특성

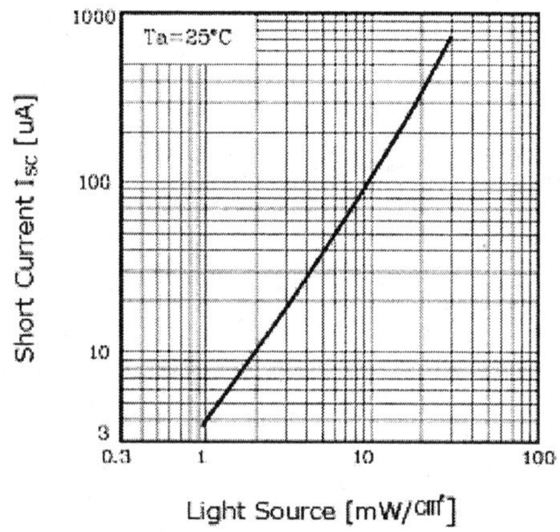

[그림 7-18] 조도 대 전류 특성

Electrical Characteristics

Characteristic	Symbol	Test Condition	Min.	Typ.	Max.	Unit
*1Short Circuit Current	I_{SC}	E_e=6mW/㎠	-	50	-	uA
Dark Current	I_D	V_R=10V	-	50	-	nA
Capacitance	C_t	V_R=10V, f=1MHz	-	10	-	pF
Spectral Sensitivity	Δλ	-	430 ~ 1,050			nm
Peak Sensitivity Wavelength	λ_P	-	-	940	-	nm
Half angle	$\theta^1/_2$	-	-	±55	-	deg

*1. E_e : Irradiance by infrared LED light source(λ_p=940nm)

[그림 7-19] 포토다이오드의 전기적인 특성

마. 응용 사례

자동문, CD-Player, DVD-Player 등의 빛을 쏘아 반사되어 들어오는 빛을 받아 동작하는 물건에 쓰인다.

2. 실험 실습

가. 실험 목적

광량의 변화에 의한 포토다이오드의 특성변화를 알고 응용할 수 있다.

나. 실험 장비

〈표 7-5〉 실험 장비

장비명	수량	비고
POWER SUPPLY	1	
DATA ACQUISITION 모듈	1	
SIGNAL CONDITIONER	1	
작업용 프로파일	1	
회로연결 케이블	1set	
AC220V 전원선	2	
DATA Cable	1	
PHOTO DIODE 모듈	1	
OPTICAL TRANSFORM UNIT	1	
조명 제어용	1	(응용모듈A)
공압 자동문 제어용	1	(응용모듈B)
온도 제어용	1	(응용모듈C)
모터 제어용	1	(응용모듈D)

다. 포토다이오드 모듈의 실험 실습 배선도

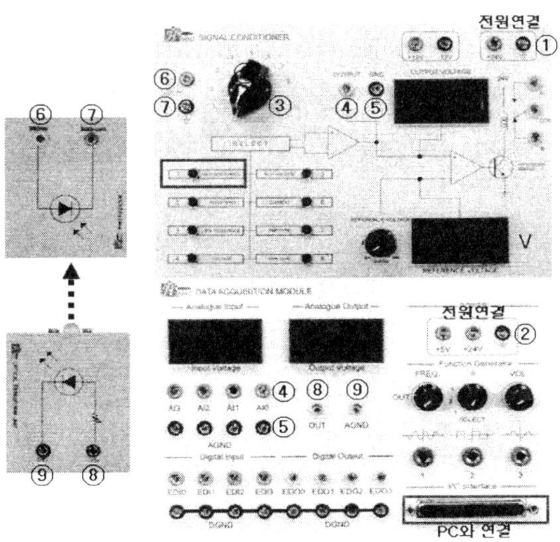

[그림 7-20] 포토다이오드 모듈 실험 실습 배선도

라. 고유 출력값 계산 이론

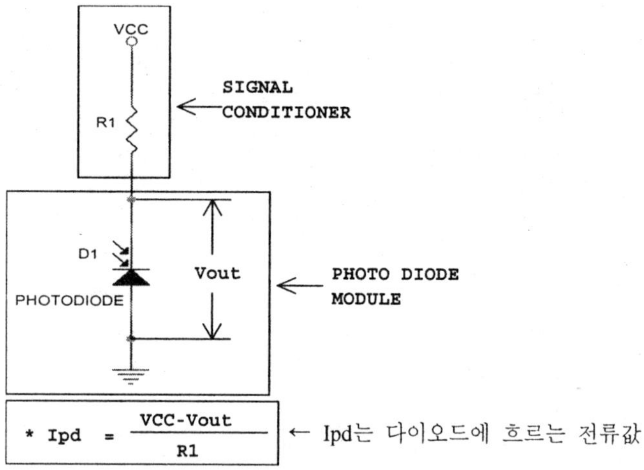

[그림 7-21] 포토다이오드의 고유 출력값 계산 이론

실험 방법과 같이 SIGNAL CONDITIONER를 HIGH RESISTANCE를 선택하면 R1은 250kΩ, VCC는 5V이다.

마. 실험 방법

(1) 작업용 프로파일에 DATA ACQUISITION 모듈, SIGNAL CONDITIONER, POWER SUPPLY, PHOTO DIODE, OPTICAL TRANSFORM UNIT을 배치한다. 단, PHOTO DIODE와 OPTICAL TRANSFORM UNIT은 10~12cm 두고 배치한다.

(2) AC220V 전원선을 이용하여 POWER SUPPLY에 전원을 연결한다.

(3) DATA Cable을 이용하여 PC와 DATA ACQUISITION 모듈을 연결하고, DATA ACQUISITION 모듈의 전원을 켠 후 운용 프로그램을 실행시킨다.

(4) "포토다이오드의 실험 실습 배선도"를 보고 회로연결 케이블을 이용하여 배선도에 맞게 각 모듈을 연결한다.

(5) POWER SUPPLY의 전원을 켜고 SIGNAL CONDITIONER의 Select 스위치를 HIGH RESISTANCE 기능에 설정한다.

(6) 센서실습장비 운용 프로그램을 실행한 후 센서실습 → 광센서 → 포토다이오드를 선택한 후 실험 시작 버튼을 클릭하여 실험을 시작한다.

(7) D/A Wave의 출력을 DC로 설정하고 전압을 <표 7-6>과 같이 가변한다. 가변되는 D/A Wave 출력 전압에 연결된 광변환 장치의 광량을 변화시킴에 따른 출력전압을 <표 7-6>에 기록한다.

(8) 기록된 출력 전압값으로 다음 계산을 이용하여 고유 출력 전류값을 계산하여 기록한다.

(9) 광량의 변화에 따라 포토다이오드의 출력은 어떻게 변화하는가? 데이터를 바탕으로 그래프를 작성하여라.

〈표 7-6〉 D/A 출력 전압에 따른 출력 전압과 고유 출력

D/A 출력전압	출력 전압	고유 출력	비 고
0V	V	μA	
2V	V	μA	
4V	V	μA	
6V	V	μA	
8V	V	μA	
10V	V	μA	
12V	V	μA	

3. 응용 실험의 실습 방법

가. 실험 목적

응용 실험의 실습을 통하여 포토다이오드의 응용 능력을 배양할 수 있다.

나. 포토다이오드 모듈의 응용 실험 배선

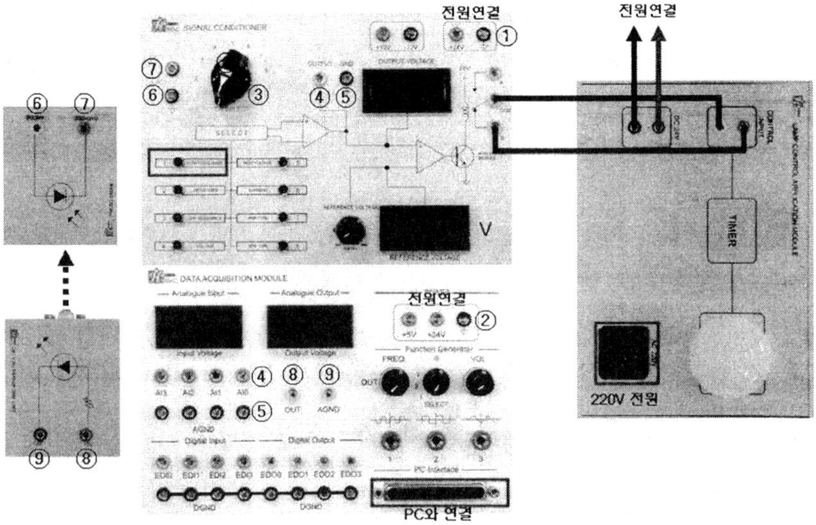

[그림 7-22] 조명 제어용 응용모듈 실습 배선도

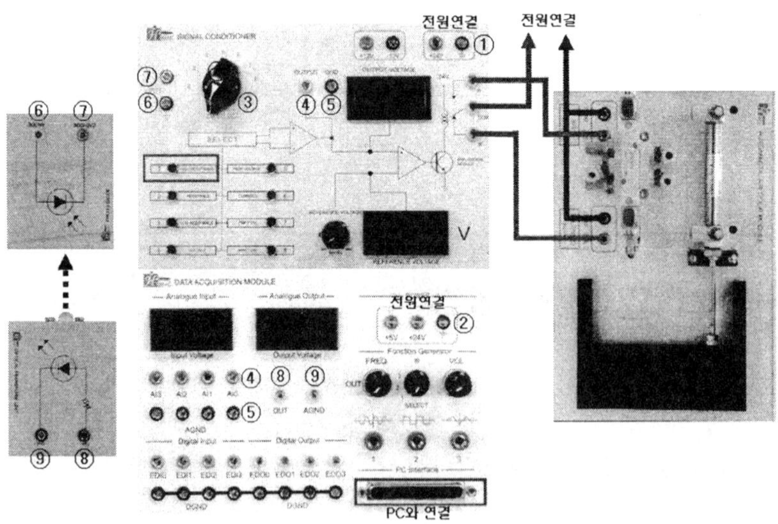

[그림 7-23] 공압 자동문 제어용 응용모듈 실습 배선도

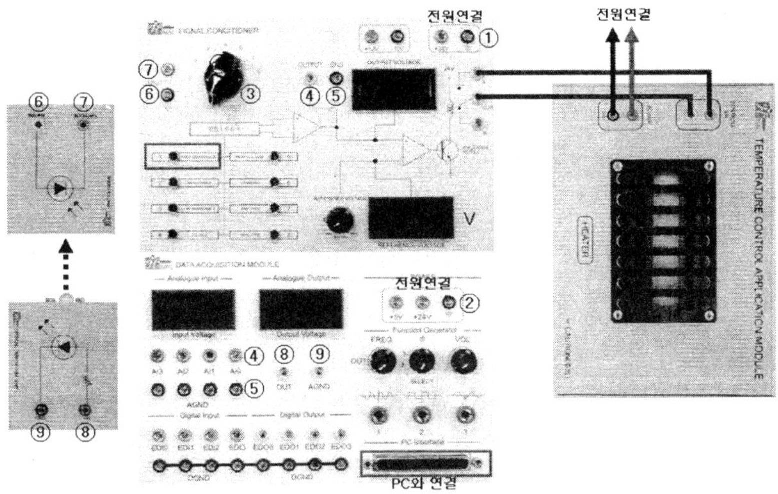

[그림 7-24] 온도 제어용 응용모듈 실습 배선도

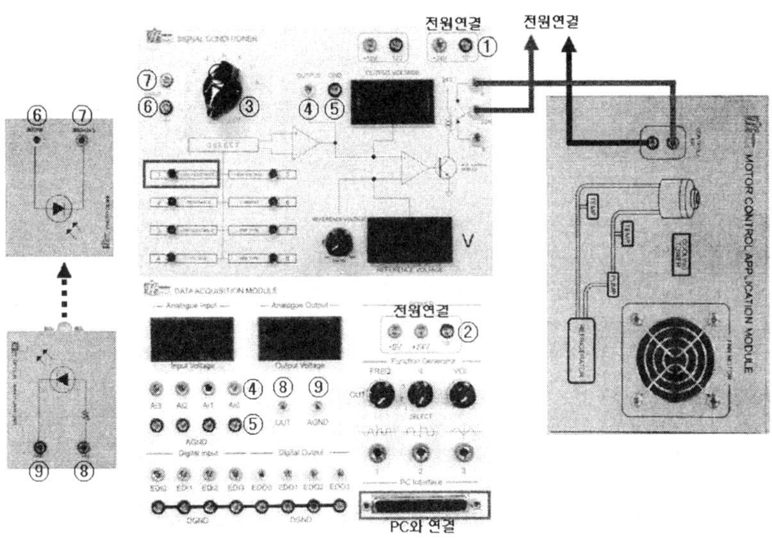

[그림 7-25] 모터 제어용 응용모듈 실습 배선도

다. 실험 방법

(1) [그림 7-22]의 조명 제어용 응용모듈 실습 배선도를 보고 회로연결 케이블을 이용하여 배선도에 맞게 연결한다.

(2) SIGNAL CONDITIONER의 Reference Voltage Volume 단자를 이용하여 Reference Voltage를 3V에 설정한다. Reference Voltage는 출력 전압과 비교하여 응용모듈을 Turn On/Off하는 기준 전압이다. 따라서 Reference Voltage를 꼭 3V가 아니어도 출력 전압 변화 범위에서 설정 가능하다.

(3) D/A Wave의 출력을 DC모드로 전환한 후 전압을 12V에 설정하고, 조명 제어용(응용모듈A)의 전구에 불이 켜졌다가 꺼진 후 D/A Wave의 출력 전압을 감소시켰다가 다시 12V로 설정한다. D/A Wave의 출력 전압에 따른 응용모듈은 어떻게 동작하는지 <표 7-7>에 기록한다.

(4) 위의 방법과 동일한 방법으로 공압 자동문, 온도 제어용, 모터 제어용 응용모듈 실험을 한 후 <표 7-7>에 기록한다.

〈표 7-7〉 응용모듈

D/A 출력 전압	조명 제어용 (응용모듈A)	공압 자동문 (응용모듈B)	온도 제어용 (응용모듈C)	모터 제어용 (응용모듈D)	비 고
0V					
2V					
4V					
6V					
8V					
10V					
12V					

제4절 포토트랜지스터

1. 관련 지식

가. 포토트랜지스터란

빛을 이용하는 센서로서 위쪽에 빛을 받아들이기 위한 렌즈가 부착되어 있다. 포토트랜지스터(photo transistor)는 광기전력 효과에 의한 센서로 비추는 빛의 세기에 따라 흐르는 전류가 변화하기 때문에 이 성질을 이용하여 빛 센서로 사용한다.

포토트랜지스터는 PN 접합의 2극 소자인 것과, NPN 접합의 3극 소자인 것이 있는데, 최근의 포토트랜지스터는 증폭작용이 있는 NPN 접합이 주로 사용되고 있다. 또 포토트랜지스터 에는 실리콘과 게르마늄이 있으나, 감도와 안전성 등에서 실리콘 포토트랜지스터가 많이 쓰인다.

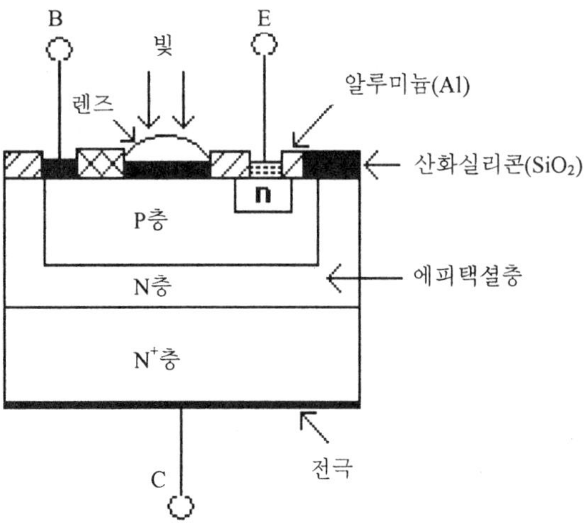

[그림 7-26] 포토트랜지스터의 구조

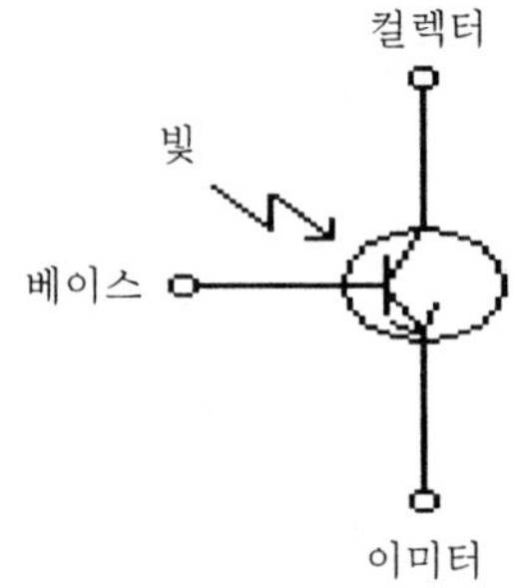

[그림 7-27] 포토트랜지스터 기호

나. 포토트랜지스터의 특징

(1) 일반적으로 500~600nm의 파장 영역에서 사용할 수 있고 특히 800nm 부근에서 최대감도를 갖고 있다.
(2) 포토다이오드에 비해 출력되는 광전류가 크고 전기적 노이즈도 적다.
(3) 신뢰성이 높고 암전류가 적으며 가격이 싸다.
(4) 전류 증폭률이 크고 소형화가 가능하다.
(5) 응답 속도가 늦고, 포화 전압이 높은 결점이 있다.
(6) 발광다이오드와의 조합으로 직선성, 응답속도, 변환효율 등을 개선할 수 있다.
(7) 경년 변화가 거의 없고, 내구성, 신호성이 좋다.

암전류란 입사광이 없는 특정한 바이어스 상태에서 광검출기에 흐르는 전류를 말한다. 그래서 보통 잡음이라 지칭한다.

다. 동작 원리

빛이 흡수됨에 따라 포토트랜지스터는 베이스(Base)에 전자(⊖)-정공(⊕)쌍이 발생한다.

이때 전자(⊖)는 확산에 의해 컬렉터(Collector)로 빠져나가거나 재결합한다. 정공(⊕)은 베이스에 축적되어 베이스가 (+)전하로 되고, 이미터(Emitter)-베이스 사이는 순방향 바이어스로 이미터에 많은 전자(⊖)가 베이스에 주입된다.

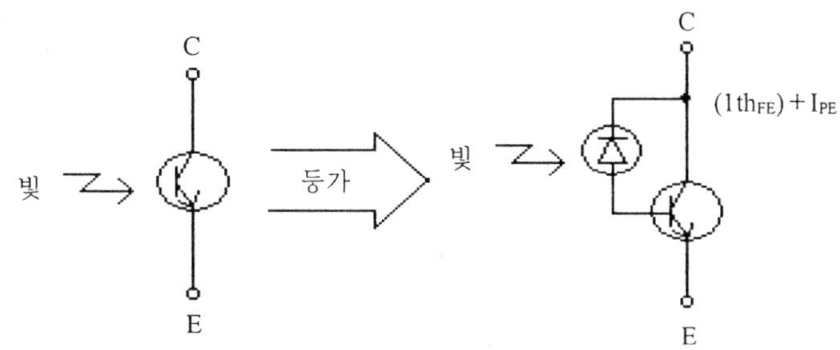

[그림 7-28] 베이스 없는 포토트랜지스터의 등가 회로

라. 실험에 사용되는 포토트랜지스터의 전류 특성 및 전기적인 특성

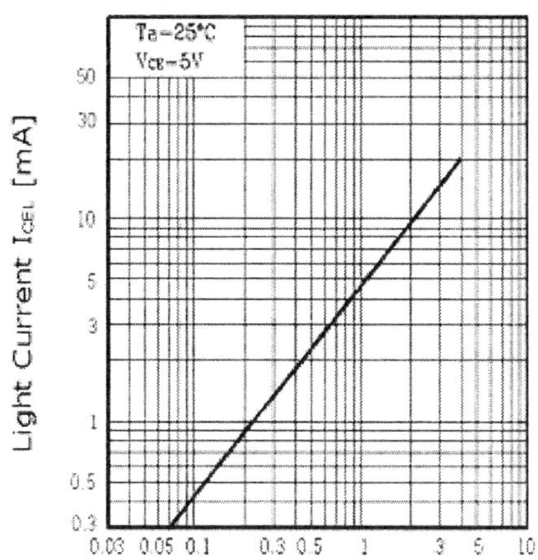

[그림 7-29] 조도 대 전류 특성

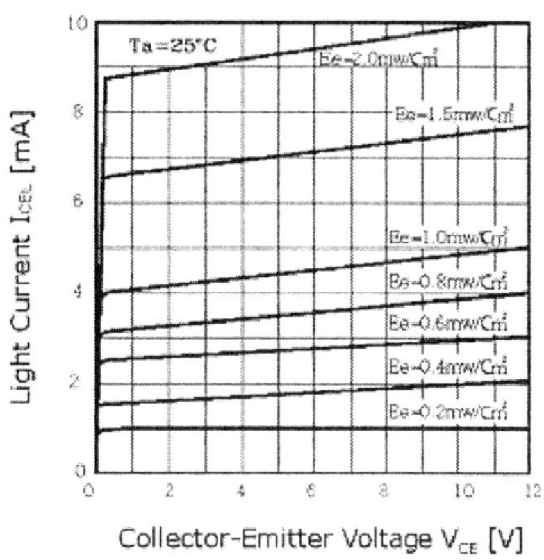

[그림 7-30] 전압 대 전류 특성

Electrical Characteristics

Characteristic		Symbol	Test Condition	Min	Typ	Max	Unit
Current Dark Current		I_{CEO}	V_{CEO}=10V, E_e=0	-	0.05	0.5	uA
*[3]Light Current		I_{CEL}	V_{CE}=5V, E_e≒1mW/㎠	-	4.5	-	mA
Current-Emitter Saturation Voltage		$V_{CE(sat)}$	I_C=0.5mA, E_e≒1mW/㎠	-	0.2	-	V
Switching Time	Rise Time	t_r	V_{CC}=10V, I_C=1mA R_1=100Ω	-	2.5	-	us
	Fall Time	t_f			3.8		
Spectral Sensitivity		λ	-	700 ~ 1000			nm
Peak Sensitivity Wavelength		λ_p	-	-	880	-	nm
Half angle		θ1/2	I_F= 20mA	-	±20	-	deg

*1. Tolerance = ±30%

[그림 7-31] 포토트랜지스터의 전기적인 특성

마. 응용 사례

카드 테이프 리더, 광전식 카운터, 광전식 자동 제어장치 등이다.

2. 실험 실습

가. 실험 목적

광량의 변화에 의한 포토트랜지스터의 특성 변화를 알고 응용할 수 있다.

나. 실험 장비

〈표 7-8〉 실험 장비

장비명	수량	비고
POWER SUPPLY	1	
DATA ACQUISITION 모듈	1	
SIGNAL CONDITIONER	1	
작업용 프로파일	1	
회로연결 케이블	1set	
AC220V 전원선	2	
DATA Cable	1	
포토트랜지스터 모듈	1	
OPTICAL TRANSFORM UNIT	1	
조명 제어용	1	(응용모듈A)
공압 자동문 제어용	1	(응용모듈B)
온도 제어용	1	(응용모듈C)
모터 제어용	1	(응용모듈D)

다. 포토트랜지스터 모듈의 실험 실습 배선도

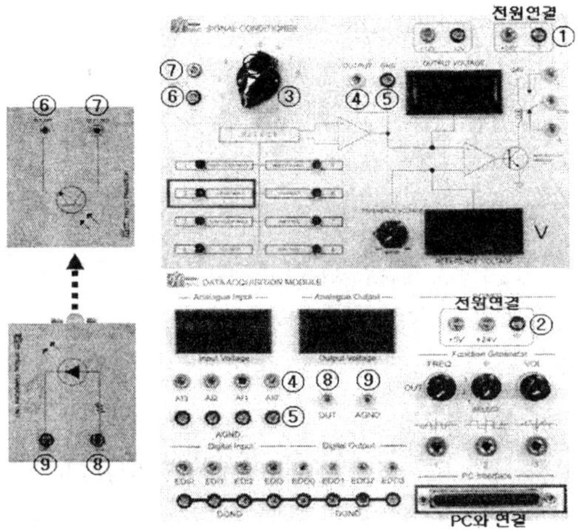

[그림 7-32] 포토트랜지스터 모듈의 실험 실습 배선도

라. 고유 출력값 계산 이론

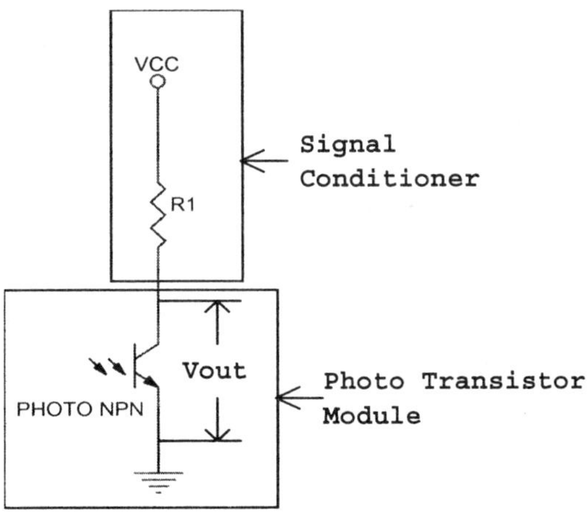

$$* \ Ice = \frac{Vcc - Vout}{R_L}$$

[그림 7-33] 고유 출력값 계산 이론

다음 실험 방법과 같이 SIGNAL CONDITIONER를 RESISTANCE를 선택하면 R1은 4.7kΩ, VCC는 5V이다.

마. 실험 방법

(1) 작업용 프로파일에 DATA ACQUISITION 모듈, SIGNAL CONDITIONER, 전원공급 포토트랜지스터, OPTICAL TRANSFORM UNIT을 배치한다. 단, 포토트랜지스터와 OPTICAL TRANSFORM UNIT은 10~12cm정도의 간격을 두고 배치한다.

(2) AC220V 전원선을 이용하여 POWER SUPPLY에 전원을 연결한다.

(3) DATA Cable을 이용하여 PC와 DATA ACQUISITION 모듈을 연결하고, DATA ACQUISITION 모듈의 전원을 켠 후 운용 프로그램을 실행시킨다.

(4) "포토트랜지스터의 실험 실습 배선도"를 보고 회로연결 케이블을 이용하여 배선도에 맞게 각 모듈을 연결한다.

(5) POWER SUPPLY의 전원을 켜고 SIGNAL CONDITIONER의 Select 스위치를 RESISTANCE 기능에 설정한다.

(6) 센서실습장비 운용 프로그램을 실행한 후 센서실습 → 광센서 → 포토트랜지스터를 선택한 후 실험시작 버튼을 클릭하여 실험을 시작한다.

(7) D/A Wave의 출력을 DC로 설정하고 전압을 <표 7-9>와 같이 가변한다. 가변되는 D/A Wave 출력 전압에 연결된 광변환 장치의 광량을 변화시킴에 따른 출력 전압을 <표 7-9>에 기록한다.

(8) 기록된 출력 전압값으로 다음 계산을 이용하여 고유 출력 전류값을 계산하여 기록한다.

(9) 광량의 변화에 따라 포토트랜지스터의 출력은 어떻게 변화하는가? 데이터를 바탕으로 그래프를 작성하여라.

〈표 7-9〉 D/A 출력 전압에 따른 출력 전압과 고유 출력

D/A 출력 전압	출력 전압	고유 출력	비 고
0V	V	μA	
2V	V	μA	
4V	V	μA	
6V	V	μA	
8V	V	μA	
10V	V	μA	
12V	V	μA	

3. 응용 실험의 실습 방법

가. 실험 목적

응용 실험의 실습을 통하여 포토다이오드의 응용 능력을 배양할 수 있다.

나. 포토트랜지스터 모듈의 응용 실험 배선도

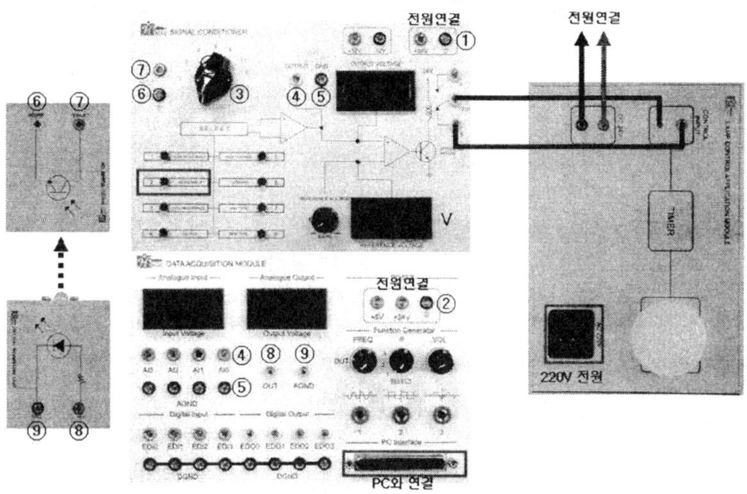

[그림 7-34] 조명 제어용 응용모듈 실험 배선도

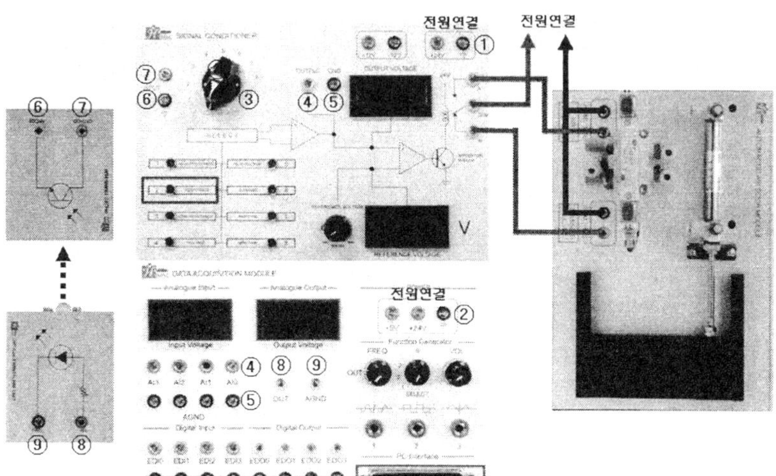

[그림 7-35] 공압 자동문 제어용 응용모듈 실험 배선도

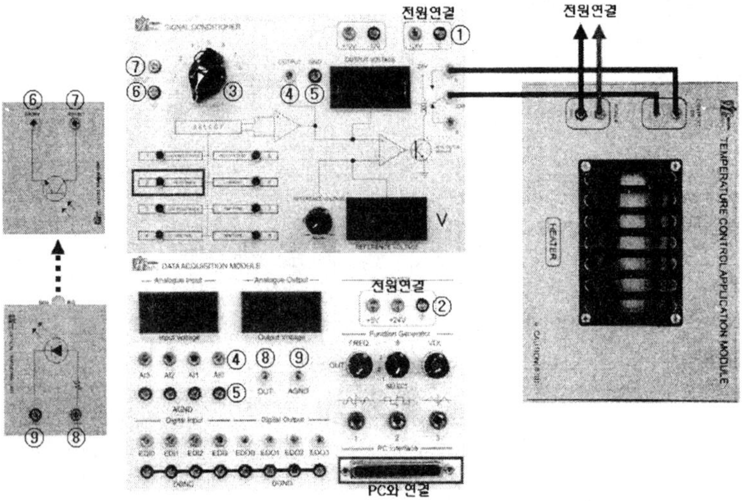

[그림 7-36] 온도 제어용 응용모듈 실험 배선도

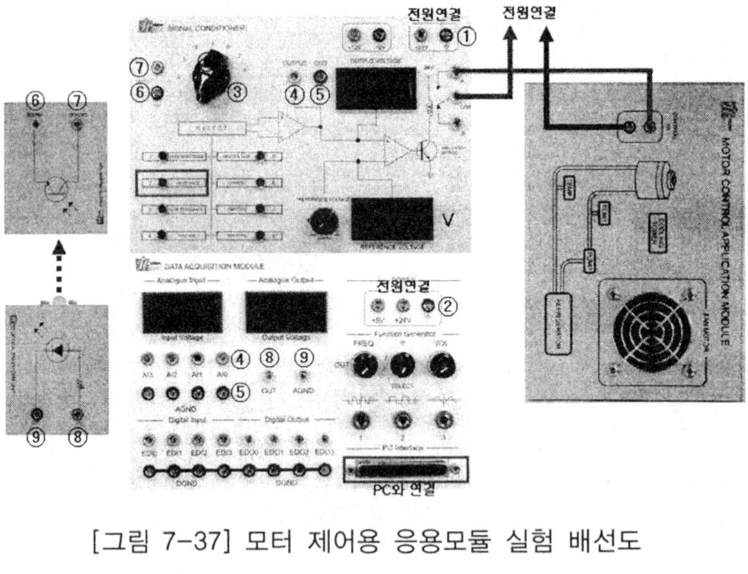

[그림 7-37] 모터 제어용 응용모듈 실험 배선도

다. 실험 방법

(1) [그림 7-34]의 조명 제어용 응용모듈 실습 배선도를 보고 회로연결 케이블을 이용하여 배선도에 맞게 연결한다.

(2) SIGNAL CONDITIONER의 Reference Voltage Volume 단자를 이용하여

Reference voltage를 3V에 설정한다.

Reference Voltage는 출력 전압과 비교하여 응용모듈을 Turn On/Off하는 기준 전압이다. 따라서 Reference Voltage를 출력 전압 변화 범위에서 설정 가능하다.

(3) D/A Wave의 출력을 DC모드로 전환한 후 전압을 12V에 설정하고, 조명제어용(응용모듈A)의 전구에 불이 켜졌다가 꺼진 후 D/A Wave의 출력 전압을 감소시켰다가 다시 12V로 설정한다. D/A Wave의 출력 전압에 따른 응용모듈은 어떻게 동작하는지 <표 7-10>에 기록한다.

(4) 위의 방법과 동일한 방법으로 공압 자동문, 온도 제어용, 모터 제어용 응용모듈 실험을 한 후 <표 7-10>에 기록한다.

〈표 7-10〉 응용모듈

D/A 출력 전압	조명 제어용 (응용모듈A)	공압 자동문 (응용모듈B)	온도 제어용 (응용모듈C)	모터 제어용 (응용모듈D)	비 고
0V					
2V					
4V					
6V					
8V					
10V					
12V					

제5절 반사형 광센서

1. 관련 지식

가. 광센서의 종류

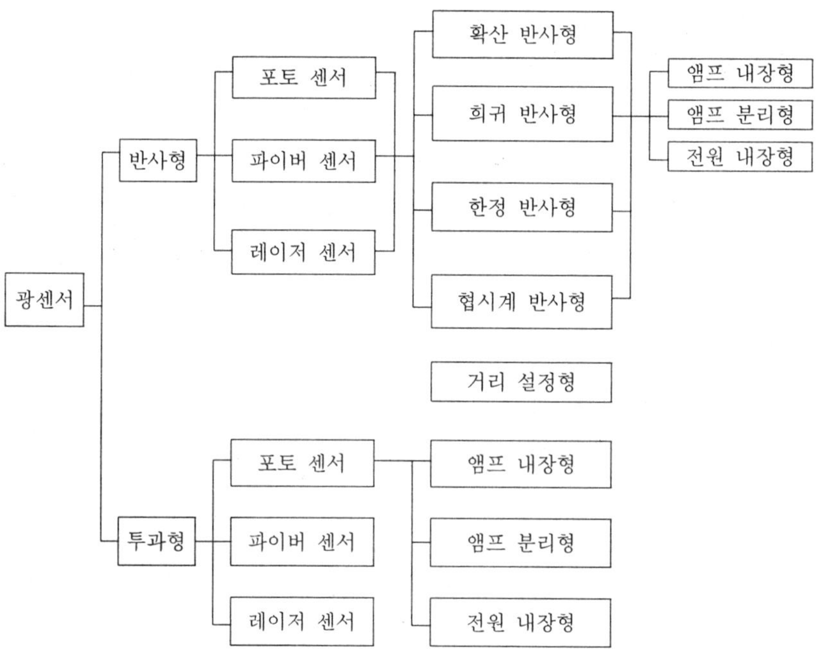

용도에 의한 분류	구성에 의한 분류	광원에 의한 분류
투·수과형	앰프 내장형	적색 LED
확산 반사형	앰프 분리형	적외선식
회귀 반사형	앰프 중계형	레이저식
협시계 반사형	광파이버식	
한정 반사형		
거리 설정형		

[그림 7-38] 광센서의 종류

나. 광센서

모듈형 광센서는 빛 자체를 정량적으로 검출하기보다는 빛을 이용하여 물체의 유무를 검출하거나, 속도나 위치의 결정에 이용한다. 특히 레벨 검출, 특정 표시의 식별 등을 하는 곳에 많이 이용되고 있다.

다. 직접 반사형

수광부와 투광부가 따로 되어 있는 분리형 센서와 달리 직접 반사형 센서는 투광부와 수광부가 한 몸체에 들어 있는 형태의 센서이다. 이것은 한 방향으로만 검출거리가 결정되는 특징이 있으며, 투광부에서 나온 빛이 대상물체 표면에서 반사되어 수광부에 전달됨으로써 물체의 유무를 검출해 내는 방식이다.

라. 직접 반사형의 동작 원리

[그림 7-39]와 같이 투광 회로에서 빛을 투광렌즈를 통해 내보내면 빛이 검출 물체에 반사되어 수광렌즈를 통해 수광 회로에 전달되면 내부 감지 신호를 출력으로 내보낸다. 직접 반사형 센서는 광축을 일치하며 일정한 간격을 유지해야 하는 투과형이나 거울 반사형 센서에 비해 번거롭지는 않으나 감지 대상의 물체가 흑색일 경우에는 검출할 수 없으므로 유의하여야 한다.

마. 응용 사례

병 이송 라인에서 넘어진 병 검출, 부품 형태를 판별하는 자동화 라인 등

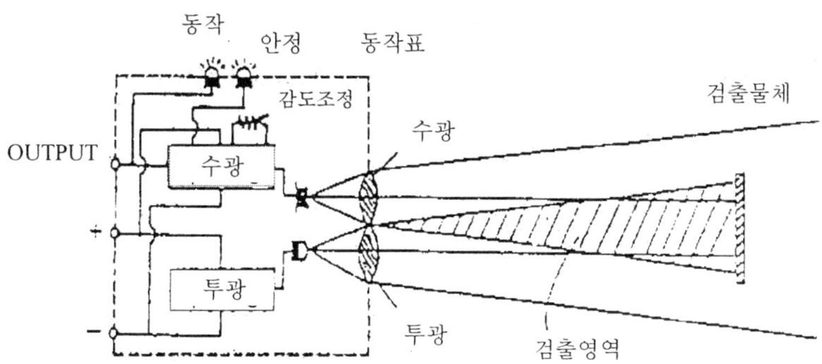

[그림 7-39] 반사형 광센서 동작 그림

바. 실험에 사용되는 반사형 광센서의 동작 특성

●BEN300-DFR ●BEN300-DDT

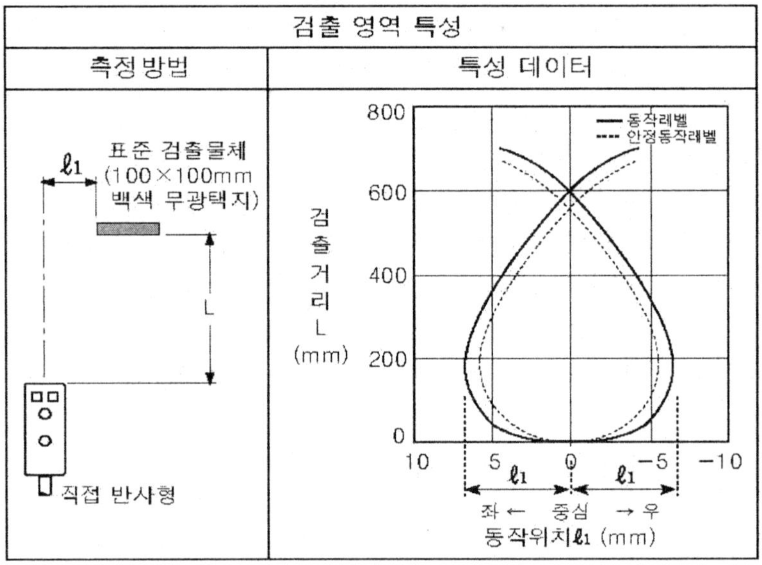

[그림 7-40] 직접 반사형의 검출거리 데이터 그래프

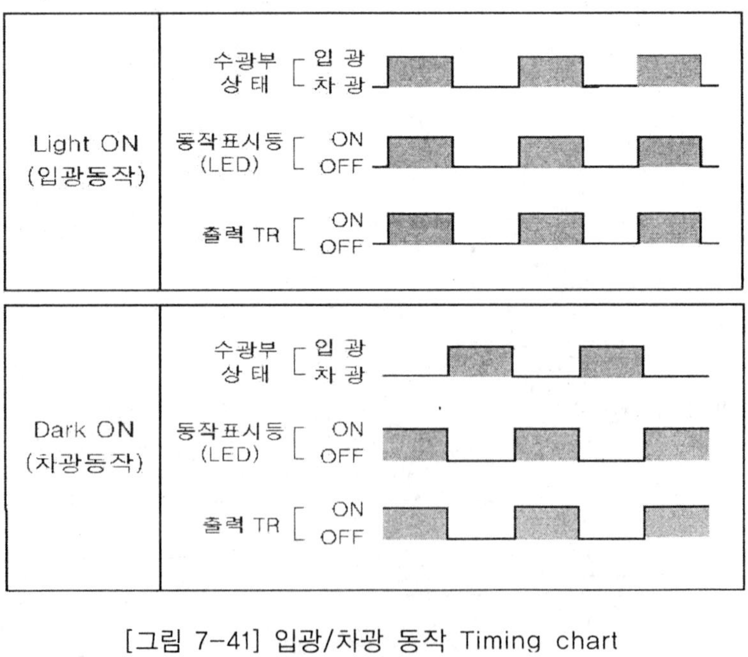

[그림 7-41] 입광/차광 동작 Timing chart

(1) 입광동작(light on)이란 수광부에 반사 빛이 수광될 때(빛이 밝아질 때) 물체가 있다고 판단하는 것을 입광동작이라 한다.

(2) 차광동작(dark on)이란 수광부에 반사 빛이 수광되지 않을 때(빛이 어두워질 때) 물체가 있다고 판단하는 것을 차광동작이라 한다.

2. 실험 실습

가. 실험 목적

여러 가지 시편의 변화에 따른 반사형 광센서의 특성을 이해하고 원리를 파악할 수 있다.

나. 실험 장비

〈표 7-11〉 실험 장비

장비명	수량	비 고
POWER SUPPLY	1	
DATA ACQUISITION 모듈	1	
SIGNAL CONDITIONER	1	
작업용 프로파일	1	
회로연결 케이블	1set	
AC220V 전원선	2	
DATA Cable	1	
REFLECTION PHOTO SENSOR 모듈	1	
슬라이드 유닛	1	버니어 캘리퍼스 포함
시편 세트	1	
LAMP&BUZZER 모듈	1	
조명 제어용	1	(응용모듈A)
공압 자동문 제어용	1	(응용모듈B)
온도 제어용	1	(응용모듈C)
모터 제어용	1	(응용모듈D)

다. REFLECTION 포토 센서 모듈의 실험 실습 배선도

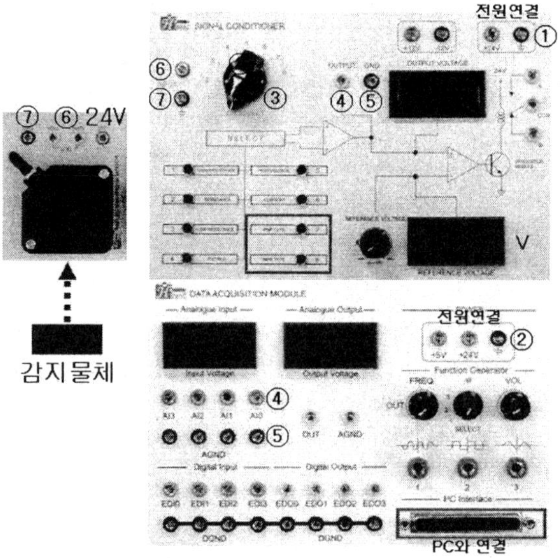

[그림 7-42] REFLECTION 포토 센서 PNP/NPN 출력 실습 배선도

라. 실험 방법

(1) 작업용 프로파일에 DATA ACQUISITION 모듈, SIGNAL CONDITIONER, POWER SUPPLY, REFLECTION PHOTO 센서를 배치한다.

(2) AC220V 전원선을 이용하여 POWER SUPPLY에 전원을 연결한다.

(3) DATA Cable을 이용하여 PC와 DATA ACQUISITION 모듈을 연결하고, DATA ACQUISITION 모듈의 전원을 켠 후 운용 프로그램을 실행시킨다.

(4) "직접 반사형 광센서의 실험 실습 배선도"를 보고 회로연결 케이블을 이용하여 배선도에 맞게 각 모듈을 연결한다.

(5) POWER SUPPLY의 전원을 켜고 SIGNAL CONDITIONER의 Select 스위치를 PNP, NPN TYPE 기능에 설정한다.

(6) 센서실습장비 운용 프로그램을 실행한 후 센서실습 → 광센서 → 광센서 모듈(반사형)을 선택한 후 실험 시작 버튼을 클릭하여 실험을 시작한다.

(7) 센서의 감지면에 일치하도록 슬라이드 유닛을 장착하고 자석부에 버니어 캘리퍼스를 견고히 부착한다. 만약 버니어 캘리퍼스가 디지털인 경우 버니어

캘리퍼스의 zero point를 설정하여 원점을 '0'으로 조절한다(조정용 드라이버를 이용하여 센서의 'sens.'를 최저로 설정한다).

(8) 보통은 최대 감도 위치에서 사용 가능하지만 뒤쪽의 물체나 설치면의 영향을 고려하여 감도를 조정한다.

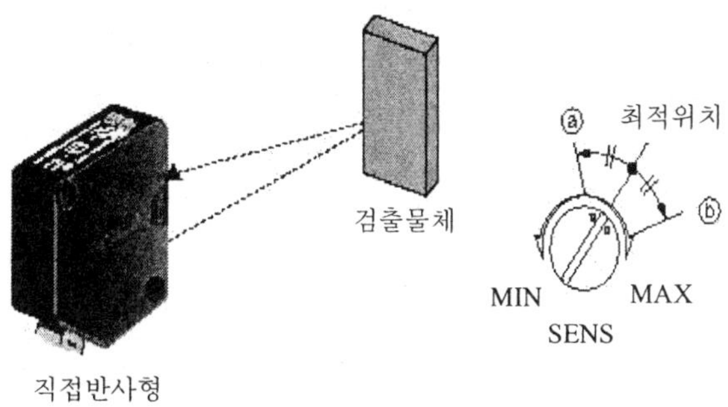

[그림 7-43] 직접 반사형 센서

(9) 제공된 시편을 검출 위치에 놓고, [그림 7-43]과 같이 감도 볼륨을 최소 감도 위치(Min)에서 서서히 높여서 동작하는 위치 ⓐ를 확인한다(동작을 하지 않을 경우 최대 감도 위치(Max)는 ⓑ가 된다).

(10) 제공된 시편 중 여러 색의 아크릴을 번갈아가며 센서에 접근시켜 색상에 따른 광센서의 검출 특성과 동작 특성을 확인하고, 시편의 종류와 재질에 따른 인식거리를 <표 7-12>에 기록한다(인식거리는 버니어 캘리퍼스를 이용하여 기록한다).

〈표 7-12〉 인식거리 기록표

시편 종류	인식거리	인식되었을 때 PNP출력값	비고
청색 아크릴	mm	V	
적색 아크릴	mm	V	
투명 아크릴	mm	V	
백색 아크릴	mm	V	
흑색 아크릴	mm	V	

(11) 반사형 광센서의 출력을 PNP로 바꾸고 SIGNAL CONDITIONER의

Select 스위치를 PNP TYPE으로 설정하고, 위의 과정을 반복하여 실험한 후 <표 7-13>을 작성한다.

〈표 7-13〉 스위치 PNP TYPE

시편 종류	인식거리	인식되었을 때 PNP출력값	비고
청색 아크릴	mm	V	
적색 아크릴	mm	V	
투명 아크릴	mm	V	
백색 아크릴	mm	V	
흑색 아크릴	mm	V	

3. 응용 실험의 실습 방법

가. 실험 목적

응용 실험의 실습을 통하여 반사형 광센서의 응용 능력을 배양할 수 있다.

나. REFLECTION PHOTO 센서 모듈의 응용 실험 배선도

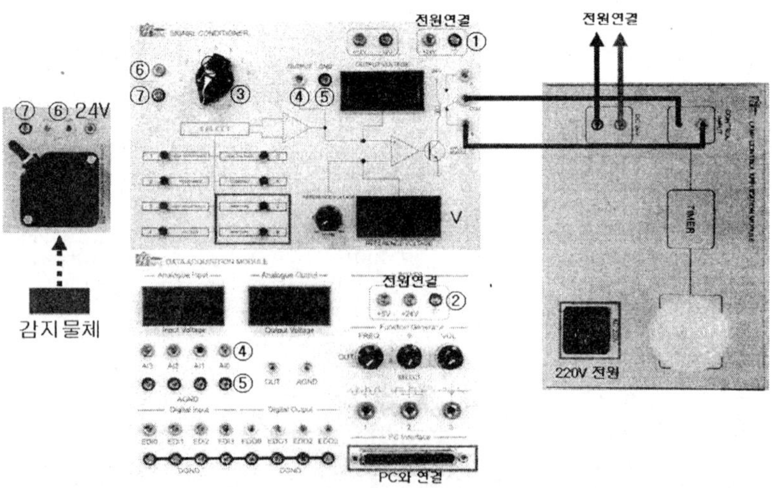

[그림 7-44] 조명 제어용 응용모듈 실험 배선도

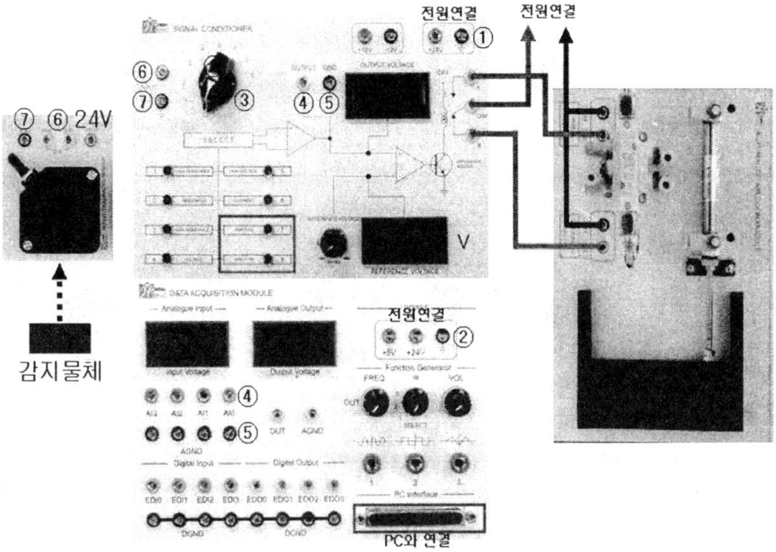

[그림 7-45] 공압 자동문 제어용 응용모듈 실험 배선도

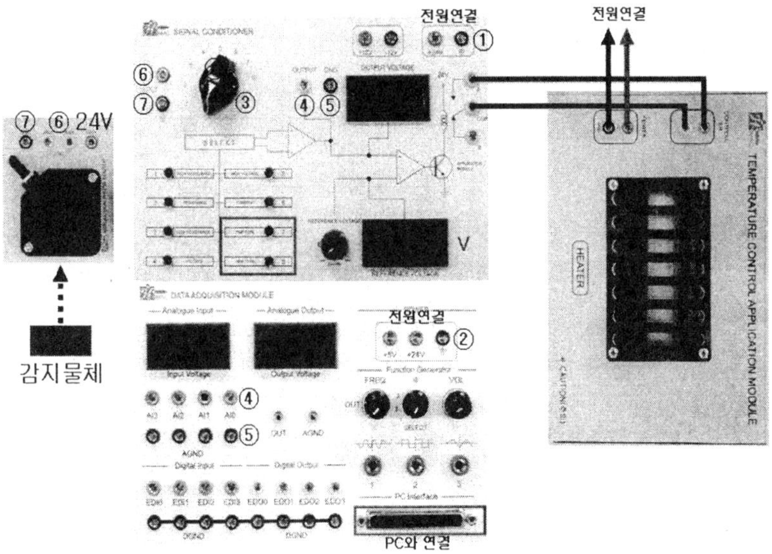

[그림 7-46] 온도 제어용 응용모듈 실험 배선도

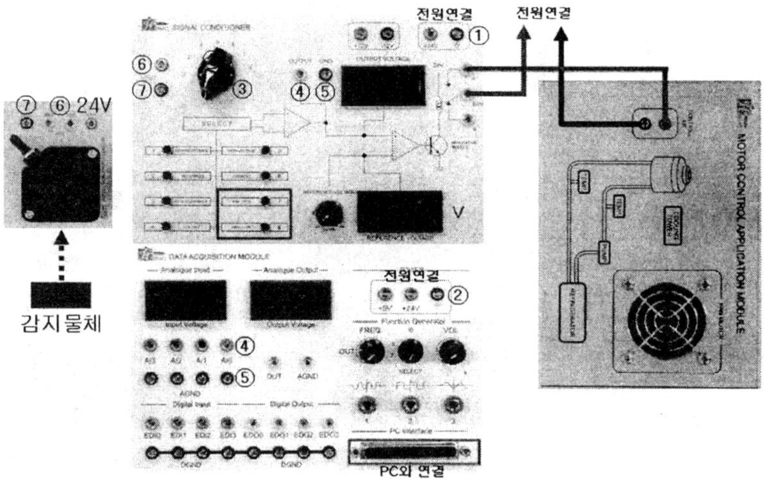

[그림 7-47] 모터 제어용 응용 모듈 실험 배선도

다. LAMP & BUZZER 모듈의 배선 방법 및 사용 방법

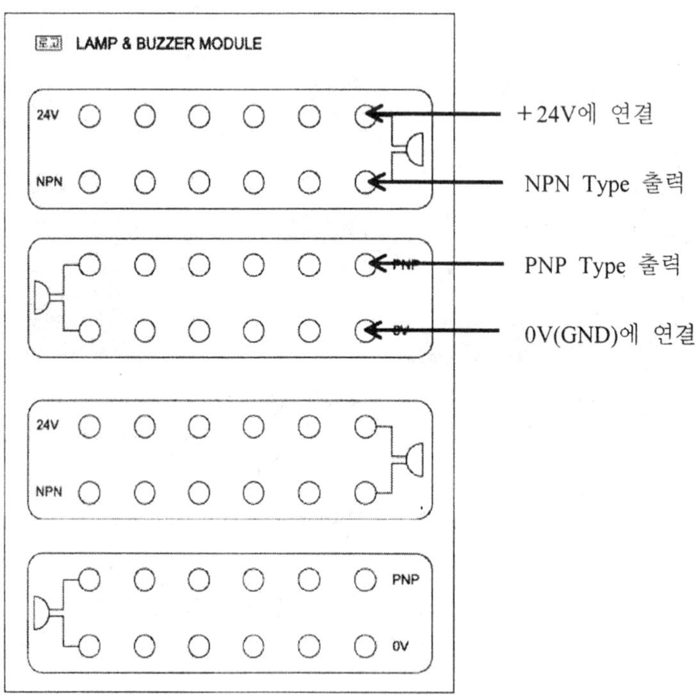

[그림 7-48] LAMP & BUZZER 모듈 실험 배선도

사용 방법은 다음과 같다.

(1) [그림 7-48]과 같이 배선을 연결한다.
(2) 센서의 출력 형태에 따라 적합한 단자에 센서를 연결한다.
(3) 센서에 시편이나 다른 것을 이용하여 센서를 동작시킨다.
(4) Lamp가 점등되고, Buzzer가 동작함을 확인한다.

라. 실험 방법

(1) REFLECTION PHOTO 센서 모듈 출력을 LAMP & BUZZER 모듈에 연결하여 실험하여 카운트값의 증가함을 확인한다.

(2) [그림 7-44]의 조명 제어용 응용모듈 실습 배선도를 보고 회로연결 케이블을 이용하여 배선도에 맞게 연결한다.

(3) SIGNAL CONDITIONER의 Reference Voltage 볼륨을 이용하여 Reference Voltage를 5V로 설정하고, 백색 아크릴을 광센서 가까이 접근시키고 서서히 멀리하여 본다.

Reference Voltage는 출력 전압과 비교하여 응용모듈을 Turn On/Off하는 기준 전압이다. 따라서 Reference Voltage를 꼭 5V가 아니어도 상관없다. Reference Voltage는 출력 전압 +10V 이하에 설정한다.

(4) 위의 실험 방법과 같이 각각의 응용모듈들이 얼마의 거리에서 동작되는지 시편을 바꿔가며 실험을 해 본다. 실험 후 <표 7-14>에 각 시편들에 따라 동작되는 거리(인식거리)를 기록한다(인식거리는 버니어 캘리퍼스를 이용하여 기록한다).

〈표 7-14〉 응용모듈

시편 종류	조명 제어용 (응용모듈A)	공압 자동문용 (응용모듈B)	온도 제어용 (응용모듈C)	모터 제어용 (응용모듈D)	비고
청색 아크릴	mm	mm	mm	mm	
적색 아크릴	mm	mm	mm	mm	
투명 아크릴	mm	mm	mm	mm	
백색 아크릴	mm	mm	mm	mm	
흑색 아크릴	mm	mm	mm	mm	

제6절 투과형 광센서

1. 관련 지식

가. 광센서의 종류

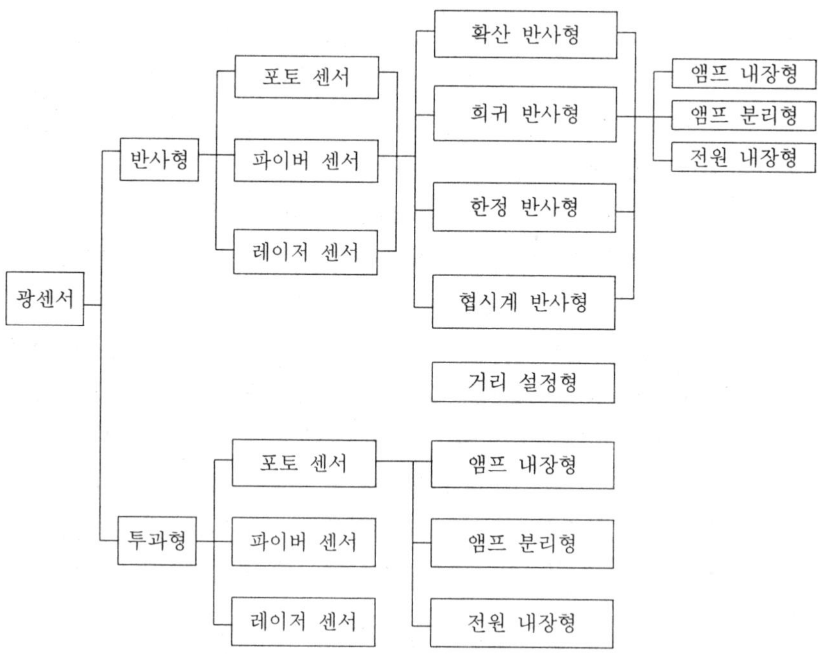

용도에 의한 분류	구성에 의한 분류	광원에 의한 분류
투·수과형	앰프 내장형	적색 LED
확산 반사형	앰프 분리형	적외선식
회귀 반사형	앰프 중계형	레이저식
협시계 반사형	광파이버식	
한정 반사형		
거리 설정형		

[그림 7-49] 광센서의 종류

나. 투과형이란

투과형 광센서는 투광부와 수광부가 서로 다른 몸체로 구성되어 있다. 투광부와 수광부가 서로 마주한 상태에서 광축을 맞추어 놓고 이 사이를 물체가 통과함에 따라 빛의 차단과 전달이 이루어지게 하여 출력 신호를 만들어내는 센서이다.

다. 동작 원리

[그림 7-50]과 같이 투광렌즈를 통해 빛이 투광되면 수광렌즈에 들어오는 빛의 양에 따라 물체의 검출 유・무를 판단하는 센서이다. 이는 투명한 물체의 검출은 곤란하며 여러 개의 센서를 상하에 수직적으로 배치되어 사용할 때는 빛의 확산에 의한 오류를 가져 올 수 있으므로 유의하여야 한다.

라. 응용 사례

좁은 통로 사이로 이동하는 물체의 통과 확인, 투명병의 라벨 부착 유・무 검출 등

마. 실험에 사용되는 투과형 광센서의 동작 특성

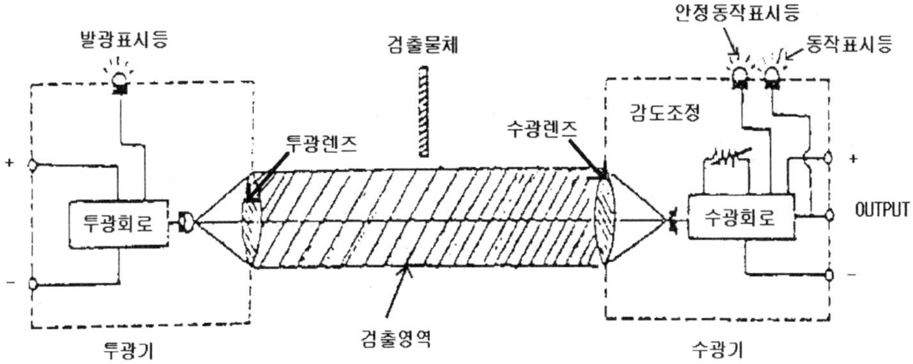

[그림 7-50] 동작 원리

■ 동작차트

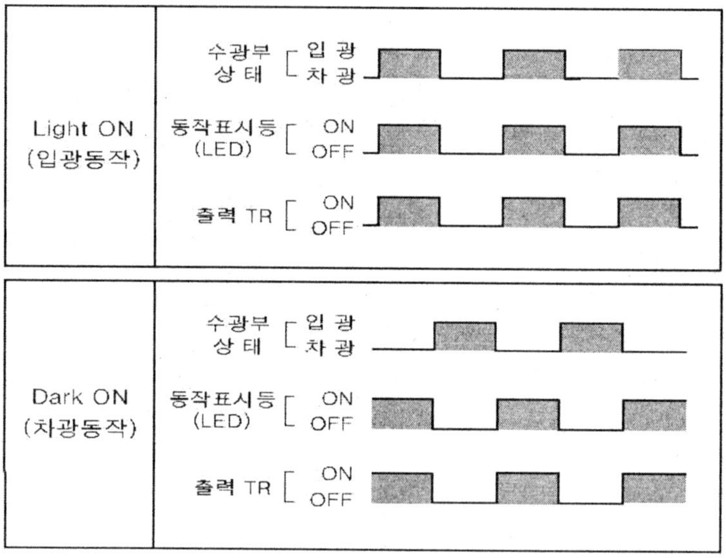

[그림 7-51] 투과형 광센서 Timing Chart

●BEN10M-TFR ●BEN10M-TDT

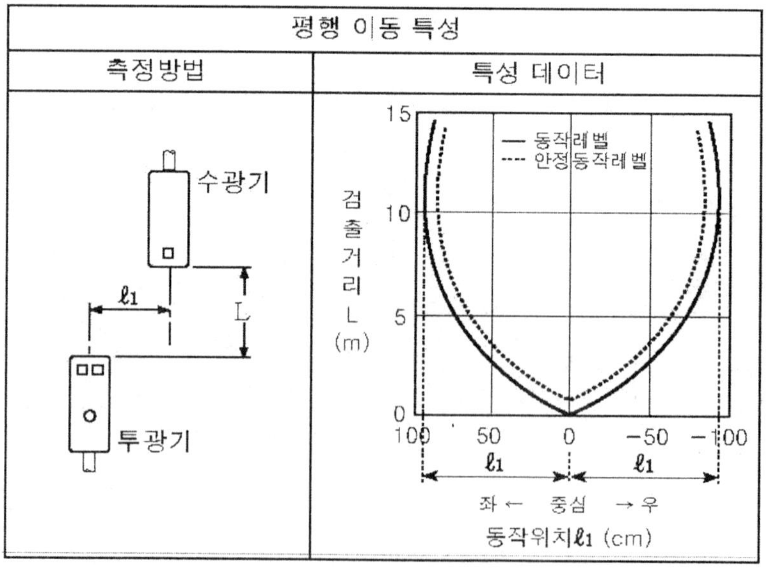

[그림 7-52] 투광기와 수광기의 배치 허용 그래프

2. 실험 실습

가. 실험 목적

여러 가지 시편의 변화에 따른 투과형 광센서의 특성을 이해하고 원리를 파악할 수 있다.

나. 실험장비

〈표 7-15〉 실험 장비

장비명	수량	비 고
POWER SUPPLY	1	
DATA ACQUISITION 모듈	1	
SIGNAL CONDITIONER	1	
작업용 프로파일	1	
회로연결 케이블	1set	
AC220V 전원선	2	
DATA Cable	1	
PERMEATION 포토 센서	1	투광
RECEIVE PERMEATION 포토 센서	1	수광
시편 세트	1	
버니어 캘리퍼스	1	
LAMP & BUZZER 모듈	1	
조명 제어용	1	(응용모듈A)
공압 자동문 제어용	1	(응용모듈B)
온도 제어용	1	(응용모듈C)
모터 제어용	1	(응용모듈D)

다. PERMEATION 포토센서의 실험 실습 배선도

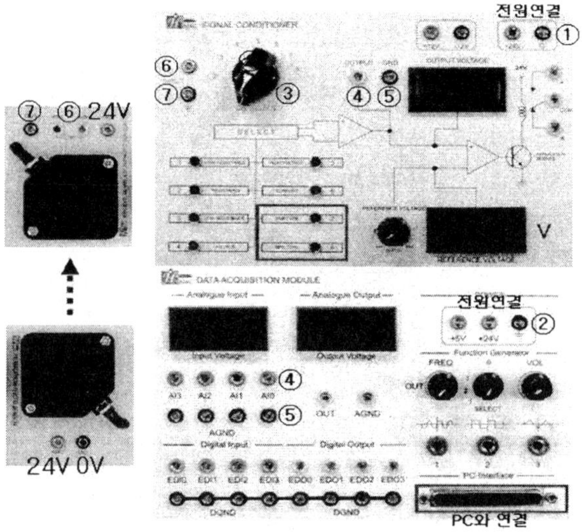

[그림 7-53] PERMEATION 포토센서 NPN/NP 출력 실습 배선도

라. 실험 방법

(1) 작업용 프로파일에 DATA ACQUISITION 모듈, SIGNAL CONDITIONER, 전원 공급기, PERMEATION 포토 센서, RECEIVE PERMEATION 포토 센서를 배치한다.

(2) AC220V 전원선을 이용하여 POWER SUPPLY에 전원을 연결한다.

(3) DATA Cable을 이용하여 PC와 DATA ACQUISITION 모듈을 연결하고, DATA ACQUISITION 모듈의 전원을 켠 후 운용 프로그램을 실행시킨다.

(4) "PERMEATION 포토 센서의 실험 실습 배선도"를 보고 회로연결 케이블을 이용하여 배선도에 맞게 각 모듈을 연결한다.

(5) POWER SUPPLY의 전원을 켜고 SIGNAL CONDITIONER의 Select 스위치를 PNP, NPN TYPE 기능에 설정한다.

(6) 센서실습장비 운용 프로그램을 실행한 후 센서실습 → 광센서 → 광센서 모듈(투과형)을 선택한 후 실험 시작 버튼을 클릭하여 실험을 시작한다.

(7) 수광기와 투광기 광센서를 서로 마주보게 배치하고 전원에 접속한다.

(8) [그림 7-54]와 같이 투광기 또는 수광기의 위치를 미세하게 좌・우로 이동 또는 회전시켜 동작표시등 및 안정표시등이 동작하는 범위를 확인하여 그 중앙에 조정한다.

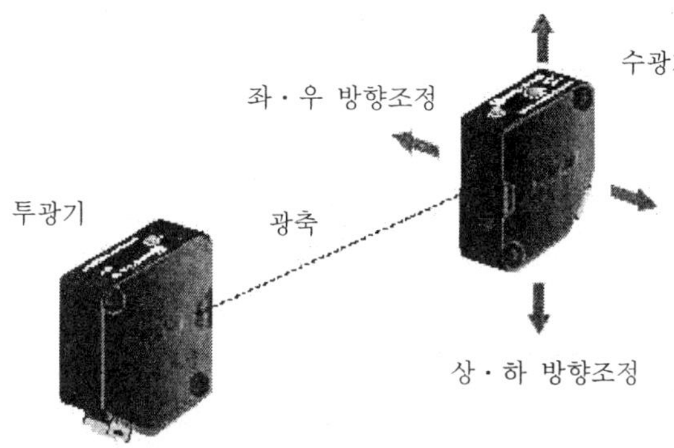

[그림 7-54] 투광기와 수광기

(9) 조정이 끝나면 제공된 시편 중 여러 색의 아크릴을 번갈아가며 센서에 접근시켜 색상에 따른 광센서의 검출 특성과 동작 특성을 확인하고, 시편의 종류와 재질에 따른 인식거리를 <표 7-16>에 기록한다(인식거리는 버니어 캘리퍼스를 이용하여 기록한다).

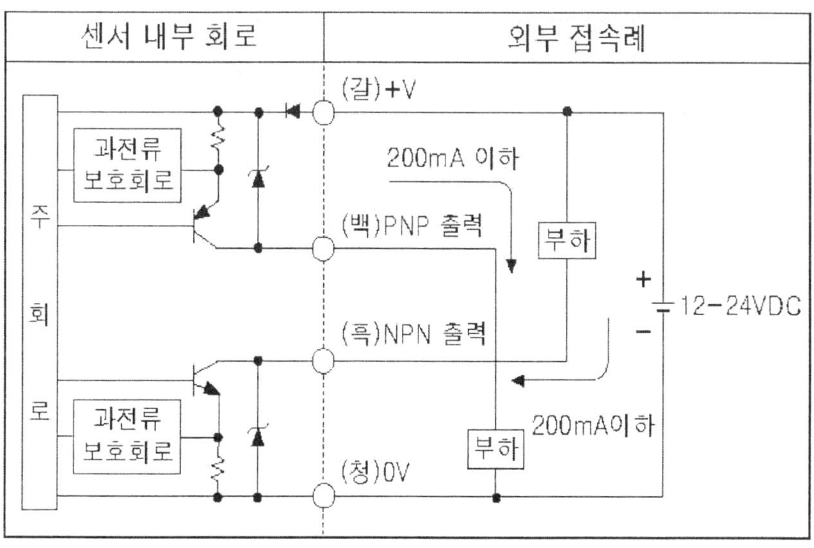

[그림 7-55] 투과형 광센서의 배선

〈표 7-16〉

시편 종류	인식거리	인식되었을 때 NPN 출력값	비고
청색 아크릴	mm	V	
적색 아크릴	mm	V	
투명 아크릴	mm	V	
백색 아크릴	mm	V	
흑색 아크릴	mm	V	

(10) 투과형 광센서의 출력을 PNP로 바꾸고 SIGNAL CONDITIONER의 Select 스위치를 PNP로 설정하고, 위의 과정을 반복하여 실험한 후 <표 7-17>을 작성한다.

〈표 7-17〉

시편 종류	인식거리	인식되었을 때 NPN 출력값	비고
청색 아크릴	mm	V	
적색 아크릴	mm	V	
투명 아크릴	mm	V	
백색 아크릴	mm	V	
흑색 아크릴	mm	V	

3. 응용 실험의 실습 방법

가. 실험 목적

응용 실험의 실습을 통하여 투과형 광센서의 응용 능력을 배양할 수 있다.

나. PERMEATION 포토센서 모듈의 응용 실험 배선도

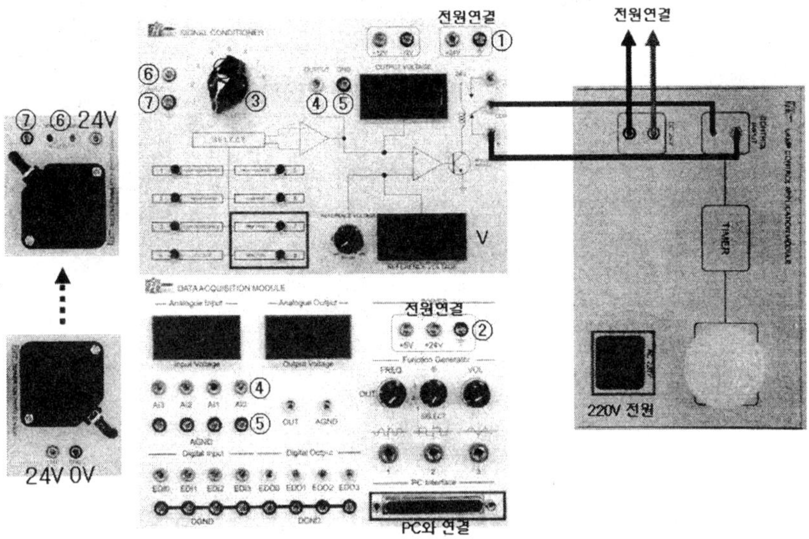

[그림 7-56] 조명 제어용 응용모듈 실험 배선도

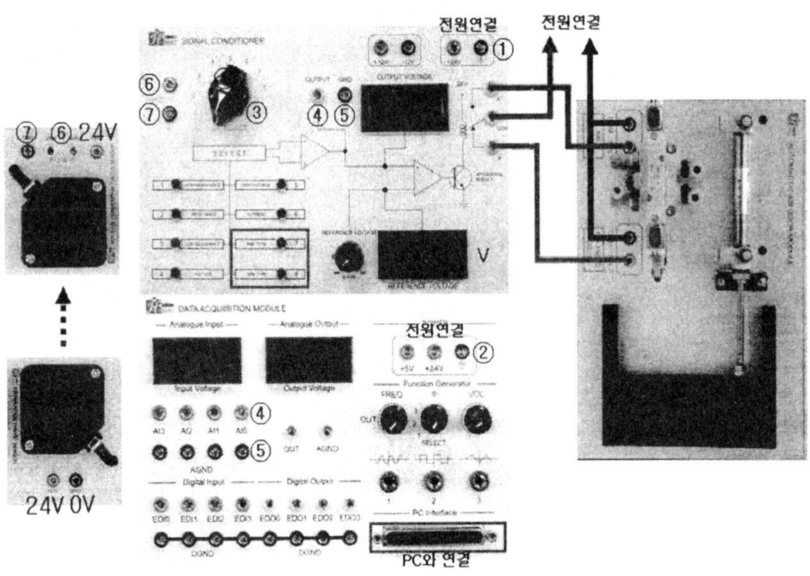

[그림 7-57] 공압 자동문 제어용 응용모듈 실험 배선도

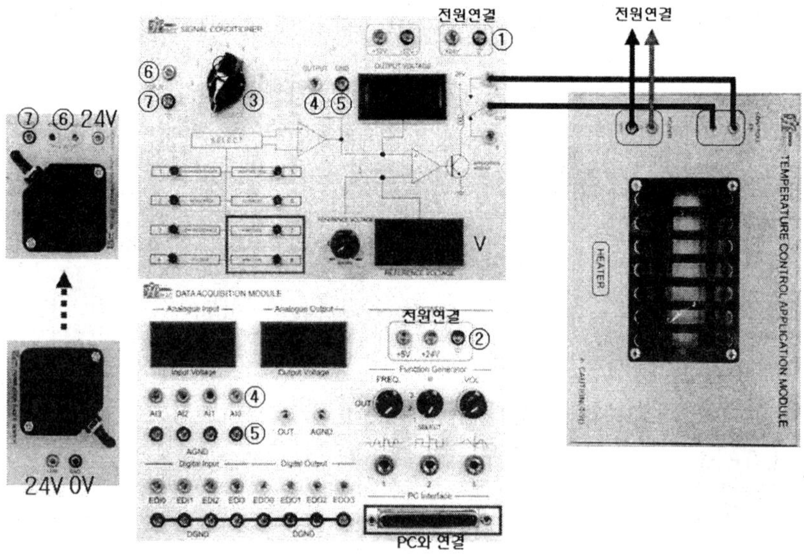

[그림 7-58] 온도 제어용 응용모듈 실험 배선도

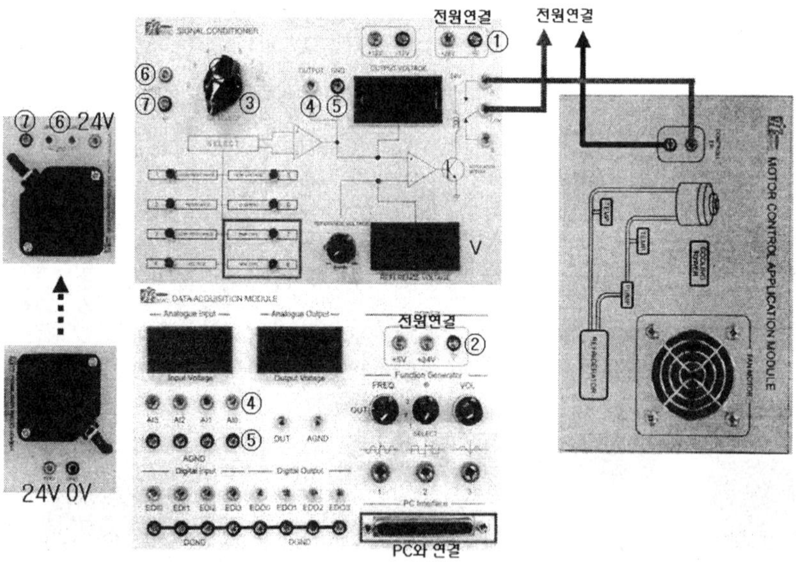

[그림 7-59] 모터 제어용 응용모듈 실험 배선도

다. LAMP & BUZZER 모듈의 배선과 사용 방법

사용 방법은 다음과 같다.

(1) 그림과 같이 배선을 연결한다.
(2) 센서의 출력 형태에 따라 적합한 단자에 센서를 연결한다.
(3) 센서에 시편이나 다른 것을 이용하여 센서를 동작시킨다.
(4) Lamp가 점등되고, Buzzer가 동작함을 확인한다.

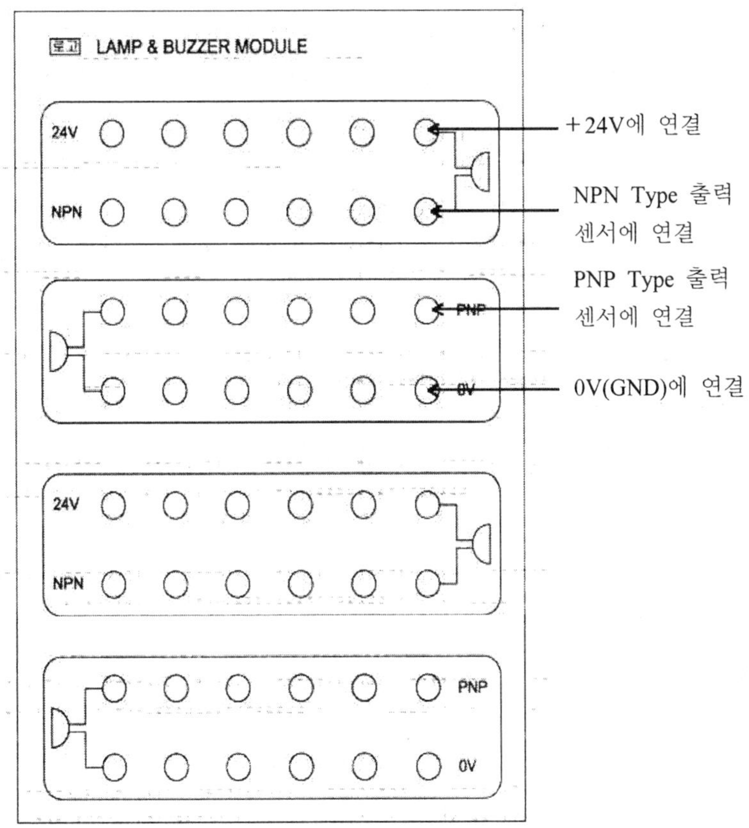

[그림 7-60] LAMP & BUZZER 배선 방법

라. 실험 방법

(1) REFLECTION 포토 센서 모듈 출력을 LAMP & BUZZER ODULE에 연결해서 실험하여 카운트값의 증가함을 확인한다.

(2) [그림 7-56] 조명 제어용 응용모듈 실습 배선도를 보고 회로연결 케이블을 이용하여 배선도에 맞게 연결한다.

(3) SIGNAL CONDITIONER의 Reference Voltage 볼륨을 이용하여 Reference Voltage를 5V로 설정하고, 백색 아크릴을 광센서 가까이 접근시키고 서서히 멀리하여 본다.

Reference Voltage는 출력 전압과 비교하여 응용모듈을 Turn On/Off하는 기준 전압이다. 따라서 Reference Voltage를 꼭 5V가 아니어도 상관없다. Reference Voltage 는 출력 전압 +10V 이하에 설정한다.

(4) 위의 실험 방법과 같이 각 응용모듈들이 얼마의 거리에서 동작되는지 시편을 바꿔가며 실험을 해 본다. 실험 후 <표 7-18>에 각 시편들에 따라 동작되는 거리(인식거리)를 기록한다(인식거리는 버니어 캘리퍼스를 이용하여 기록한다).

〈표 7-18〉 응용모듈

시편 종류	조명 제어용 (응용모듈A)	공압 자동문용 (응용모듈B)	온도 제어용 (응용모듈C)	모터 제어용 (응용모듈D)	비 고
청색 아크릴	mm	mm	mm	mm	
적색 아크릴	mm	mm	mm	mm	
투명 아크릴	mm	mm	mm	mm	
백색 아크릴	mm	mm	mm	mm	
흑색 아크릴	mm	mm	mm	mm	

제7절 광파이버 앰프

1. 관련 지식

가. 광파이버 센서란

광파이버 센서(optical fiber sensor)는 종래의 포토 센서의 절대 조건이었던 렌즈를 없애고 그 대책으로 광파이버 케이블을 조합하여 마크검출, 초소형 물체의 유·무를 검출하기 위한 용도로 만들어진 센서로써 광파이버의 유연성을 이용하여 좁은 장소에서도 자유롭게 취부시켜 사용할 수 있다.

검출방법	단면도	설 명	구 성
분할형	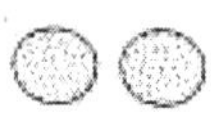	투광형과 수광형이 각각 1개씩 사용된다.	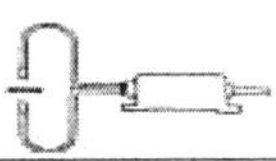
평행형		플라스틱제 파이버만으로 되어 있는 것으로 투광형과 수광형을 평형 또는 원형으로 된 저가격 제품이다.	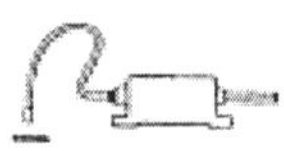
동축형	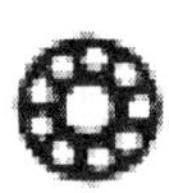	중심부와 외주부로 분할되어져 있고 어느 방향에서 물체가 통과하여도 동작 위치가 같기 때문에 높은 검출능력을 가지고 있다.	
랜덤 분산형	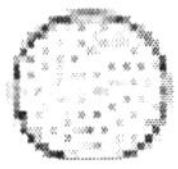	투광부와 수광부를 랜덤으로 분산시키거나, 무작위로 분할한 것으로 섬유량이 많은 유리형에 응용된다.	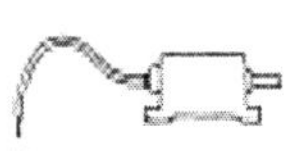
랜덤 확산형	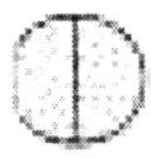	투광부와 수광부의 부분이 분할이 되어 있다. 저가격의 반사형으로 다크 검출물에 적합하다.	

[그림 7-61] 광파이버의 구성

나. 동작 원리

기본 동작 원리는 투과형, 반사형 센서와 동일하고 단지 센서의 설치위치에 유연성을 주기 위하여 광파이버와 센서를 결합한 형태라 할 수 있다.

다. 실험에 사용되는 광파이버 센서의 특성

●측정기준: BF3RX + FD-620-10

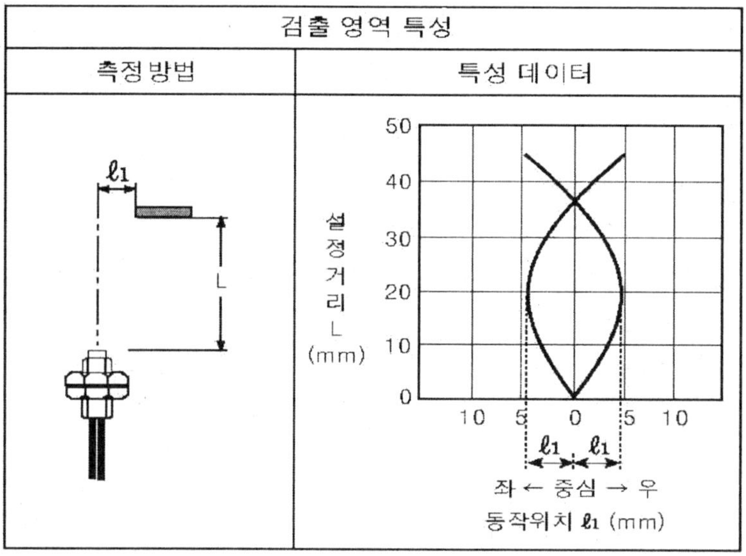

[그림 7-62] 광파이버 센서의 검출 영역

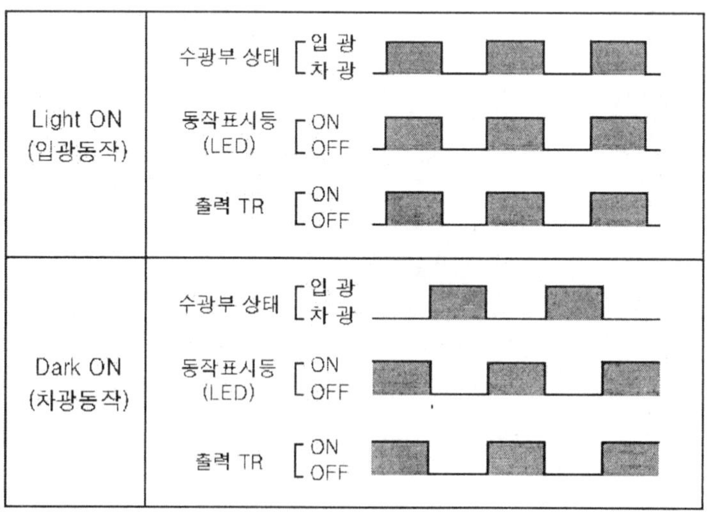

[그림 7-63] 광파이버 센서의 Timing chart

라. 응용 사례

소형 물체 검출에 적합하다.

2. 실험 실습

가. 실험 목적

여러 가지 시편의 변화에 따른 광파이버의 특성을 이해하고 원리를 파악할 수 있다.

나. 실험 장비

〈표 7-19〉 실험 장비

장비명	수량	비 고
POWER SUPPLY	1	
DATA ACQUISITION 모듈	1	
SIGNAL CONDITIONER	1	
작업용 프로파일	1	
회로연결 케이블	1set	
AC220V 전원선	2	
DATA Cable	1	
OPTICAL FIBER AMPLIFIER #1	1	수광
OPTICAL FIBER #2	1	투광
슬라이드 유닛	1	
시편 세트	1	
LAMP & BUZZER 모듈	1	
조명 제어용	1	(응용모듈A)
공압 자동문 제어용	1	(응용모듈B)
온도 제어용	1	(응용모듈C)
모터 제어용	1	(응용모듈D)

다. 광파이버의 실험 실습 배선도

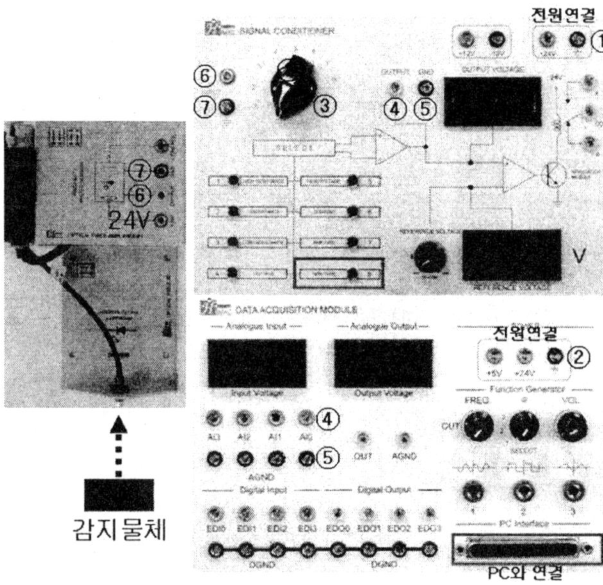

[그림 7-64] 광파이버 NPN 출력 실험 배선도

라. 실험 방법

(1) 작업용 프로파일에 DATA ACQUISITION 모듈, SIGNAL CONDITIONER, POWER SUPPLY, OPTICAL FIBER #2, OPTICAL FIBER AMP-LIFIER #1을 배치한다.

(2) AC220V 전원선을 이용하여 POWER SUPPLY에 전원을 연결한다.

(3) DATA Cable을 이용하여 PC와 DATA ACQUISITION 모듈을 연결하고 DATA ACQUISITION 모듈의 전원을 켠 후 운용 프로그램을 실행시킨다.

(4) “광파이버의 실험 실습 배선도”를 보고 회로연결 케이블을 이용하여 배선도에 맞게 각 모듈을 연결한다.

(5) POWER SUPPLY의 전원을 켜고 SIGNAL CONDITIONER의 Select 스위치를 NPN TYPE 기능에 설정한다.

(6) 센서실습장비 운용 프로그램을 실행한 후 센서실습 → 광센서 → 광파이버를 선택한 후 실험 시작 버튼을 클릭하여 실험을 시작한다.

순서	검출방식		조 정 방 법	VR	
	반 사 형	투 과 형		COARSE	FINE
1	초기설정		강조정 VR(COARSE)은 최소(MIN)에 미세조정 VR(FINE)은 중앙(▼) 표시지점에 고정합니다.	MIN	(−) (+)
2	입광	입광	검출상태를 입광상태로하여 강조정 VR(COARSE)을 천천히 우회전하여 ON되는 위치에 고정합니다.	ON MIN	(−) (+)
3	입광	입광	미세조정(FINE)을 (−) 측으로 회전하여 OFF되는 지점에서 다시 (+) 측으로 회전하여 ON되는 지점 A를 확인합니다.	이후 강조정 VR은 조정 불필요	A ON OFF (−) (+)
4	차광	차광	이후 검출상태를 차광상태로하여 미세조정 VR(FINE)을 (+) 측으로 회전하여 ON되는 지점에서 다시 (−)측으로 회전하여 OFF 되는 지점 B를 확인합니다. (이 때 ON되지 않을 때에는 최대점이 B가 됩니다.)		OFF B (−) (+) ON
5	—	—	A와 B의 중간 지점에 고정합니다. 이 위치가 최상의 설정위치가 됩니다.		A B (−) (+)
6	입광	입광	위의 조정방법으로 조정이 불가능할 경우 미세조정 VR(FINE)을 (+) 측의 최대(MAX)지점에 놓고 위 순서 1번부터 재조정 합니다.	MIN	(−) (+) MAX

[그림 7-65] 감도 조정 방법

(7) 센서의 감지면에 일치하도록 슬라이드 유닛을 장착하고 자석부에 버니어 캘리퍼스를 견고히 부착한 후 버니어 캘리퍼스의 영(0)점을 설정하여 원점을 "0"으로 조절한다.

(8) Control 단자에 0V를 연결하고 Light On 동작이 되도록 한 후 백색 아크릴을 슬라이드 유닛에 장착하고, 40mm에서 광파이버가 인식하도록 한다. [그림 7-65]와 같은 방법으로 최적의 감도로 조정한다.

(9) 제공된 시편 중 여러 색의 아크릴을 번갈아가며 센서에 접근시켜 색상에 따른 Optical Fiber의 검출 특성과 동작 특성을 확인하고, 시편의 종류와 재질에 따른 인식거리를 <표 7-20>에 기록한다(인식거리는 버니어 캘리퍼스를 이용하여 기록한다).

(10) 광파이버의 Control 단자를 +24V로 연결하여 Dark On 동작이 되도록 설정한 후 위의 과정을 반복하여 실험하여 본다.

〈표 7-20〉 검출 특성기록표

시편 종류	인식거리(light on)	인식거리(dark on)	비 고
청색 아크릴	mm	mm	
적색 아크릴	mm	mm	
투명 아크릴	mm	mm	
백색 아크릴	mm	mm	
흑색 아크릴	mm	mm	

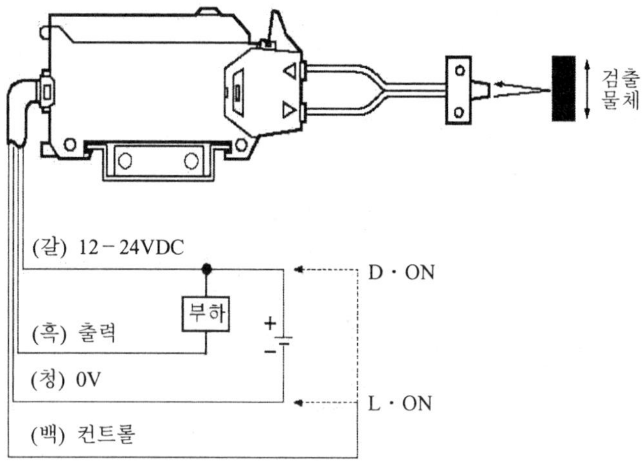

[그림 7-66] 광파이버의 배선과 동작 특성

3. 응용 실험의 실습 방법

가. 실험 목적

응용 실험의 실습을 통하여 광파이버의 응용 능력을 배양할 수 있다.

나. 광파이버 센서 모듈의 응용 실험 배선도

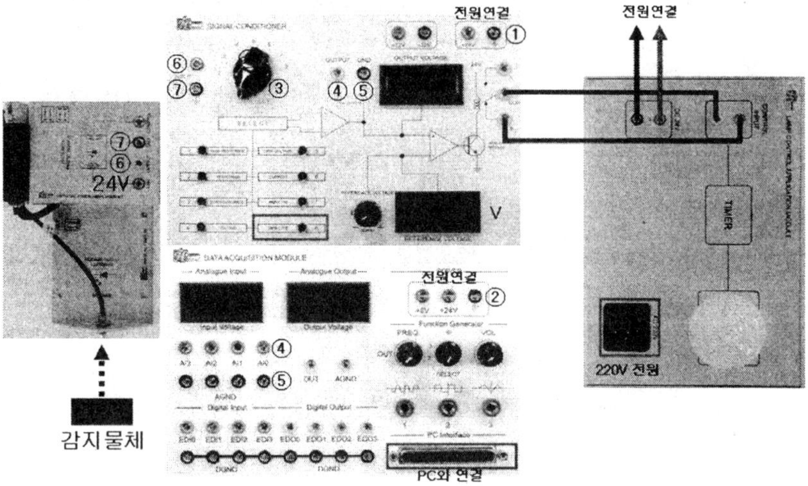

[그림 7-67] 조명 제어용 응용모듈 실습 배선도

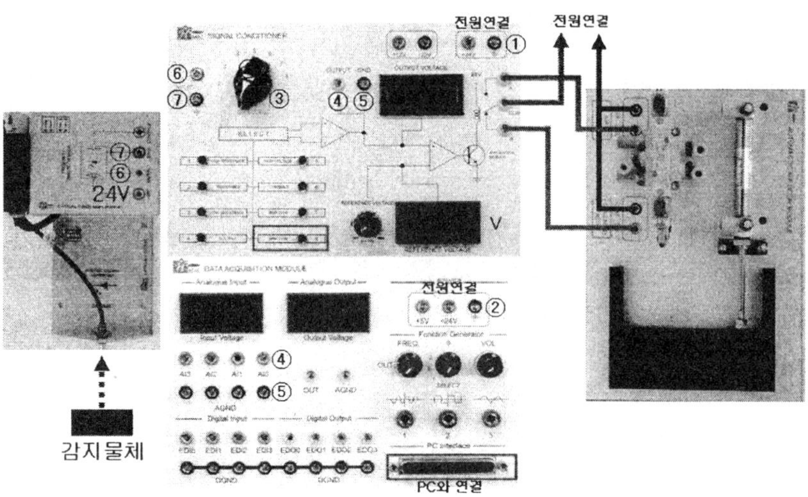

[그림 7-68] 공압 자동문 제어용 응용모듈 실습 배선도

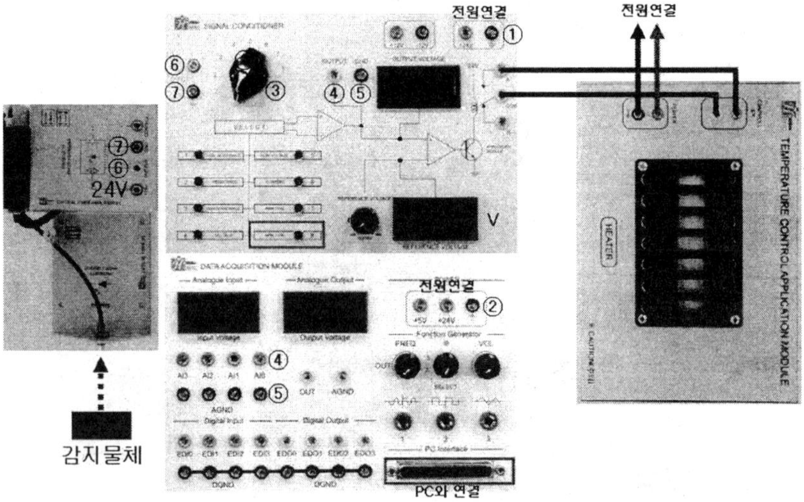

[그림 7-69] 온도 제어용 응용모듈 실습 배선도

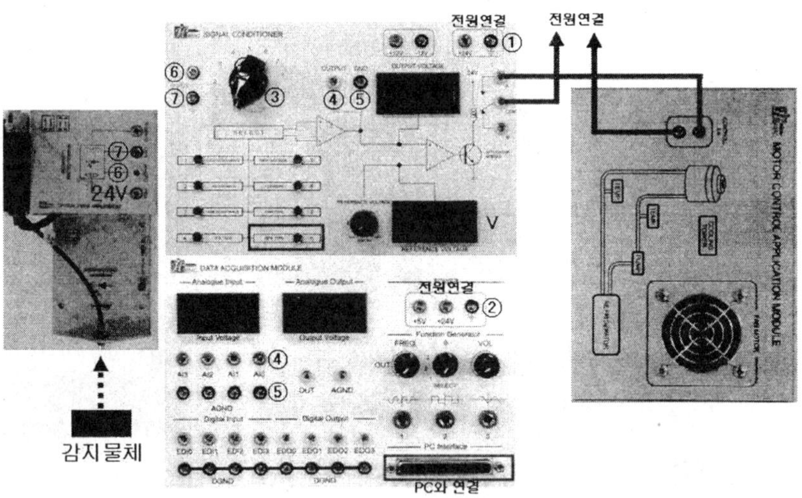

[그림 7-70] 모터 제어용 응용모듈 실습 배선도

다. LAMP & BUZZER 모듈의 배선 및 사용 방법

사용 방법은 다음과 같다.

(1) 그림과 같이 배선을 연결한다.
(2) 센서의 출력 형태에 따라 적합한 단자에 센서를 연결한다.
(3) 센서에 시편이나 다른 것을 이용하여 센서를 동작시킨다.
(4) Lamp가 점등되고, Buzzer가 동작함을 확인한다.

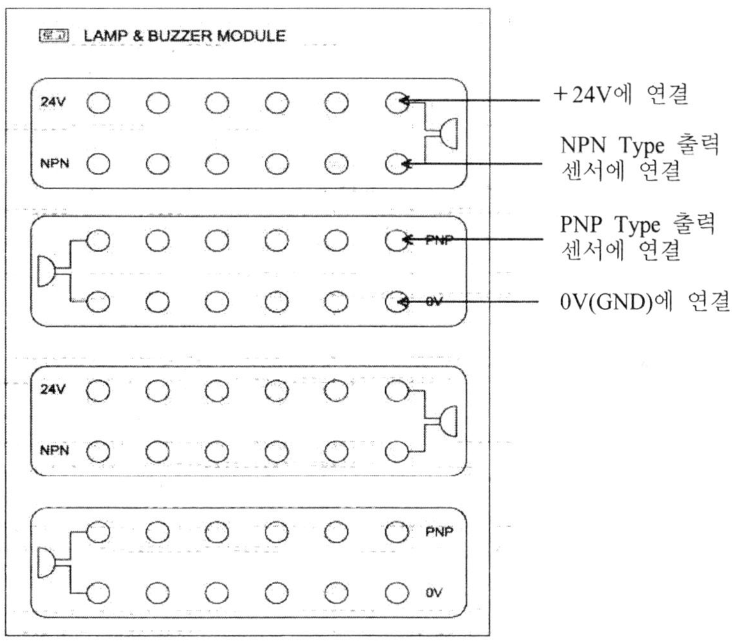

[그림 7-71] LAMP & BUZZER 배선 방법

라. 실험 방법

(1) REFLECTION 포토 센서 모듈 출력을 LAMP & BUZZER 모듈에 연결하여 실험하여 카운트값의 증가함을 확인한다.

(2) [그림 7-67]조명 제어용 응용모듈 실습 배선도를 보고 회로연결 케이블을 이용하여 배선도에 맞게 연결한다.

(3) SIGNAL CONDITIONER의 Reference Voltage 볼륨을 이용하여 Reference Voltage를 5V로 설정하고, 백색 아크릴을 광센서 가까이 접근시키고 서서히 멀리하여 본다.

Reference Voltage는 출력 전압과 비교하여 응용모듈을 Turn On/Off하는 기준 전압이다. 따라서 Reference Voltage를 꼭 5V가 아니어도 상관없다. Reference Voltage는 출력 전압 +10V 이하에 설정한다.

(4) 위의 실험 방법과 같이 각각 응용모듈들이 얼마의 거리에서 동작되는지 시편을 바꿔가며 실험을 해 본다. 실험 후 <표 7-21>에 각 시편들에 따라 동작되는 거리(인식거리)를 기록한다(인식거리는 버니어 캘리퍼스를 이용하여 기록한다).

〈표 7-21〉 응용모듈

시편 종류	조명 제어용 (응용모듈A)	공압 자동문용 (응용모듈B)	온도 제어용 (응용모듈C)	모터 제어용 (응용모듈D)	비고
청색 아크릴	mm	mm	mm	mm	
적색 아크릴	mm	mm	mm	mm	
투명 아크릴	mm	mm	mm	mm	
백색 아크릴	mm	mm	mm	mm	
흑색 아크릴	mm	mm	mm	mm	

제 8 장

힘, 조정센서 제어작업

제1절 역학센서의 종류

역학센서의 종류는 다음과 같다.

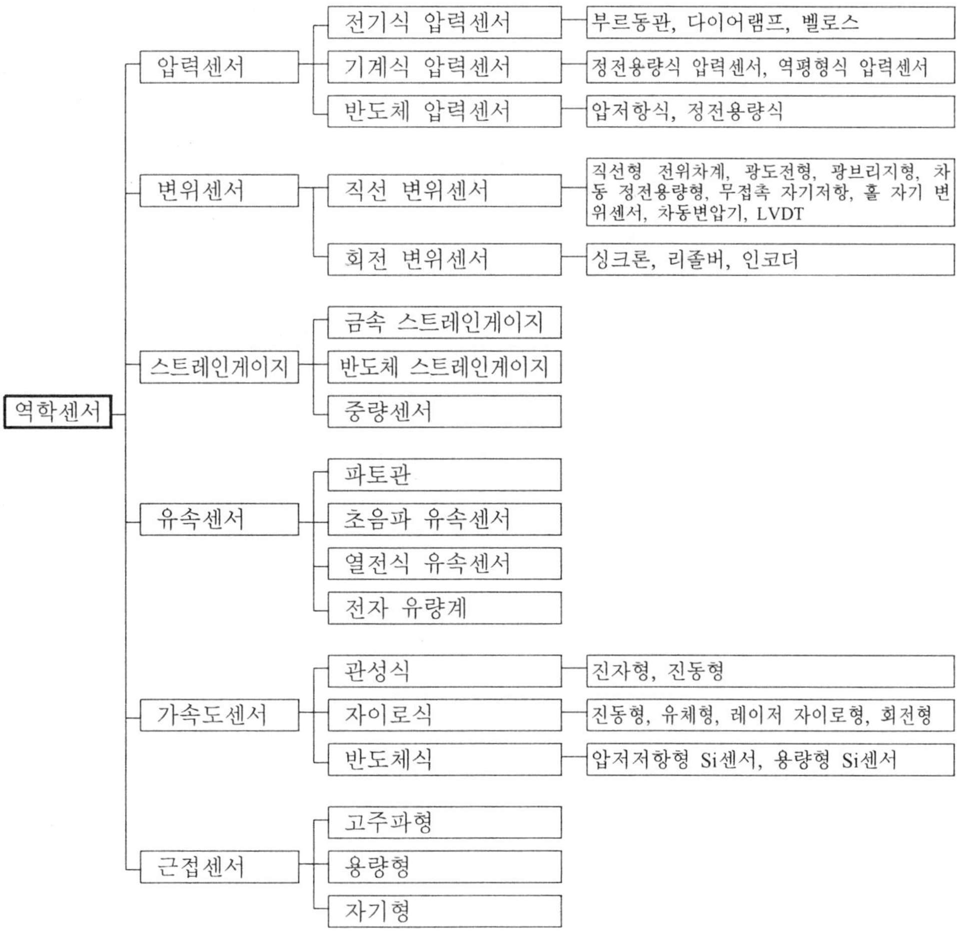

[그림 8-1] 역학센서의 종류

제2절 반도체형 압력센서

1. 관련 지식

가. 압력센서란

압력센서는 프로세스 또는 시스템에서 압력을 측정하는 소자이다. 압력센서의 측정원리는 변위, 변형, 자기-열전도율, 진동수 등을 이용하는 것으로 현재 많은 종류가 실용화되어 사용되고 있다. 최근에는 반도체기술과 마이크로머시닝(micro-machining) 기술의 발전으로 보다 소형화되고 복합화된 다기능의 스마트 센서에 대한 관심이 높아지고 있다. 압력센서는 기계식, 전기식, 반도체식으로 크게 나눌 수 있다.

(1) mmHg(밀리미터 수은주)

표준 중력가속도 9.8(m/s^2)하에서 표준 상태(0℃, 1기압)의 수은(밀도 13595.1 kg×m^{-3})의 액주차 1mm에 대응하는 압력, 보통 진공도(대기압 이하의 절대압력)의 표시에 쓰인다. torr(토르, 토리체리)도 같은 크기이다.

(2) mmH$_2$O(밀리미터 수주)

표준 중력가속도 9.8(m/s^2)하에서 표준 상태(4℃, 1기압)의 물(밀도 1g×m^3)의 액주차 1mm에 대응하는 압력, 보통 게이지압이나 차압의 저압력 영역의 표시에 쓰인다.

〈표 8-1〉 (a) 기계식

	부르동관(bourdon관)	다이어프램(diaphragm)	벨로스(bellows)
입력 범위	0.5~2000kg/cm^2	5mmH_2O~20kg/cm^2	10mmHg~10kg/cm^2
정밀도	±1~±2%FS	±1~±2%FS	±1~±2%FS
특징	가장 널리 사용되는 것으로 저렴하다.	미소압(微小壓)~저압 영역이 가능하다. 고무 등의 비금속 다이어그램도 가능하다.	압력 제어용 엘리먼트로서 많이 사용된다. 변위가 비교적 크게 잡힌다.
원리 및 구조	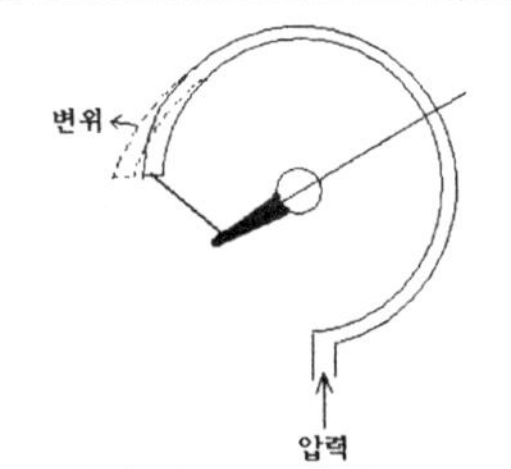 타원상의 단면이고, 선단의 자유관이 닫혀 있는 반원형관에 압력을 가하면, 관의 단면은 원에 가까워지고, 자유단은 그림 방향으로 변위한다.	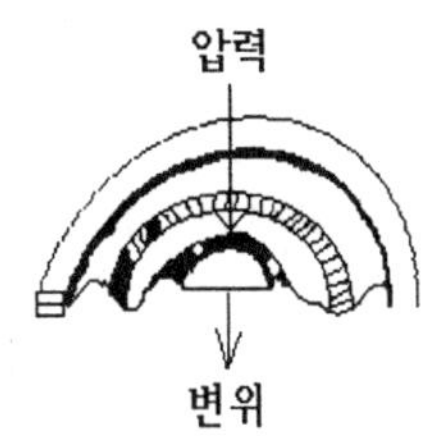 금속 또는 비금속성의 원형 박판에 압력을 가하면 박판이 변위한다. 변위를 크게 하기 위해 박판을 동심파상판(同心破狀板) 등으로 한다.	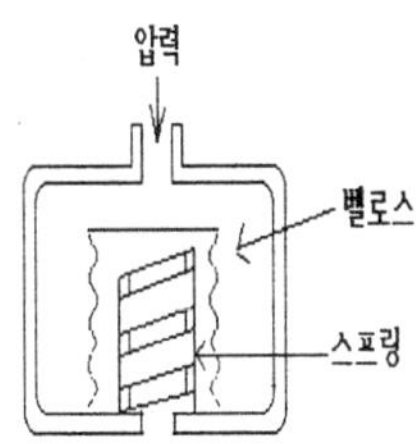 많은 주름이 있고, 주름 모양의 것을 미리 스프링으로 늘여 놓고, 이것을 외측에서 압력을 가해 수축시킨다.

〈표 8-1〉 (b) 전기식

	정전용량식 압력센서	역평형식 압력센서
원리 및 구조	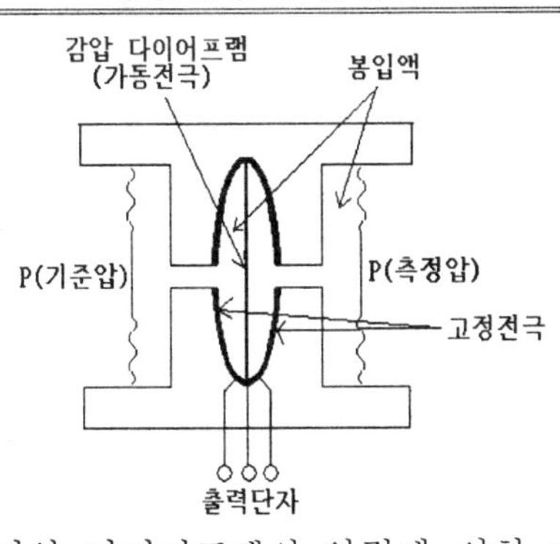 감압 다이어프램의 압력에 의한 가동전극을 변위시켜 용량 변환하여 압력을 전기적으로 검출한다.	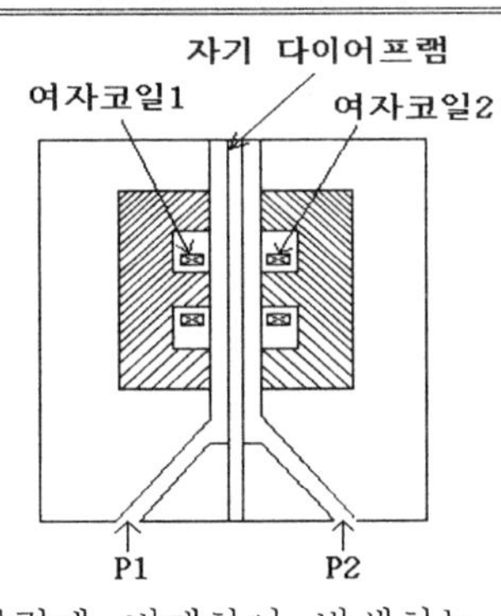 측정압력에 비례하여 발생하는 힘과 외부에서 전자적으로 만들어지는 힘과 평형하게 하여 측정압력을 전류와 전압 등으로 읽는 센서이다.

〈표 8-1〉 (c) 기계식(반도체식)

	압저항식	정전용량식
원리 및 구조	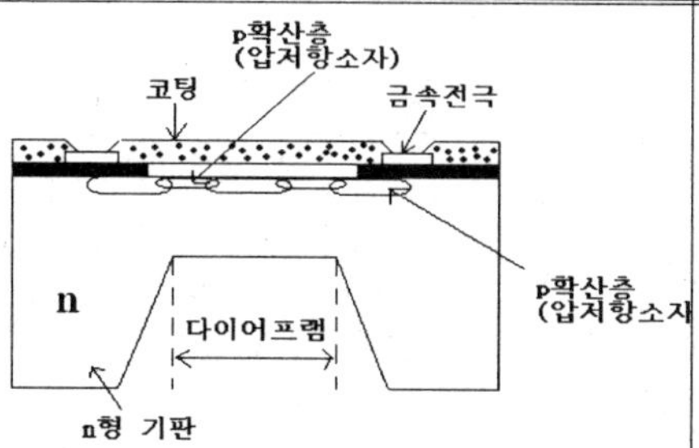 압저항식은 저항확산식 또는 확산식이라고도 한다. 압저항식은 다이어프램 자체도 반도체(Si)로 형성되어 있다. 표면에 압저항 소자를 형성할 때, 반도체의 불순물 확산공정을 이용하여 다이어프램과 압저항 소자가 완전히 일체되도록 한다.	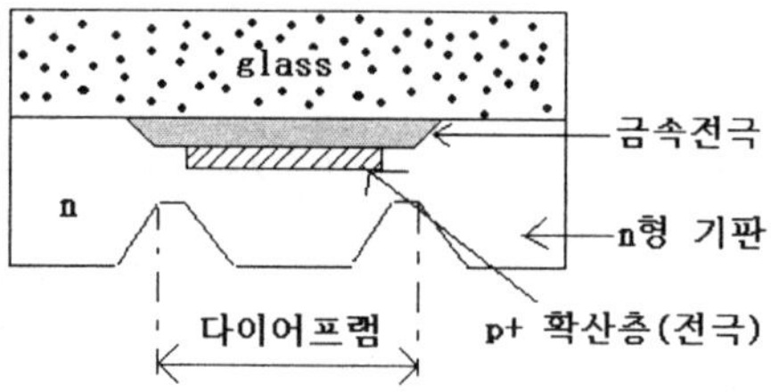 2개의 전극판 간격을 외부의 응력으로 변화시키면 2전극 간의 정전용량이 변화한다. 이 변화를 전기신호로 변환시켜 응력을 검출한다.

나. 반도체식 압력센서의 동작 원리

다이어프램에 정수압을 인가하는 경우 발생하는 응력을 전기신호로 변환하는 방법으로 진동자의 고속진동수의 변화를 검출하는 것과 표면 탄성파를 이용한 것이 있다.

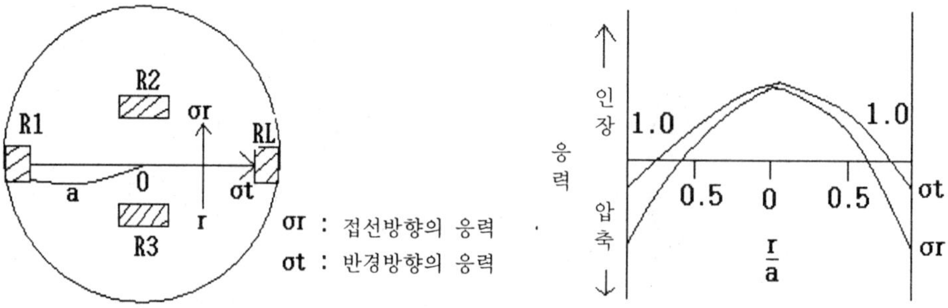

[그림 8-2] 다이어프램의 응력분포

다. 실험에 사용되는 반도체식 압력센서의 특징

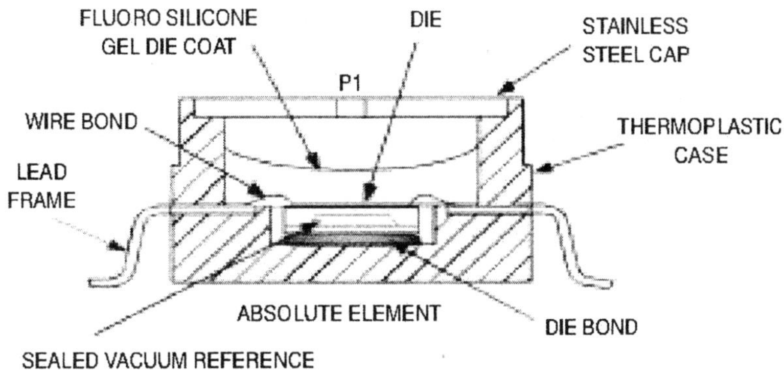

[그림 8-3] 실험에 사용되는 반도체식 압력센서의 내부 구조

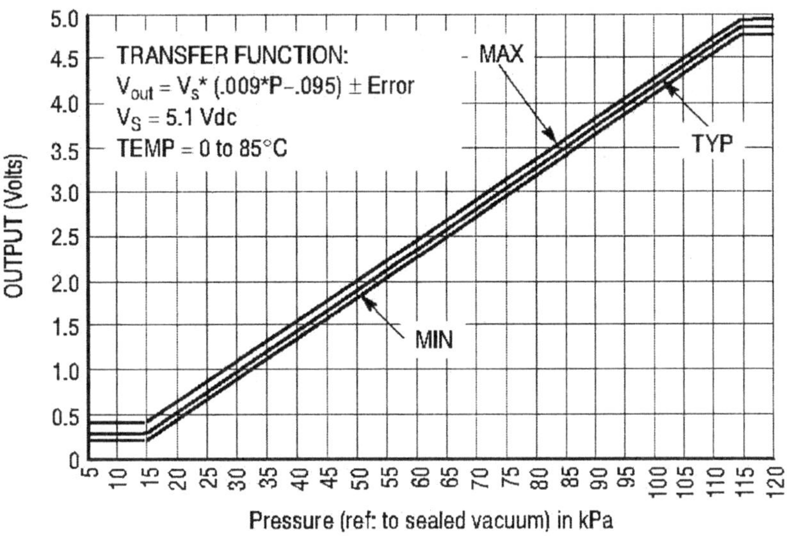

[그림 8-4] 공압에 따른 출력 전압 그래프

$$Pa = \frac{N}{m^2} = \frac{kg}{m \times s^2}$$: 공압의 단위

라. 응용 사례

공업계측, 자동제어, 의료, 자동차 엔진제어, 환경제어, 전기용품 등이다.

2. 실험 실습

가. 실험 목적

압력의 변화에 따른 반도체형 압력센서의 특성을 이해하고 원리를 파악할 수 있다.

나. 실험 장비

〈표 8-2〉 실험 장비

장비명	수량	비 고
POWER SUPPLY	1	
DATA ACQUISITION 모듈	1	
SIGNAL CONDITIONER	1	
작업용 프로파일	1	
회로연결 케이블	1set	
AC220V 전원선	2	
DATA Cable	1	
SILICON PRESSURE 센서 모듈	1	
공압 세트	1set	
컴프레서	1	
조명 제어용	1	(응용모듈A)
공압 자동문 제어용	1	(응용모듈B)
온도 제어용	1	(응용모듈C)
모터 제어용	1	(응용모듈D)

다. SILICON PRESSURE 센서 모듈의 실험 실습 배선도

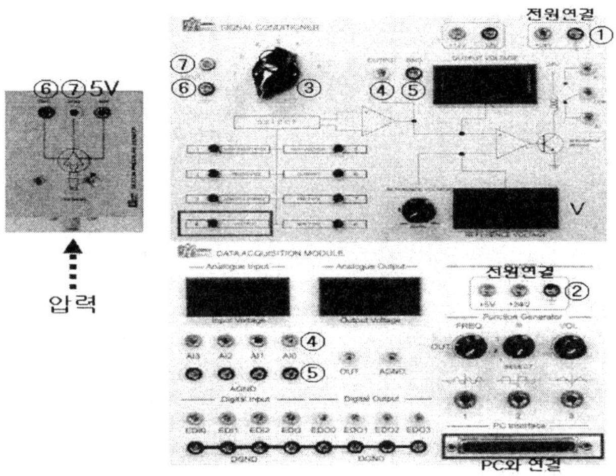

[그림 8-5] SILICON PRESSURE 센서 모듈 실험 배선도

라. 고유 출력값 계산 이론

[그림 8-4]의 그래프에서 나타내는 공압에 대한 출력 전압값이다.
즉, 그래프에 표기된 것과 같다.

$$V_{out} = 5V \times (0.009 \times \text{공압} - 0.095)$$

마. 실험 방법

(1) 작업용 프로파일에 DATA ACQUISITION 모듈, SIGNAL CONDITIONER, POWER SUPPLY, SILICON PRESSURE 센서를 배치한다.

(2) AC220V 전원선을 이용하여 전원 공급기에 전원을 연결한다.

(3) DATA Cable을 이용하여 PC와 DATA ACQUISITION 모듈을 연결하고, DATA ACQUISITION 모듈의 전원을 켠 후 운용 프로그램을 실행시킨다.

(4) 'SILICON PRESSURE 센서 모듈의 실험 실습 배선도'를 보고 회로연결 케이블을 이용하여 배선도에 맞게 각 모듈을 연결한다.

(5) POWER SUPPLY의 전원을 켜고 SIGNAL CONDITIONER의 Select 스위치를 VOLTAGE에 설정한다.

(6) 운용 프로그램에서 센서실습 → 역학센서 → 반도체형 압력센서를 선택한 후 실험시작 버튼을 클릭한다.

(7) 반도체형 압력센서의 입력 부분에 컴프레서→에어서비스 유닛→저압조절 밸브→반도체형 압력센서 순으로 공압 호스를 이용하여 연결한다.

(8) 반도체형 압력센서에 저압조절 밸브를 이용하여 압력을 0~100kPa까지 증가시켜가며 출력값을 관찰하고, 그 값을 <표 8-3>에 기록하고 그래프를 완성하여라(압력센서의 최고 입력압력을 100kPa이다).

〈표 8-3〉 압력 변화에 따른 출력 전압값

압 력	출력 전압	비 고
0kPa	V	
20kPa	V	
40kPa	V	
60kPa	V	
80kPa	V	
100kPa	V	

(9) 저압조절 밸브의 압력레인지를 0.00kPa로 설정한 후 운용 프로그램의 Data Log 버튼을 클릭하여 '반도체형 압력센서 특성 실험'이란 이름으로 파일을 저장한다.

(10) 9번의 과정과 같이 저압조절 밸브를 이용하여 압력을 증가시키며 100kPa까지 실험한 후 실험 종료 버튼을 클릭하여 실험을 종료한다.

(11) Excel 파일로 저장된 '반도체형 압력센서 특성실험'이란 파일을 열어 Excel의 차트 기능을 이용하여 차트를 구성한다.

(12) Excel 차트의 모양을 9번 과정에서 그려진 그래프 모양과 비교해 보고, 반도체형 압력센서의 특성을 분석해 본다.

3. 응용 실험의 실습 방법

가. 실험 목적

응용 실험의 실습을 통하여 반도체형 압력센서의 응용 능력을 배양할 수 있다.

나. SILICON PRESSURE 센서 모듈의 응용 실험 배선도

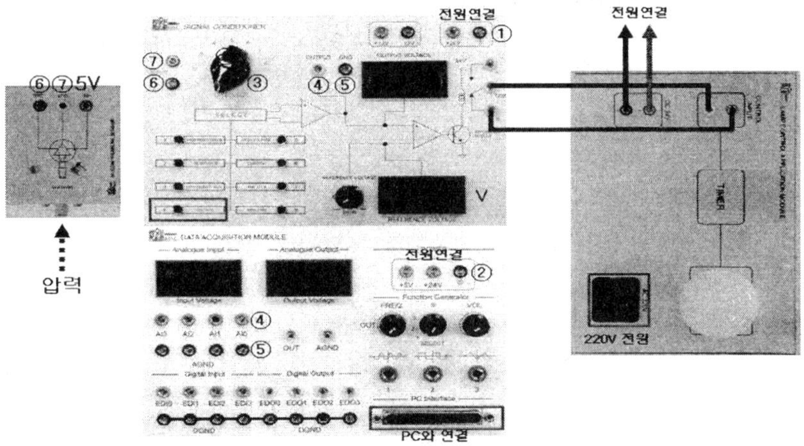

[그림 8-6] 조명 제어용 응용모듈 실습 배선도

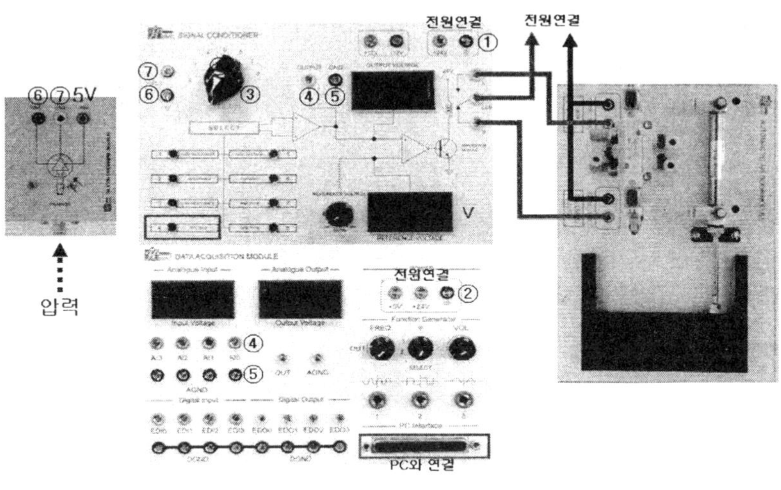

[그림 8-7] 공압 자동문 제어용 응용모듈 실습 배선도

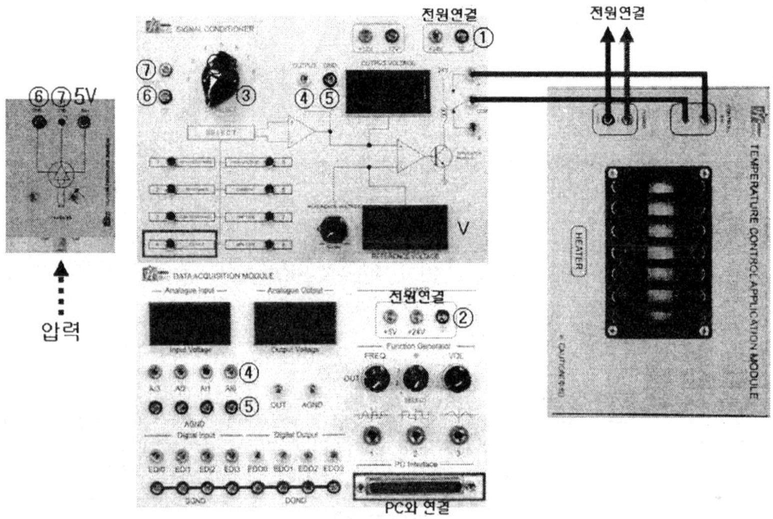

[그림 8-8] 온도 제어용 응용모듈 실습 배선도

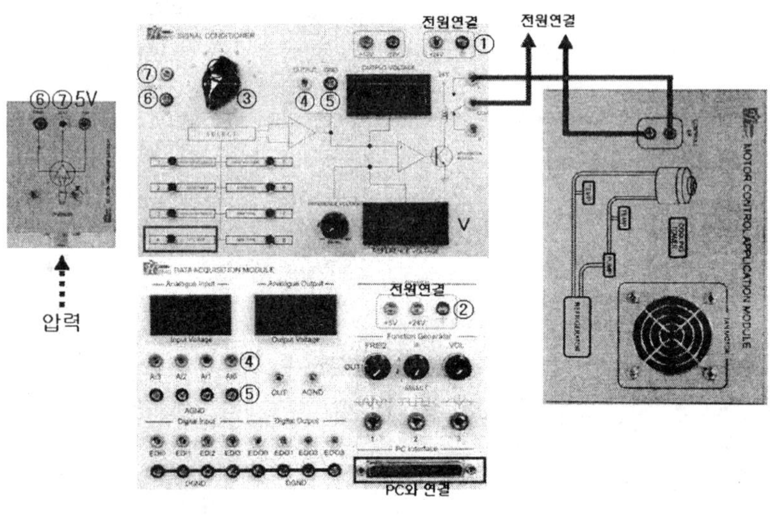

[그림 8-9] 모터 제어용 응용모듈 실습 배선도

다. 실험 방법

(1) [그림 8-6]의 조명 제어용 응용모듈 실습 배선도를 보고 회로연결 케이블을 이용하여 배선도에 맞게 연결한다.

(2) SIGNAL CONDITIONER의 Reference Voltage Volume 단자를 이용하여 Reference Voltage를 3V에 설정한다.

Reference Voltage는 출력 전압과 비교하여 응용모듈을 Turn On/Off하는 기준 전압이다. 따라서 Reference Voltage를 출력 전압 변화 범위(0V~5V)에서 설정 가능하다.

(3) 저압조절 밸브를 이용하여 압력을 서서히 증가시킨다.

(4) 얼마의 압력에서 응용모듈이 동작하는지 아래 <표 8-4>에 기록한다.

(5) 위의 방법과 동일한 방법으로 공압 자동문, 온도 제어용, 모터 제어용 응용모듈 실험을 한 후 아래 <표 8-4>에 기록한다.

〈표 8-4〉 제어용 응용모듈 실험

압력 kPa	조명 제어용 (응용모듈A)	공압 자동문 (응용모듈B)	온도 제어용 (응용모듈C)	모터 제어용 (응용모듈D)	비고
0					
10					
20					
30					
40					
50					
60					
70					
80					
90					
100					

제3절 가속도센서

1. 관련 지식

가. 가속도센서란

가속도센서는 검출 방식으로 관성식, 자이로이식, 실리콘 반도체식으로 나뉜다.

〈표 8-5〉 가속도센서의 측정 원리에 따른 분류

방 식	원 리
압전형	압전소자에 힘이 가해졌을 때 발생하는 전하를 검출하여 가속도를 구한다.
동전형	도체가 자계 속을 이동하면 그 속도에 비례하여 기전력이 발생한다. 이 기전력을 검출하여 가속도를 구한다.
써모형	진자(정전용량)의 변화를 전류를 검출하여 가속도를 구한다.
변형 게이지형	저항선 변형 게이지 다이어프램(스프링) 등에 저항선 변형 게이지를 붙여 가해진 힘과 저항의 변화에서 가속도를 구한다.
	반도체 변형 게이지 Si, Ge단결정의 피에조 저항 효과를 이용하여 가해진 힘과 저항의 변화에서 가속도를 구한다.

나. 가속도센서의 동작 원리

(1) 관성식

정지계를 기준으로 한 이른바 관성가속도를 측정하는 형식이며, 질량에 작용하는 가속도에 의한 반력, 즉 관성력을 이용한다.

1) 진자형 : 진자형은 마찰이 적은 피벗 베어링으로 진자를 지지한다. 가속도 a가 가해지면 진자는 반대 방향으로 변위하는데 이때의 변위를 측정하여 가속도를 구한다.

2) 진동형 : 질량 m 을 양측에서 현으로 지지하고 현의 진동수 f1, f2의 차를 검출한다. 가속도 a가 한 방향으로 가해지면 현의 장력에 차가 생겨 그 주파수 차이로 가속도를 구한다.

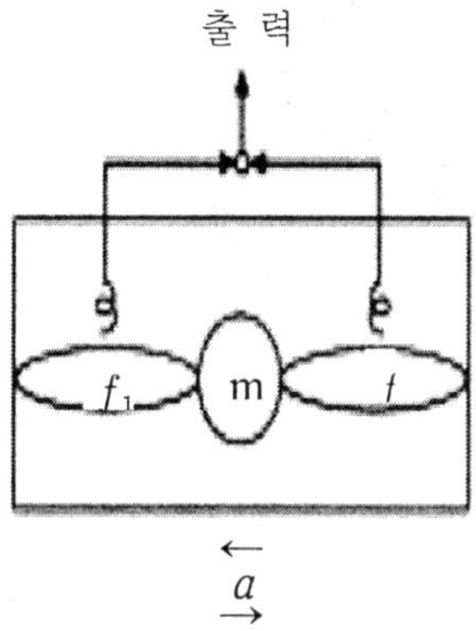

[그림 8-10] 진동형 가속도 센서

(2) 자이로식

관성계에 작용하는 각속도를 감지하는 것으로 중요한 요소는 코리올리의 힘이다.

$$F=mr(\omega+\Omega)^2=mr\omega^2+2mr\Omega+m\gamma\Omega^2$$

- $\gamma=r\omega$: 평판을 기준으로 한 m의 회전속도이다.
- $mr\omega^2$: 평판을 기준으로 한 좌표에서 측정한 경우의 원심력
- $2mr\Omega$: m의 회전 ω의 평판의 회전 Ω의 벡터 곱의 힘으로 γ와 Ω에 직각방향인 힘을 코리올리의 힘이라 한다. 즉 m에는 F가 작용한다. Ω이 작으면 힘도 작고, Ω이 크면 힘도 크므로 Ω을 검출한다.

1) 진동형 : 음의 진동에 의하여 Ω의 각속도가 가해지면 코리올리의 힘은 음의 진동수와 같은 진동수의 진동토크를 발생하고, 이 토크에 의한 진동을 검출하여 Ω을 측정한다. Ω=0인 경우 ω의 각진동수를 가진 불필요한 진동이 생길 수 있다.

2) 유체형 : 운동체로서의 가스를 쓴 것으로 [그림 8-12]와 같다. 가스 펌프로 일정방향의 가스류를 발생시켜 브리지의 2변의 저항체를 균등하게 냉각시킨다.

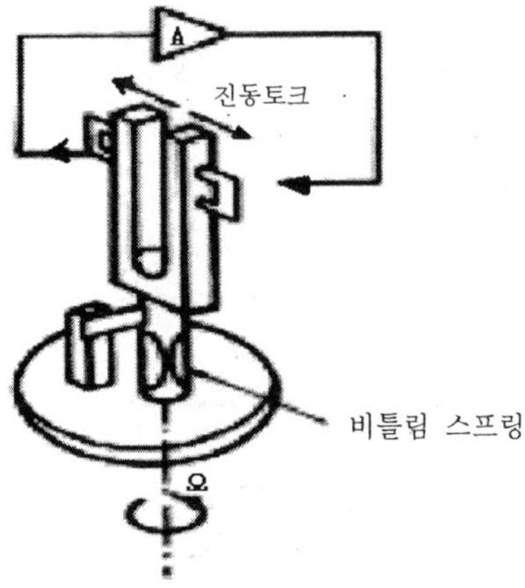

[그림 8-11] 진동형 자이로

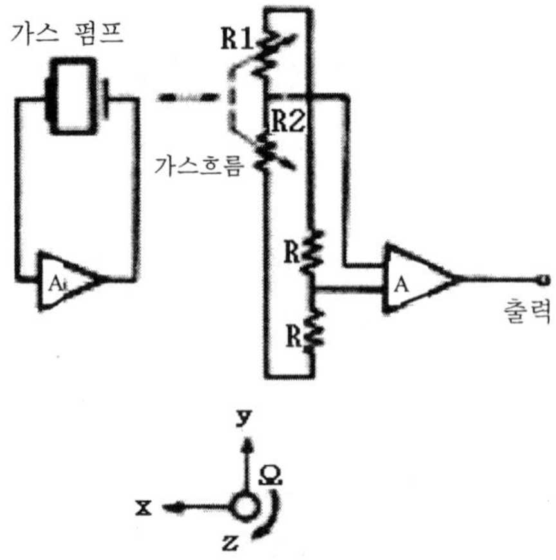

[그림 8-12] 유체형 자이로

여기서 자이로의 z축에 각속도 Ω가 가해지면 가스 분자가 코리올리의 힘을 받아 가스류가 y방향으로 흐르고, 두 저항값이 불평형하게 된다. 이에 의해서 생기는 불평형 전압이 Ω에 비례한다. 이 자이로의 구조는 간단하지만 정밀도가 좋지 않다. 이외에도 레이저 자이로형, 회전형 등이 있다.

(3) 반도체식

관성형의 단점을 보완하는 것으로 실리콘을 이용하여 주로 제조되고, 대표적인 반도체형은 압저항이나 압전효과를 이용하여 만든 가속도센서이다.

관성식에 비해 신뢰성이 높고, 형 · 경량으로 양산이 쉽다.

(1) 압저항형 Si 센서압저항 요소 Ra는 확산층으로 캔틸레버(cantilever)에 형성한다. Si 웨이퍼(wafer)는 이방성으로 되어 센서를 적게 하기 위해 유리판을 양면에 부착한다. 압저항은 큰 온도계수를 가지므로 확산저항 Rb가 온도보상을 하도록 한 실리콘 기판에 식각으로 제조되고, 유리판으로 양면을 부착하여 캡슐화한다. 온도 계수가 크기 때문에 이를 보상하기 위해 보상용의 확산 저항이 칩 위에 제작된다.

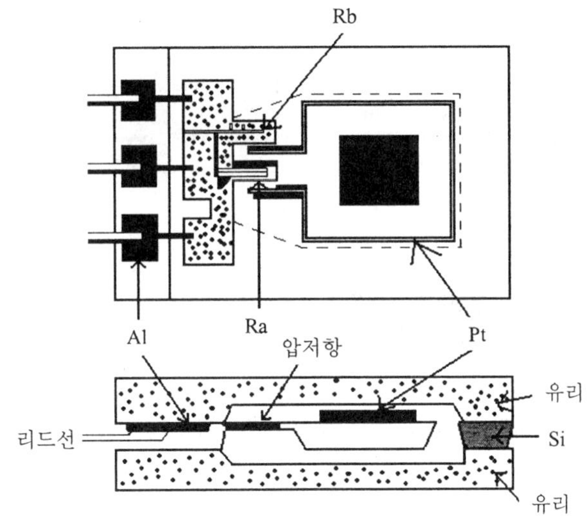

[그림 8-13] 압저항형 Si 가속도센서의 구조

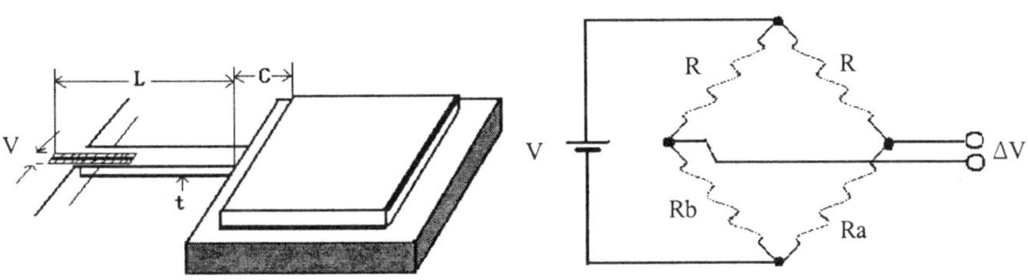

[그림 8-14] 압저항형 Si 가속도센서의 해석 모델

빔길이 L, 빔폭 W, 빔두께 t, 진동질량 m, 진동질량의 중심 C에 의하여 압저항 브리지 회로의 감도 S는 다음과 같다.

$$S = \frac{\Delta V}{V} = \frac{3}{4}\pi m \frac{C+L}{Wt^2}\alpha$$

π : 유효압 저항계수, a : 가속도

(2) 용량형 Si 센서는 질량의 변위가 움직이는 전극과 고정되어 있는 전극 사이의 용량변화로 측정한다.

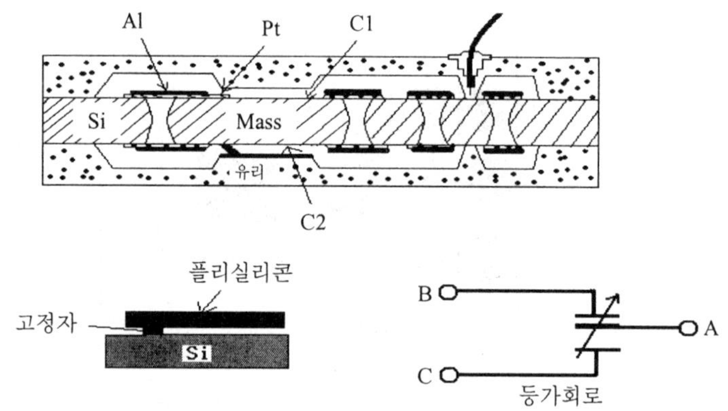

[그림 8-15] 용량형 Si 센서의 구조 및 등가회로

다. 실험에 사용되는 가속도센서의 특성

저주파의 진동 및 충격, 가속도를 검출하는데 유리한 압전식 센서이다.

〈표 8-6〉 실험에 사용되는 가속도센서의 특성

Item	범 위
직진성	3%
응답 주파수	100kHz 이하
측정 가속도	0~10Gauss
동작 온도	−20℃~80℃
출력 형태	전압
감 도	10mV/Gauss~150mV/Gauss(±10%)

(Gauss는 기호 G. 자기유도의 단위이다. 1Mx(맥스웰)의 자기력선속이 1cm^{2}의 넓이를 통과할 때의 자기력선속밀도와 같다.)

라. 응용 사례

Compact Disk Music Player, CD-ROM, 자동차와 비행기 등의 제어 시스템의 소자 등으로 사용되고 있다.

2. 실험 실습

가. 실험 목적

가속도의 변화에 따른 가속도센서의 특성을 이해하고 원리를 파악할 수 있다.

나. 실험 장비

〈표 8-7〉 실험 장비

장비명	수량	비 고
POWER SUPPLY	1	
DATA ACQUISITION 모듈	1	
SIGNAL CONDITIONER	1	
작업용 프로파일	1	
회로연결 케이블	1set	
AC220V 전원선	2	
DATA Cable	1	
ACCELERATION 센서 모듈	1	
조명 제어용	1	(응용모듈A)
공압 자동문 제어용	1	(응용모듈B)
온도 제어용	1	(응용모듈C)
모터 제어용	1	(응용모듈D)

다. ACCELERATION 센서 모듈의 실험 실습 배선도

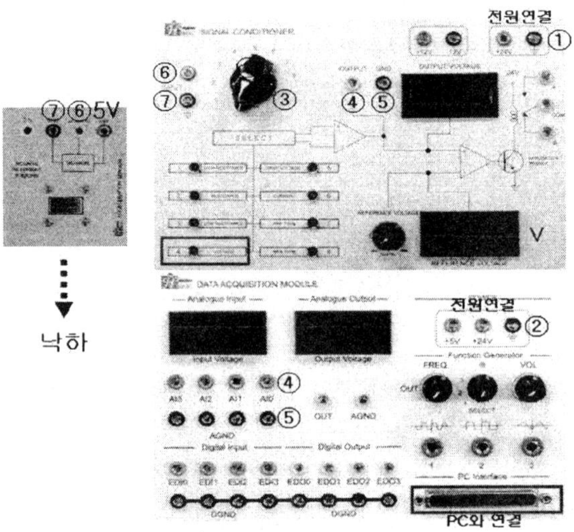

[그림 8-16] ACCELERATION 센서 모듈 실험 실습 배선도

라. 실험 방법

(1) 작업용 프로파일에 DATA ACQUISITION 모듈, SIGNAL CONDITIONER, POWER SUPPLY, ACCELERATION 센서 모듈을 배치한다.

(2) AC220V 전원선을 이용하여 POWER SUPPLY에 전원을 연결한다.

(3) DATA Cable을 이용하여 PC와 DATA ACQUISITION 모듈을 연결하고, DATA ACQUISITION 모듈의 전원을 켠 후 운용 프로그램을 실행시킨다.

(4) 'ACCELERATION 센서 모듈의 실험 실습 배선도'를 보고 회로연결 케이블을 이용하여 배선도에 맞게 각 모듈을 연결한다.

(5) POWER SUPPLY의 전원을 켜고 SIGNAL CONDITIONER의 Select 스위치를 VOLTAGE 기능에 설정한다.

(6) 운용 프로그램에서 센서실습 → 역학센서 → 가속도센서를 선택한 후 실험시작 버튼을 클릭한다.

(7) 가속도센서를 높이를 설정한 후 낙하시켜 센서의 출력값을 관찰하고, 파형저장 기능을 이용하여 파형을 저장한다.

(8) 7의 과정과 같이 높이를 단계적으로 한 단계씩 증가시켜가며 실험하고, 그 출력값을 <표 8-8>에 기록하여라.

〈표 8-8〉 가속도센서의 출력값

가속도센서 높이	가속도	출력 전압	비 고
cm	G	V	
cm	G	V	
cm	G	V	
cm	G	V	
cm	G	V	

3. 응용 실험의 실습 방법

가. 실험 목적

응용 실험의 실습을 통하여 가속도 센서의 응용 능력을 배양할 수 있다.

나. ACCELERATION 센서 모듈의 응용 실험 배선도

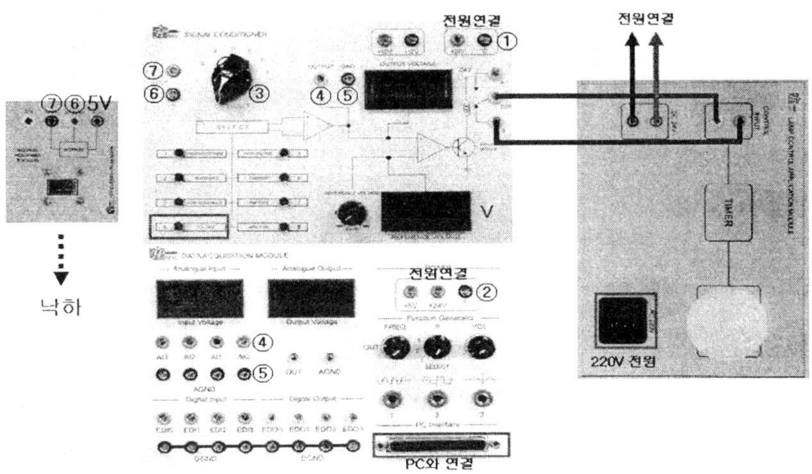

[그림 8-17] 조명 제어용 응용모듈 실습 배선도

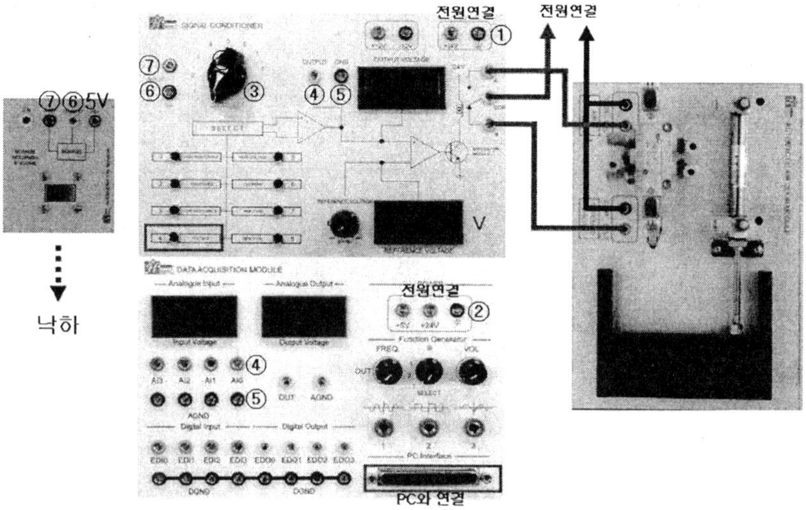

[그림 8-18] 공압 자동문 제어용 응용모듈 실습 배선도

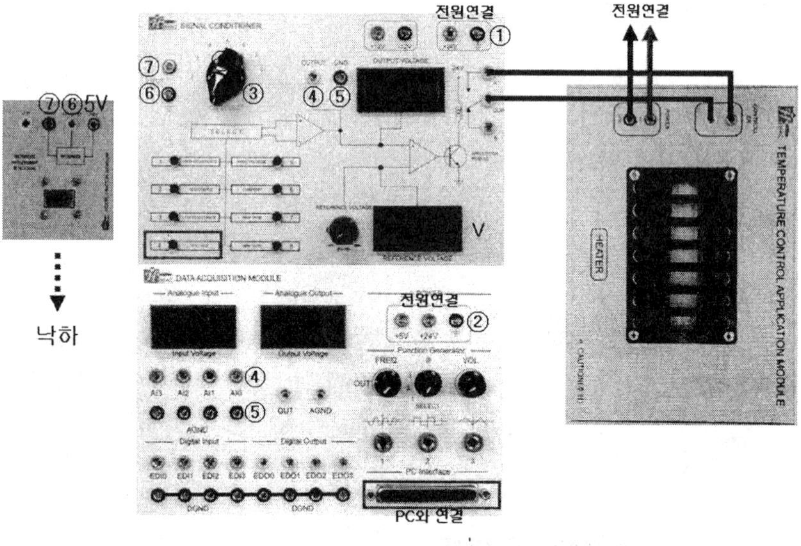

[그림 8-19] 온도 제어용 응용모듈 실습 배선도

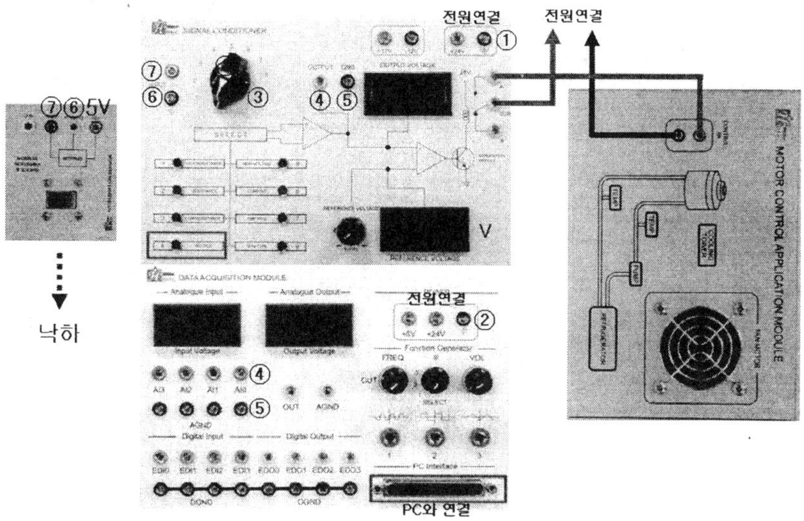

[그림 8-20] 모터 제어용 응용모듈 실습 배선도

다. 실험 방법

(1) [그림 8-17]의 조명 제어용 응용모듈 실습 배선도를 보고 회로연결 케이블을 이용하여 배선도에 맞게 연결한다.

(2) SIGNAL CONDITIONER의 Reference Voltage Volume 단자를 이용하여 Reference Voltage를 3V에 설정한다.

Reference Voltage는 출력 전압과 비교하여 응용모듈을 Turn On/Off하는 기준 전압이다. 따라서 Reference Voltage를 출력 전압 변화 범위(0V~5V)에서 설정 가능하다.

(3) <표 8-9>의 가속도센서의 높이를 높여가며 실험한 후 그 출력값을 <표 8-9>에 기록하여라.

(4) 위의 방법과 동일한 방법으로 공압 자동문, 온도 제어용, 모터 제어용 응용모듈 실험을 한 후 <표 8-9>에 기록한다.

〈표 8-9〉 응용모듈

가속도 센서 높이	조명 제어용 (응용모듈A)	공압 자동문 (응용모듈B)	온도 제어용 (응용모듈C)	모터 제어용 (응용모듈D)	비고
5cm					
10cm					
15cm					
20cm					
25cm					

제 9 장

회전하는 물체의 회전속도 측정

제1절 인코더

1. 인코더의 종류

인코더(encoder)는 기계적인 변화량을 전기적인 신호로 변환하여 회전각, 단위시간당 이동거리 등 위치와 속도에 대한 정보를 감지할 수 있도록 제작된 센서이다.

(a) 인크리멘탈식 (b) 앱솔루트식

[그림 9-1] 로터리 인코더

2. 인코더의 분류

가. 구조적 대상에 따른 분류

(1) linear encoder : 직선변위 측정
(2) rotary encoder : 회전변위 측정

나. 검출원리에 따른 분류

광전식과 자기식이 있다.

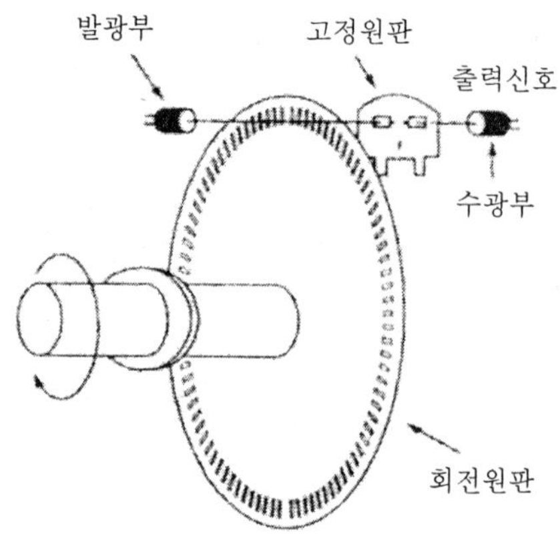

[그림 9-2] 인크리멘탈식 인코더

다. Code화 방식에 따른 분류

(1) 인크리멘탈식(incremental)

회전축의 회전량을 펄스의 수로 변환하여 출력하는 인코더로 비교적 회로가 간단하고 가격이 저렴하다는 장점이 있는 반면 회전에 따라서 서로 90° 위상차로 인한 노이즈가 누적되는 등의 단점이 있다.

한편 인코더에서 출력되는 펄스 신호에는 A상, B상, Z상의 3가지 펄스열이 있다. [그림 9-3]은 정회전(CW)으로 모터가 회전하는 경우에 각 상의 출력파형을 나타내는 것으로 B상 펄스가 A상 펄스보다 위상이 90° 앞서고 있음을 알 수 있다. 또한 Z상 펄스는 모터의 원점 신호로서 B상 펄스의 상승 에지(rising edge)에 동기되어 발생하고 있다.

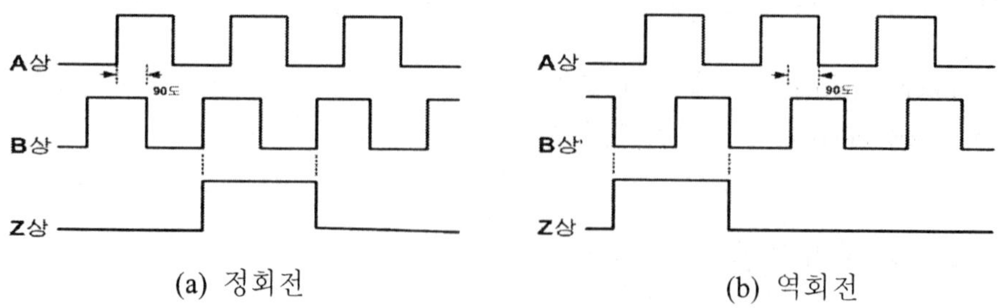

[그림 9-3] 인코더의 출력 펄스 파형

1) 속도검출의 원리

서보시스템에서 서보 모터가 회전하게 되면 동일한 회전축에 연결된 인코더에서 펄스가 출력된다. 이러한 출력 펄스는 회전 속도에 따라 펄스폭이 변하게 되며 [그림 9-4]와 같이 회전속도가 빠를수록 단위시간에 발생하는 펄스수가 많아짐을 알 수 있다. 따라서 이러한 단위시간당 나타나는 펄스수와 시간과의 관계를 이용하여 회전속도를 계산하게 되는데 인코더에서 발생하는 펄스로부터 회전속도를 검출하는 방식에는 다음과 같다.

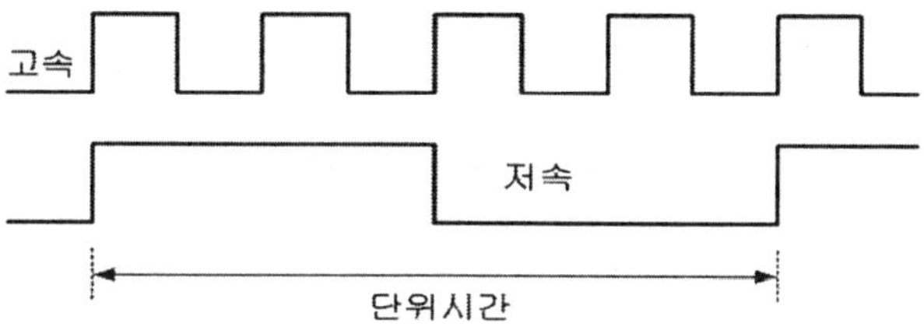

[그림 9-4] 출력 펄스 파형의 속도에 따른 변화

① 주파수-전압(frequency-voltage, F-V) 변환 방식 : 주파수-전압 변환 방식은 인코더에서 출력되는 펄스의 주파수가 F-V 변환기를 통해서 아날로그 신호인 전압 신호로 바꾸는 방식이다. 따라서 회전속도에 비례한 크기를 나타내는 전압 신호가 최종적으로 출력된다. 디지털 신호인 펄스 신호가 주파수-전압 변환기에 입력되고, 펄스 신호인 주파수에 비례한 전압신호(아날로그 신호)가 F-V 변환기를 통해서 출력된다. 고속의 경우 펄스 주파수가 높기 때문에 높은 전압 레벨을 나타내고 있으며, 저속의 경우 펄스 주파수가 낮기 때문에 낮은 전압 레벨을 나타낸다.

② 펄스 카운트 방식 : 인코더에서 단위시간당 발생하는 펄스수를 계수하여 이를 회전속도(rpm)로 환산하는 방식이다.

즉, 디지털 카운트 회로에서는 일정한 시간 간격(단위시간)으로 입력되는 펄스수를 계산하는 것이다. 그리고 계산된 펄스수를 단위시간으로 나누므로 회전속도를 구할 수 있게 된다. 이를 식으로 표현하면 다음과 같다.

$$\frac{\text{카운트된 펄스수/단위시간}}{\text{1회전당 인코더 출력 펄스수}} = \text{회전속도(rpm)}$$

③ 주기 측정 방식 : 디지털 타이머 회로를 이용하여 인코더에서 발생하는 출력 펄스의 한 주기를 측정하고, 이를 속도 신호로 환산하는 방법으로 이러한 방식은 특히 저속 영역에서 보다 정확한 속도 측정이 이루어진다. 디지털 타이머 회로에 의해서 측정된 펄스 신호의 주기 T는 다음과 같은 수식을 통해서 속도 신호로 변환된다.

$$\frac{(1/T) \times 60}{\text{1회전당 인코더 출력 펄스수}} = \text{회전속도(rpm)}$$

2) 위치검출의 원리

인크리멘탈 인코더의 A상과 B상에서 1회전당 2,048개의 펄스가 출력되고, Z상에서는 1회전당 1개의 펄스가 출력된다고 가정하면 인코더의 A상이나 B상에서 출력되는 펄스의 분해능은 0.176도(360 ÷ 2,048펄스 = 0.176도)가 된다. 즉 인코더에서 출력되는 펄스 1개당 모터의 회전자가 0.176도 만큼 회전함을 의미한다. 그러므로 인코더에서 출력되는 펄스를 카운트함으로써 회전자의 위치에 대한 정보를 얻을 수 있다.

(2) 앱솔루트(absolute)식

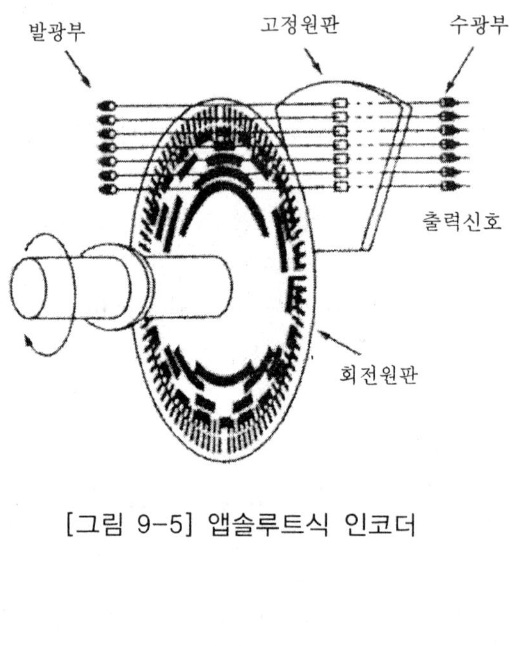

[그림 9-5] 앱솔루트식 인코더

회전축의 각도를 디지털 신호로 변환하여 출력하는 인코더로 회전축의 기준을 0° 지점으로 하여 360°를 일정한 비율로 분할하고, 그 분할된 각도마다 인식 가능한 디지털 코드를 지정하여 회전 각도에 따라 디지털 코드를 출력하도록 한 센서이다. 따라서 회전축의 회전 각도에 따라 나타나는 출력값은 어떠한 전기적 요소에 의해서도 변화하지 않으므로 정전에 의한 원점 보상이 필요 없을 뿐만 아니라 전기적인 노이즈에도 강한 특성이 있다.

제2절 실험 실습

1. 실험 방법

가. 작업 준비

(1) 직류 전동기 속도제어 장치를 준비한다.
(2) 전동기와 인코더를 고정시켜 줄 견고한 베이스를 준비한다.
(3) 전동기와 인코더의 연결을 확실하게 하기 위한 커플링의 치수를 꼭 확인한다.
(4) 출력 파형에 맞는 드라이브를 선택하도록 한다.

나. 회로 구성 및 조립

(1) 전동기와 인코더를 베이스에 고정할 부분에 구멍을 내고 견고하게 고정한다.
(2) 로터리 인코더와 직류전동기의 연결은 커플링을 사용한다.
(3) 회전부의 진동을 최소한으로 유지하도록 한다.
(4) 커플링을 사용할 경우 연결부의 직경을 확인하여 적정 규격을 사용한다.
(5) 손으로 전동기를 돌려 커플링의 수평·수직 상태를 확인한다.

다. 동작 시험

(1) 인코더에 직류 전압을 인가한 다음 인코더를 천천히 돌리면서 출력 파형이 발생하는가를 확인한다.
(2) 인코더를 정회전 및 역회전하면서 파형의 발생 유무를 확인한다.
(3) 전동기의 회전에 따라 인코더의 출력 펄스가 위상차를 가지고 출력되는지를 확인한다.
(4) 카운터 회로와 연결을 통해 회전수도 측정한다.

라. 측정 및 조정

(1) 직류 전동기에 전원이 인가되지 않은 상태에서 인코더의 출력 파형을 오실스코프로 측정한다.
(2) 가변저항을 이용하여 속도 가감에 따른 펄스 파형의 변화를 오실로스코프를 이용하여 측정한다.
(3) 펄스의 변화에 따른 인코더의 출력을 회전 속도(rpm)로 환산한다.
(4) 인코더의 출력을 통한 회전수와 휴대용 회전 속도 측정기와 결과를 비교해 본다.

마. 정리 정돈

제 10 장

VISION 실습

제1절 개 요

1. 머신비전

비전이란 눈으로 보여지는 능력을 말하는 것으로 화면으로 보여지는 모든 것이라고 할 수 있다. 이 비전(vision)의 앞에 머신(machine) 이라는 말을 붙여서 머신비전(machine vision)이라는 용어를 산업현장에서는 사용하는데 이는 PC를 이용한 비전 시스템으로서 다양한 검사항목, 복잡한 검사영역의 선택, 다양한 조작 메뉴와 MMI(Man Machine Interface)의 구성, 제어시스템 구축, 다량의 검사결과 저장 및 display 등의 복합적인 기능이 내장된 비전시스템을 지칭한다. 이 비전시스템은 생산 라인에 직접 설치하거나 단독형으로 JIG 등에 제품을 공급하여 검사하는 경우 등 다양한 방법의 시스템 구성이 가능하며 computer vision smart vision, 또는 robot vision이라고도 한다.

비전의 핵심은 카메라의 성능과 포착된 화상을 통하여 사용자가 원하는 정보를 얼마나 정확하게 판단하여 제공하여 주는가에 있다.

머신비전을 도입하게 되면 제품 검사의 일관성을 확보하고, 고속 생산 중에서 생산되는 제품을 in-line상에서 정확하게 검사를 할 수 있게 된다. 이는 머신비전을 이용할 수 있는 단순한 예에 불과하며 그밖에 항공산업, 자동차 시험 테스트, 의료장비, 반도체 wafer 검사, 바이오(bio) 등 눈으로 관찰할 수 있는 모든 분야에 다양하게 적용이 가능한 분야라 할 수 있다.

[그림 10-1] 머신비전 시스템

2. 머신비전 시스템 구성도

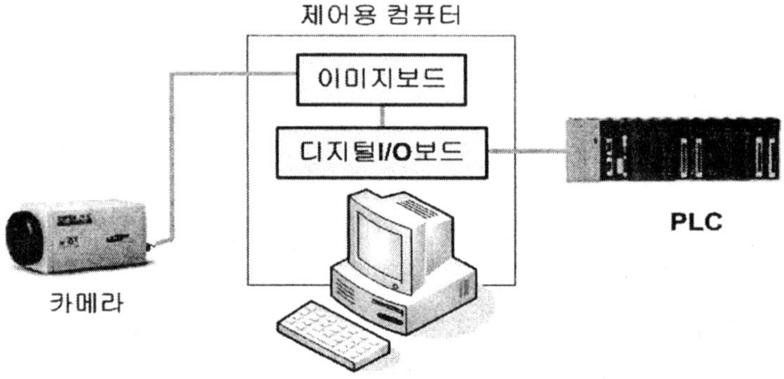

[그림 10-2] 머신비전 시스템 구성도

제2절 머신비전 사용법

1. ED 머신비전 프로그램 사용법

가. ED 머신비전 프로그램 메인 화면

사용자 확인 작업이 끝나면 다음과 같은 메인 화면이 나타난다. 메인 화면은 [메인 메뉴], [실시간 영상], [입출력 신호 상태], [정지 영상], [감시 정보], [장비 설정] 화면 등으로 구성되어 있으며, 원하는 메뉴를 선택하기 위해서는 좌측의 [메인 메뉴]에서 원하는 메뉴를 선택한다.

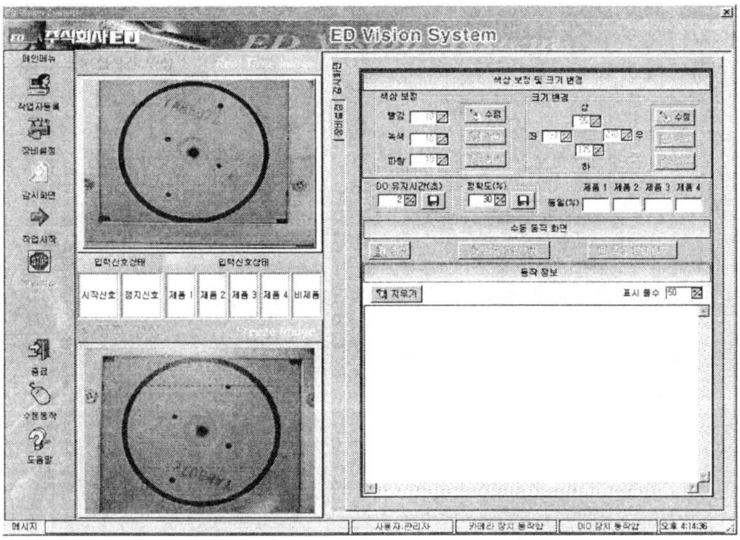

[그림 10-3] 비전 시스템 메인 화면

나. 사용자 관리 화면

[사용자 등록] 메뉴를 선택하면 다음과 같은 사용자 등록 화면이 나타난다. 새로운 사용자를 등록하거나 이미 등록되어 있는 사용자의 ID를 변경하거나 삭제할 때 사용하는 사용자 번호를 변경하고자 할 때는 [수정]이나 [삭제] 버튼을 선택하여 변경한다.

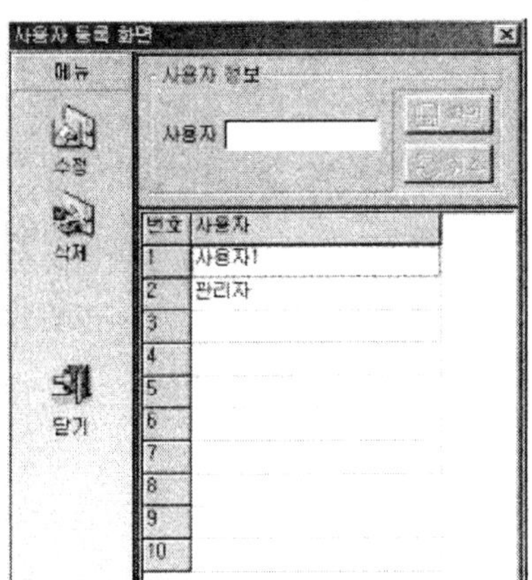

[그림 10-4] 비전 시스템의 사용자 관리 화면

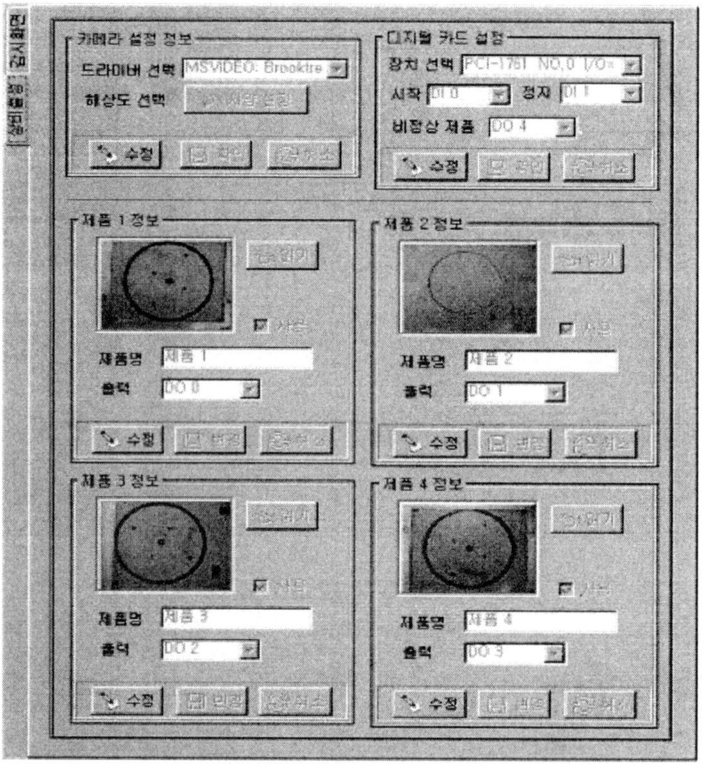

[그림 10-5] 비전 시스템의 장비설정 화면

새로운 사용자를 추가하고자 한다면 비어 있는 번호를 선택한 후 [수정] 버튼을 선택하여 추가한 후 [확인] 버튼을 선택한다.

① [수정] 사용자의 ID를 수정하거나 추가할 때 사용한다.
② [삭제] 사용자의 ID를 삭제할 때 사용한다.
③ [확인] 입력된 내용을 저장할 때 사용한다.
④ [취소] 입력된 내용을 취소할 때 사용한다.

다. 장비설정 화면

[장비설정] 메뉴를 선택하면 다음과 같은 장비설정 화면이 나타난다. 카메라 드라이버 설정, 디지털 카드 드라이버 설정, 제품에 대한 이미지 정보 등을 변경할 때 사용한다.

(1) 카메라 설정 정보

① [드라이버 선택] 카메라의 드라이버를 변경할 때 사용한다.
② [해상도 선택] 카메라의 해상도를 변경할 때 사용한다.
기본값은 320×240 해상도를 사용한다.
③ [수정] 카메라 설정 정보를 수정할 때 사용한다.
④ [확인] 변경된 내용을 저장할 때 사용한다.
⑤ [취소] 변경한 내용을 취소할 때 사용한다.

(2) 디지털 카드 설정 정보

① [장치 선택] 디지털 카드 장치를 변경할 때 사용한다.
② [시작] 시작 신호로 사용할 DI 채널 번호를 선택한다.
③ [정지] 정지 신호로 사용할 DI 채널 번호를 선택한다.
④ [비정상 제품] 동일한 제품이 없을 경우 출력할 DO 채널을 선택한다.
⑤ [수정] 디지털 카드 설정 정보를 수정할 때 사용한다.
⑥ [확인] 변경된 내용을 저장할 때 사용한다.
⑦ [취소] 변경한 내용을 취소할 때 사용한다.

(3) 제품 정보

① [읽기] 각 제품의 기본 이미지를 읽어온다. 기본 이미지는 제품 판별 작업에서 기준 정보가 되므로 정확한 이미지를 읽어야 한다.
② [제품명] 제품에 대한 정보를 입력한다.
③ [출력] 제품 판별 작업에서 사용할 DO 출력 채널 번호를 선택한다.
④ [수정] 제품 설정 정보를 수정할 때 사용한다.
⑤ [확인] 변경된 내용을 저장할 때 사용한다.
⑥ [취소] 변경한 내용을 취소할 때 사용한다.

라. 감시 화면

[그림 10-6]은 색상 보정, 제품 비교 범위, DO 유지시간, 정확도 변경 등의 항목을 가지며 실제 작업 진행시 사용되는 화면을 나타낸다.

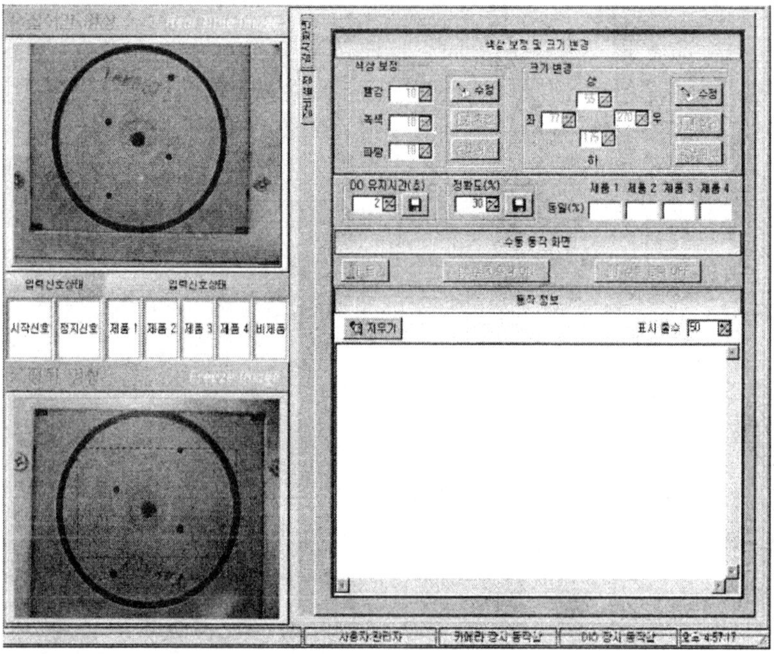

[그림 10-6] 비전 시스템의 감시 화면

(1) 색상 보정

제품 판별 작업시 빛이나 작업 환경의 변화에 의한 색상 오차를 줄이기 위한 기능으로 빨강, 녹색, 파랑 색상의 값을 변경하여 판별 작업의 유연성을 높일 수 있다.

① [수정] 색상 보정 정보를 수정할 때 사용한다.
② [확인] 변경된 내용을 저장할 때 사용한다.
③ [취소] 변경한 내용을 취소할 때 사용한다.

(2) 크기 변경

제품 판별 작업 비교 범위를 조절하기 위한 기능이다. 좌, 우, 상, 하 값을 변경하여 비교 범위를 조절할 수 있으며 정지 영상의 빨간 사각형을 마우스로 이동하여 쉽게 변경할 수 있다.

① [수정] 비교 범위를 수정할 때 사용한다.
② [확인] 변경된 내용을 저장할 때 사용한다.
③ [취소] 변경한 내용을 취소할 때 사용한다.

(3) DO 유지시간

제품 판별 작업이 끝나면 해당 제품의 DO 출력 채널에 ON 신호가 출력된다. DO 유지시간 동안 ON 상태가 유지되었다가 OFF 상태로 자동으로 변경된다. 작업 여건에 맞추어 DO 유지시간을 변경하여 사용하면 된다.

확인 변경된 DO 유지시간 값을 저장한다. 만약 값을 변경하고 [확인] 버튼을 누르지 않으면 프로그램에 적용되지 않는다.

(4) 정확도

제품 판별 작업에서 각 제품별로 일치되는 퍼센트를 기준으로 정확도 미만일 경우 동일한 제품이 없는 것으로 간주되어 비제품에 DO 신호가 출력한다. 빛이나 주위 환경의 변화가 생길 경우 정확도 값을 변경하여 판별 작업을 효율적으로 관리할 수 있다.

[확인] 변경된 정확도 값을 저장한다. 만약 값을 변경하고 [확인] 버튼을 누르지 않으면 프로그램에 적용되지 않는다.

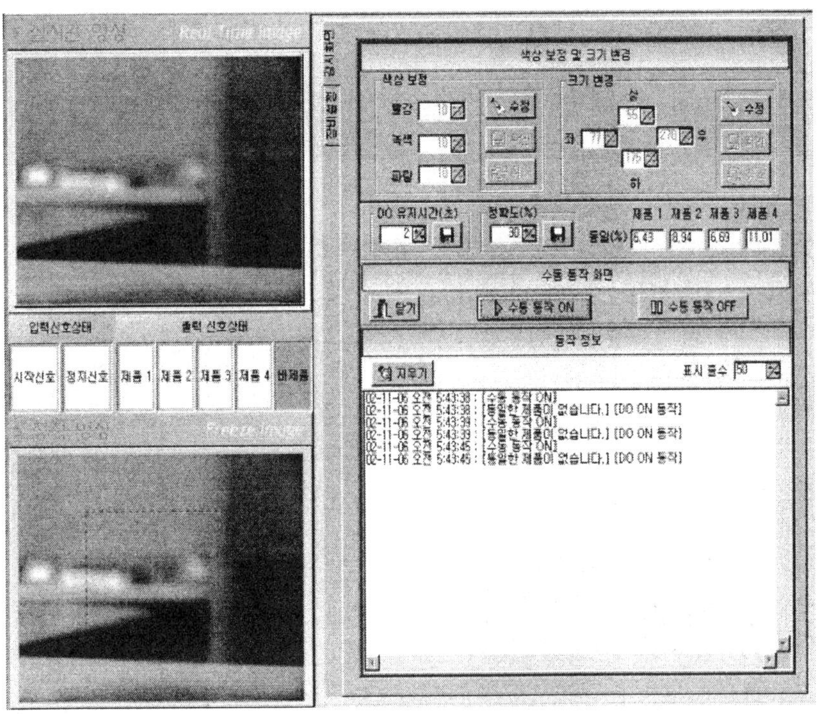

[그림 10-7] 비전 시스템의 작업 시작 화면

마. 작업 시작

[작업 시작] 메뉴를 선택하면 장비설정 화면의 [시작] 항목에 연결된 채널 값이 ON되었을 때 제품을 검사하게 된다. 제품 검사가 끝나면 동일한 제품의 DO 출력 채널로 ON 신호를 출력하게 된다.

출력된 DO ON 신호는 DO 유지시간동안 ON 상태가 유지된 후 OFF된다. 제품의 검사 결과는 백분율로 계산되어 화면에 표시된다.

입출력 신호상태 창에 DI, DO 동작 상태가 표시되며 동작 정보에는 작업 진행 과정이 표시된다. 사용자는 경우에 따라 색상 보정, 크기 변경, 정확도 등의 기능을 이용하여 검사 기준을 변경할 수 있다.

바. 작업 멈춤

제품 검사 작업을 멈출 때 사용한다. [작업 시작] 메뉴를 선택하면 [작업 시작] 메뉴가 비활성화되고 [작업 멈춤] 메뉴가 활성화되는데 [작업 멈춤] 메뉴를 선택하면 [작업 시작] 메뉴가 다시 활성화된다.

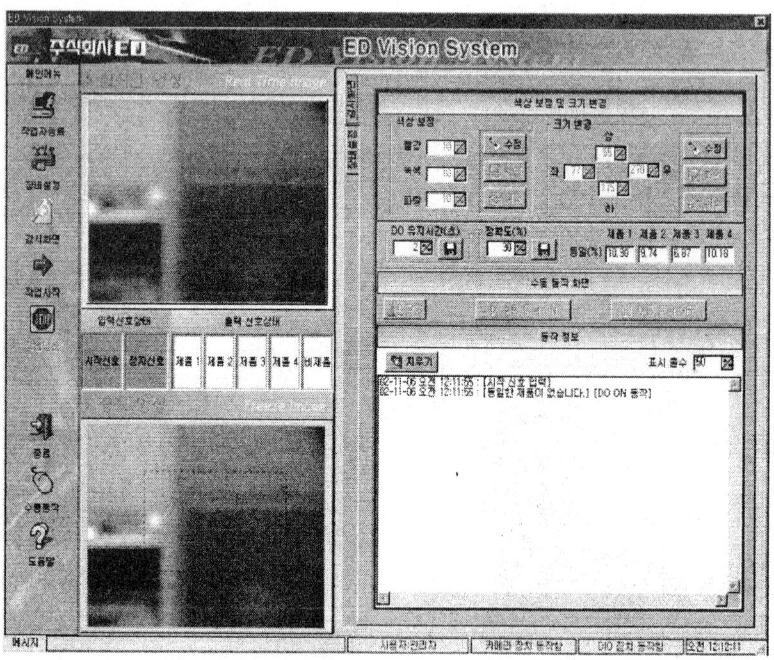

[그림 10-8] 비전 시스템의 작업 멈춤 화면

사. 수동 동작

[수동 동작] 메뉴는 사용자가 수동으로 동작을 진행하기 위한 기능이다. [수동 동작] 메뉴가 선택되면 제품 검사 동작을 멈추고 수동 동작 화면이 활성화되어 다음과 같은 메뉴를 사용할 수 있다.

① [수동 동작 ON] 메뉴를 선택하면 수동으로 제품 검사 기능이 수행된다.
② [수동 동작 OFF] 메뉴를 선택하면 출력된 DO 신호가 OFF된다.
③ 수동 동작이 선택되면 메인 메뉴의 모든 메뉴가 비활성화되어 선택할 수 없게 된다.
④ [닫기] 메뉴를 선택하면 수동 동작이 종료되고 메인 메뉴의 모든 메뉴가 활성화된다.

[그림 10-9] 비전 시스템의 수동 동작 화면

아. 종 료

프로그램을 종료할 때 사용한다. [종료] 메뉴를 선택하면 종료 확인창이 나타난다.

① [확인] 버튼을 선택하면 프로그램이 종료된다.
② [취소] 버튼을 선택하면 다시 프로그램으로 복귀한다.

[그림 10-10] 비전 시스템의 종료 화면

제 11 장

공 · 유압 회로설계 및 구성

제1절 개 요

1. 에너지 전환의 비교

우리가 사용하고 있는 여러 가지의 기기는 기구적인 구성을 기본으로 하여 동작 중에도 균형을 유지할 수 있도록 하고 여기에 작동 에너지, 즉 전기, 공압, 유압, 수압 등을 기계적 에너지로 변환시켜 필요한 일의 이득을 얻고 있다. 여기에서는 이와 같은 각 에너지의 변환을 살펴보고 특히 자동화 장치에서 신속한 동작의 장점으로 가장 많이 이용되고 있는 공기압 에너지의 기초지식을 살펴보기로 한다.

가. 전기 및 공 · 유압에너지

〈표 11-1〉 전기 및 공 · 유압 에너지 비교

전달방식 / 항 목	유 압	공 압	전 기	기 계
에너지 축적	어큐뮬레이터로 저장	공기 탱크에 의한 저장으로 간단	직류만 콘덴서로 저장	스프링, 추 등 소규모
동력원의 집중	곤란	용이	용이	다소 곤란
동력원의 발생	다소 곤란	다소 용이	용이	곤란
인화 · 폭발	작동유가 인화성이 있음	압축성에 의한 폭발을 제외하고는 염려 없음	누전에 의한 가스 등에 인화성	영향 없음
외부 누설	오염, 인화	영향 없음	감전, 인화	관계 없음
과부하 안전대책	릴리프 밸브	압력 조절 밸브	복잡	복잡
출력유지	다소 곤란	용이	곤란	곤란
작동속도	1m/sec 정도(중)	10m/sec도 가능(대)	가장 빠르다	소
보수 관리	다소 곤란	용이	다소 곤란	용이
에너지변환효율	다소 좋다	다소 나쁘다	좋다	다소 좋다
출 력	대(1ton 이상도 가능)	중(1ton 정도)	중	소
속도제어	우수하다	다소 나쁘다	우수하다	나쁘다
중간정지	용이	곤란	용이	다소 곤란
응답성	좋다	나쁘다	매우 좋음	좋다
부하특성	조금 있다	변동이 크다	거의 없음	거의 없음
소 음	다소 크다	크다	적다	적다

공압 및 유압, 전기에너지는 에너지의 축적, 동력원의 집중, 작동속도, 변환효율에 관한 장점과 단점을 정리하면 <표 11-1>과 같다.

따라서 우리가 자동화 장치를 구성할 경우 각 에너지 전달매체를 상호 전환하여 응용함으로써 동작기계의 효율과 목적에 알맞은 기계장치를 구성할 수 있다.

나. 공기의 압력

(1) 공기압력

에너지의 이동은 비교되는 대상과 힘의 크기가 차이가 있어야 이를 이동시킬 수 있으며 이를 단위면적당으로 표현한 것을 압력이라고 할 수 있으며, 즉 이는 단위면적당 작용하는 물질의 질량, 또는 무게로 표현할 수 있으며, 지구의 공기는 산소 및 질소와 기타 여러 가지 물질의 혼합체이므로 질량을 가지며 지구의 표면에 작용하는 힘을 대기압이라 한다.

표준 대기압은 토리첼리 실험에서처럼 수은을 760mm까지 올릴 수 있는 힘이며 이와 같은 압력은 파스칼의 원리에 의하여 각 단위면적에 동일한 크기의 힘으로 작용하며 따라서 이 압력은 작용하는 면적에 따라 아픔이 다르게 느껴지는 것은 바로 이와 같은 까닭이다.

[그림 11-1] 압력의 표현

(2) 압력의 표현

$$P = \text{압력}(kgf/cm^2) = \frac{W(\text{전체의 무게}(kgf))}{A(\text{밑면적}(cm^2))}$$

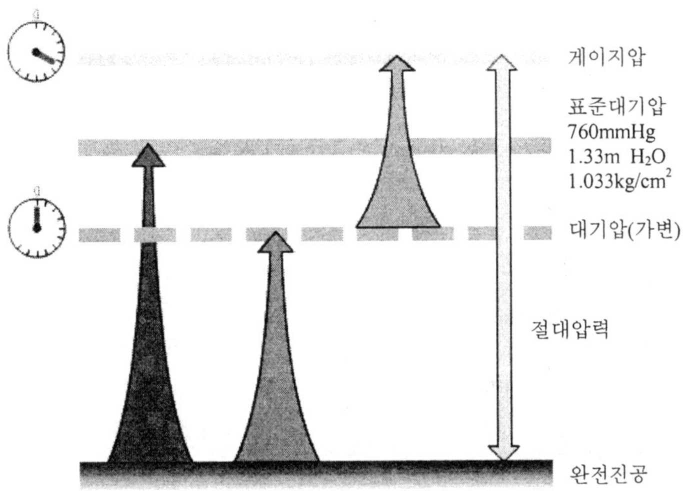

[그림 11-2] 절대압력과 계이지 압력

게이지 압력은 대기압을 0으로 기준하고 측정한 값을 나타낸다. 그러므로 대기압은 경우에 따라서 양(+)의 값을 가질 수도 있고, 음(−)의 값을 가질 수도 있으며, 이때 음의 값은 진공압력으로 표현되며 진공장치의 흡인력이 될 수 있다. 따라서 절대압력은 대기압 + 압력계의 지시압력(게이지 압력)으로 표현된다.

1Kgf/㎠	단위 면적 1㎠당 1Kgf의 힘이 작용하는 것(공학단위라고 함)
1bar	10 N/ ㎠ (1N = 1kg/ ㎠임)
1기압	평균 해수 표면의 표준 대기압으로 10.13 N/ ㎠
1torr	수은주의 높이 1mmHg로 진공압력을 표시할 때 사용
1Pascal	1N/ ㎡ (SI단위)

[그림 11-3] 압력의 단위

(3) 파스칼의 원리

에너지 변환 유체 내에 작용하는 압력은 모든 작용면에 수직으로 작용하며 그 크기는 동일하다는 원리이다.

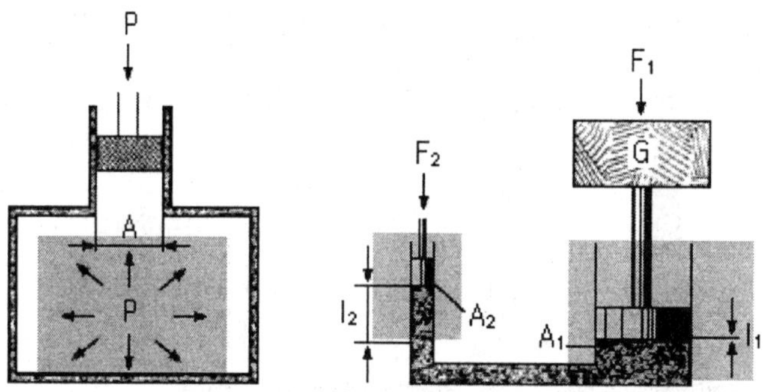

[그림 11-4] 파스칼의 원리

다. 공압 장치의 장·단점

(1) 공압 장치의 장점

공압 장치의 장점으로는 무한한 에너지원을 확보할 수 있으며 무단으로 변속이 가능하며 이에 대한 출력 조정이 간단하다. 이는 압력과 유량을 제어하므로 출력과 속도를 조절하는 방법이며, 공기는 압축성 유체이므로 충격적인 과부하가 가해져도 기기 내의 공기가 압축되어 압력이 커질 뿐이고 충격력은 흡수되지만 기기가 압력을 견딜 수 있도록 설계되어야 할 것이다.

또한 점성이 작으므로 배관 도중에 압력강하가 적고 유속도 높으므로 고속 작동이 가능하며, 탱크를 이용하여 압력공기를 축적하여 정전시에도 축적된 에너지를 이용하여 일을 할 수 있으며, 또한 유압에너지에 비하여 환경오염에 영향을 주지 않는 장점이 있다.

(2) 공압 장치의 단점

공기는 압축 및 팽창하는 성질이 있으므로 속도가 고르지 못하고, 정밀한 조절을 하기 어려우며 압축공기가 대기중으로 배기될 때 큰 소리를 내므로 쾌적한 작업환경을 유지하기가 어렵다.

라. 공압 장치의 구성

(1) 공기압축기

공기압축기란 대기 중의 공기를 일정한 체적에 날개바퀴 또는 회전자의 회전운동 또는 피스톤의 왕복운동에 의해 기체를 압송해 그 압력비가 2이상 또는 토출 공기압력이 1kgf/cm^2 이상인 기계를 말한다.

압축기의 종류는 용적형과 터보형으로 분류되는데 용적형은 실린더처럼 밀폐된 실내의 공기를 압축해서 압력으로 변환하는 것으로서 압축실의 용적변화를 왕복운동에 의해 얻는 왕복형과 회전자의 회전운동에 의해 용적변화를 얻는 회전식으로 분류되며 회전식은 루트블로어, 미끄럼날개방식, 나사식으로 나눌 수 있다.

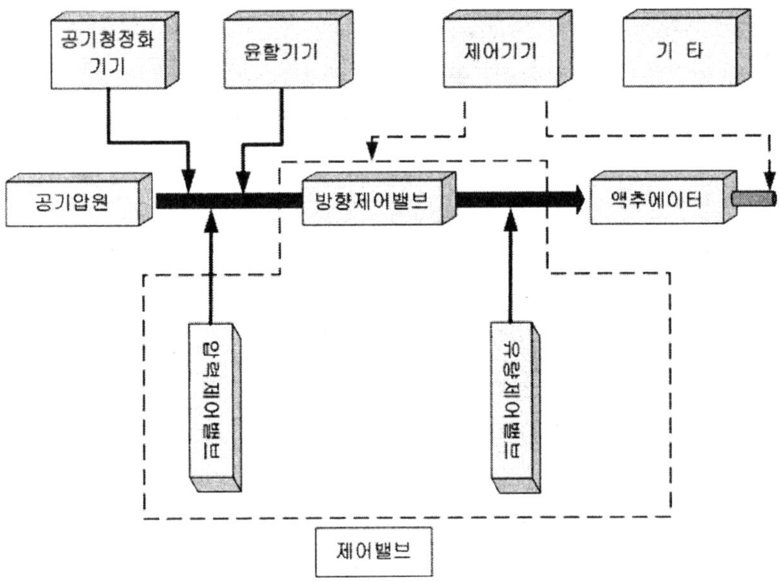

[그림 11-5] 공기압 시스템의 기본 구성

또한 공기의 질량유동의 원리에 의한 방법으로 터보형은 날개의 회전운동에 따라서 공기에 에너지를 주고 이것을 압력으로 변환하는 것으로서 공기의 흐름이 날개의 회전축과 평행인 축류식과 회전축에 대해 직각방향의 방사상으로 흐르는 원심식으로 분류된다.

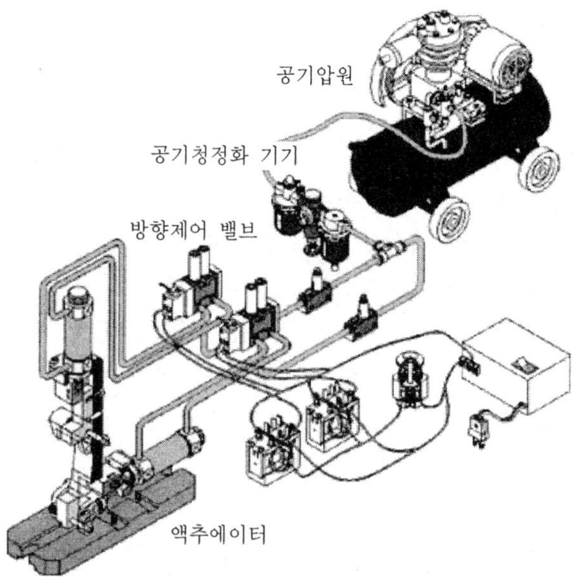

[그림 11-6] 공기압 장치의 구성도

(2) 공기청정화기기

압축공기를 식료품, 의약품 등에 청정하게 사용하기 위하여 흡입되기 전에 필터를 통하여 대기 중의 오염물질을 우선 제거하고 그러나 압축기에서 기름이나 기름의 탄화물 등이 공기 중에 섞이게 되는데 이를 제거하기 위하여 수분제거기, 유분제거기, 냄새제거기 등을 사용하여 청정공기를 만들어 사용한다.

압축된 공기의 후부 냉각기로 공랭식과 수냉식이 있는데, 공랭식은 알루미늄 등의 판을 방열판으로 한 냉각판을 여러 장 모아 내측의 높은 온도가 전달되어 판의 외측의 냉각팬으로부터 공급되는 냉각풍으로 강제 냉각시키는 방법이며, 수냉식은 압축된 공기가 동파이프에 냉각수가 흐르게 하고 그 관주위에서 고온의 공기가 열교환이 이루어지도록 하는 방법이다.

윤활기는 공기압 장치의 습동부에 충분한 윤활유를 공급하여 움직이는 부분의 마찰력을 감소시켜 마모를 적게 하고, 장치의 부식을 방지하기 위하여 벤추리 원리에 의한 미세한 윤활유를 분무상태로 공기흐름에 혼합하여 보내 윤활작용을 하는 기기를 말하며, 사용하는 윤활유로는 윤활성이 좋고, 마모 발열, 소부가 방지되어 열화의 정도가 작은 것이 필요하고 일반적으로 터빈유 1종과 2종이 대부분이다.

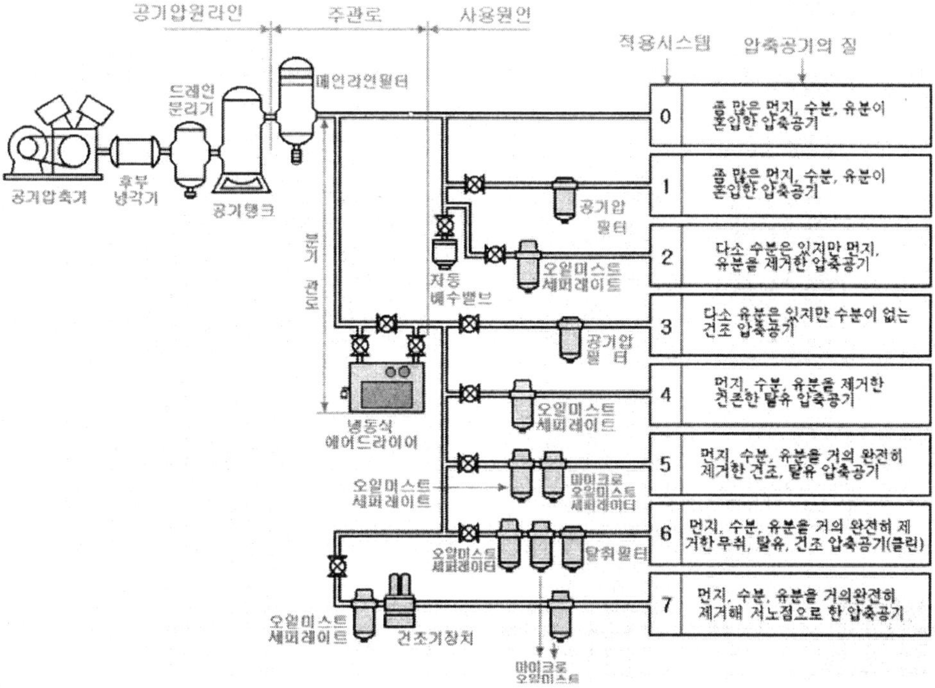

[그림 11-7] 공기청정화 장치 계통도

(3) 압력제어밸브

1) 감압밸브(레귤레이터) : 공기압원에서 보내진 압축공기를 감압해서 2차측 공기압력을 공압기기에 맞도록 압력을 설정, 조정하면 1차측 공기압력이 변화하거나 2차측 공기압력의 변동을 최저로 억제하여 안정된 압력을 공급함으로서 기기를 보호하기 위하여 사용된다.
2) 루브리케이터 : 윤활유를 분무상태로 하여 압축공기의 흐름에 자동적으로 흐르게 하여 공압 작동부분에 급유하고 내부에 빈번히 작동하는 섭동부분을 오랜 시간에 걸쳐 안정한 성능을 발휘하기 위하여 벤추리 원리에 의하여 윤활유가 공급되도록 한다.

2. 직선운동기구 제어하기

	공기압원		배기구
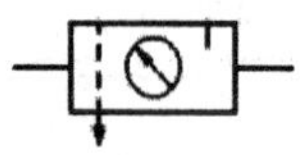	공기압 조정유닛	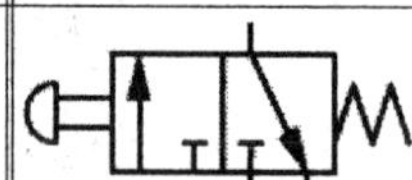	3/2 way 수동제어밸브
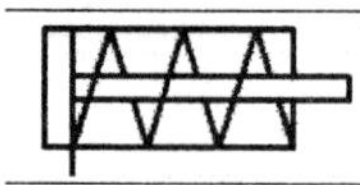	단동 실린더	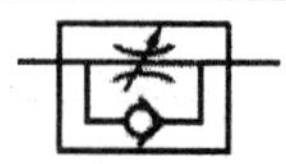	속도제어밸브

[그림 11-8] 구성 부품의 기호

제2절 조건표시 방법 및 실험 실습

1. 운동조건과 스위칭 조건의 표시 방법

가. 서술적 표현

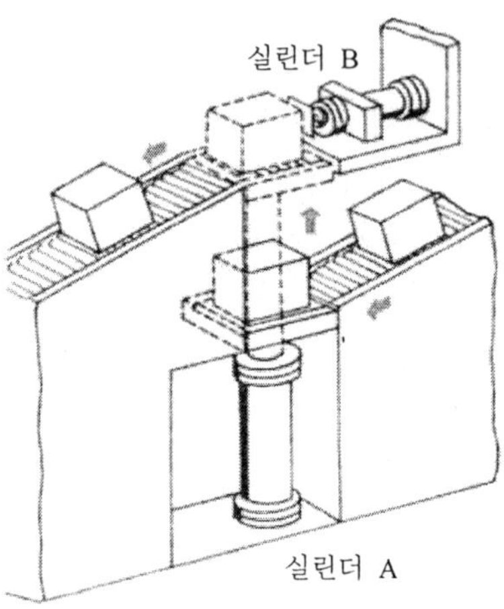

[그림 11-9] 롤러컨베이어의 운동 및 스위칭 조건

컨베이어에 의해서 운반된 물품이 공압실린더 A에 의해 들어 올려지고 실린더 B에 의해 다른 컨베이어로 이동이 된다. 실린더 A가 후진 위치에 도달했을 때만 실린더 B가 귀환해야 한다.

〈표 11-2〉 운동 및 스위칭 조건의 표현 방법

서술식	테이블화	벡터 표시	기호에 의한 표시
• 실린더 A가 상자를 들어 올린다. • 실린더 B가 상자를 컨베이어로 옮긴다. • 실린더 A가 내려온다. • 실린더 B가 귀환한다.	작업단계 / 실린더 A / 실린더 B 1 / 전진 / – 2 / – / 전진 3 / 후진 / – 4 / – / 후진	→전진운동 ←후진운동 실린더 A의 전진 A→ 실린더 A의 후진 A← 실린더 B의 전진 B→ 실린더 B의 후진 B←	+ : 전진운동 – : 후진운동 A+, B+, A–, B– 또는 A+B+A–B–

나. 그래프에 의한 표시 방법

작업의 순서를 쉽게 이해하기 위해서 운동선도(motion diagram)와 제어선도(control diagram)를 그릴 수 있어야 한다. 이 두 선도를 합해서 작업선도(function diagram)라 한다.

다. 변위단계선도

구동요소의 작업순서 표시를 하며 각 단계에 대해 기록한다.
변위단계선도(displacement-step diagram)를 그려본다.

① 1단계 : A실린더가 전진하며 B실린더는 후진 상태를 유지
② 2단계 : A실린더가 전진상태에서 머무르고 B실린더가 전전운동
③ 3단계 : A실린더가 후진하고 B실린더가 전진상태를 유지
④ 4단계 : A실린더는 후진된 상태를 유지하고 B실린더가 후진하여 1cycle 작업을 완료

라. 변위단계선도 작성시 유의 사항

단계는 가능한 한 선형적으로 그리고 수평으로 그려야 한다.

가능한 한 변위를 실제 크기로 할 것이 아니라 모든 요소에 대해 같은 크기로 그려야 한다.

부품이 여러 개일 경우에는 각각의 사이를 너무 가깝게 하지 않아야 한다.

작동 중에 시스템의 상태가 변할 때, 예를 들면 실린더가 중간 위치에 있을 때 리밋 스위치가 작동하거나, 또는 전진속도가 변하는 등의 경우에는 중간 단계가 있어야 한다.

필요한 경우에는 단계별로 번호를 붙인다.

작동의 상태를 표시하는 것은 편한 방법을 선택해서 사용한다. 예를 들면 실린더의 위치를 표시하거나(후진, 전진, 전진위치, 후진위치) 또는 이진법의 표시를 사용한다(예 : 후진 '0', 전진 '1').

부품의 표시에 관계된 것은 선도의 좌측에 나타내야 한다.

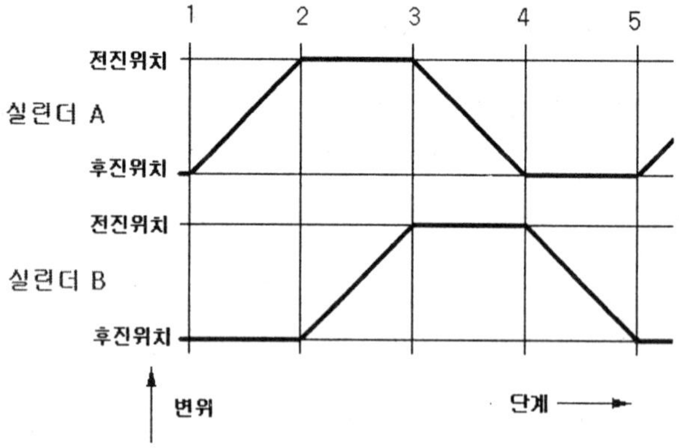

[그림 11-10] 변위단계선도

마. 실습 방법

(1) 3포트 2위치밸브를 이용하여 단동실린더를 동작한다.

(2) 5포트 2위치 누름 버튼이나 3포트 2위치 누름 버튼을 이용하여 복동 실린더의 전진과 후진을 제어한다.

(3) 실린더의 직경과 실린더 힘의 크기를 비교하여 본다.

(4) 정리정돈하고 그 결과를 기록하여 제출한다.

제 12 장

센서의 결선

제1절 센서의 개요

센서(sensor)는 측정 대상물로부터 온도, 압력 , 유량, 가스 등과 같은 물리 화학량이나 소리 및 전파의 강도 등의 정보를 감지 또는 측정하여 그 양을 전기적인 신호로 변환하는 장치를 말한다.

제어 시스템상에서는 제어기가 액추에이터에 필요한 제어 명령을 내려주기 위해서는 외부 상황을 감지하여 필요한 정보를 제공하여 주는 장치가 필요한데 이를 센서라 한다.

센서는 감지하는 대상에 따라 물리량을 검출하는 센서와 물체의 존재 여부 및 위치를 검출하는 센서로 구분되며, 물리량을 검출하는 센서에는 압력, 힘 온도, 변위 및 거리 등을 검출하는 센서가 일반화되어 있으나 공장자동화에서 주로 사용되는 센서는 물체의 존재 여부 및 위치를 검출하는 센서이다.

제2절 센서의 결선 및 거리측정 방법

1. NPN, PNP형

센서의 출력이 NPN형인지 PNP형인지 하는 것은 그 신호를 처리할 다음 단의 전자회로(예를 들면 PLC의 입력단)에 중요한 요소로 작용한다. 유럽쪽에서는 PNP형 센서가 많이 사용되며, 일본쪽에서는 NPN형 센서가 많이 응용되고 있으며 이들의 출력에 부하를 연결하는 것을 [그림 12-1], [그림 12-2]에 나타냈다.

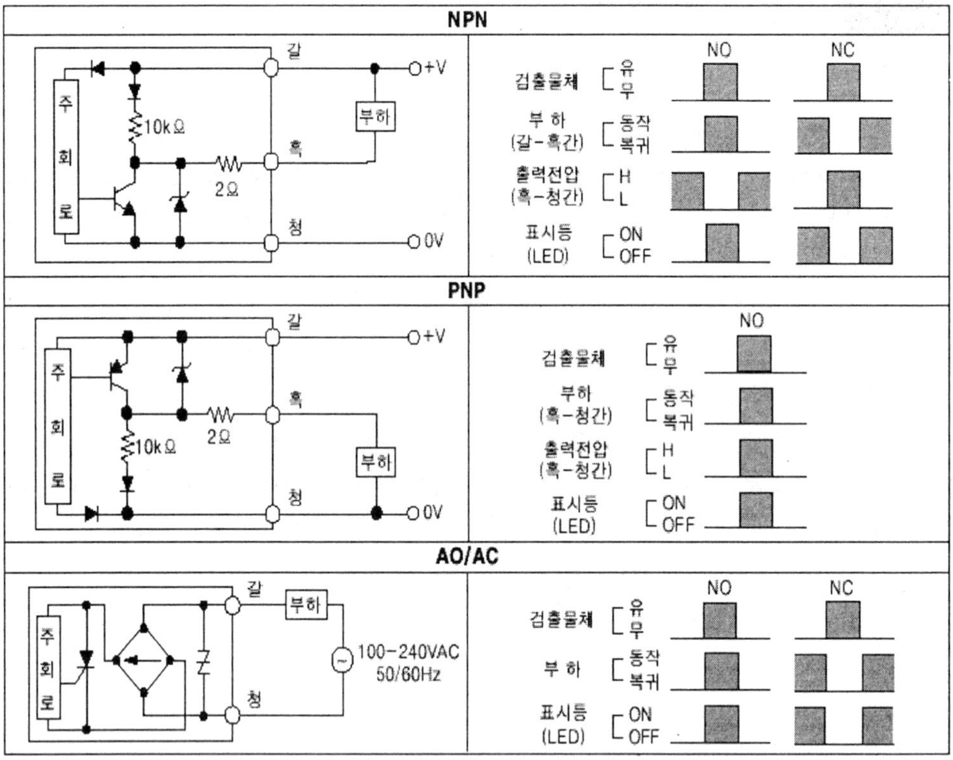

[그림 12-1] NPN/PNP 센서의 결선 방법

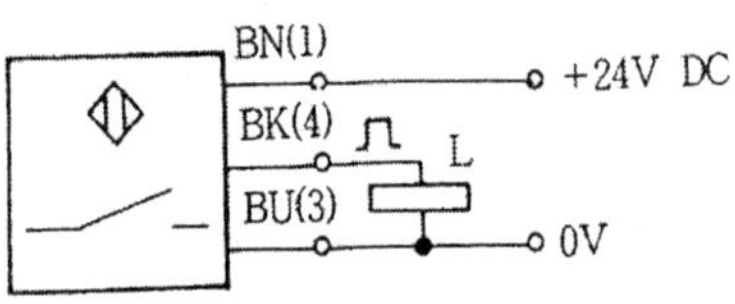

(a) PNP, A접점

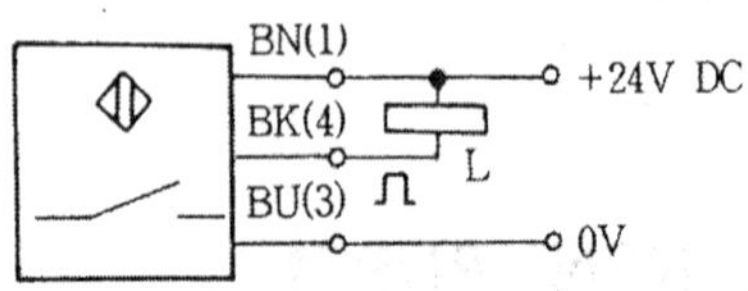

(b) NPN, A접점

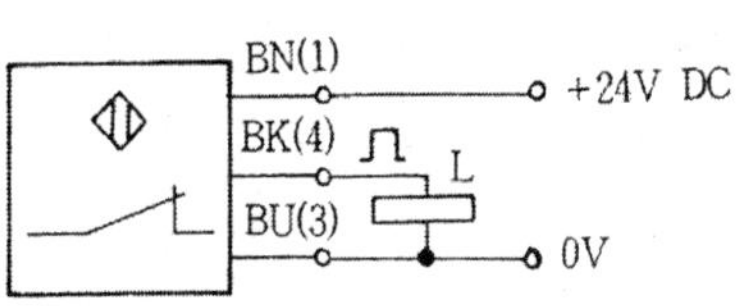

(c) PNP, B접점

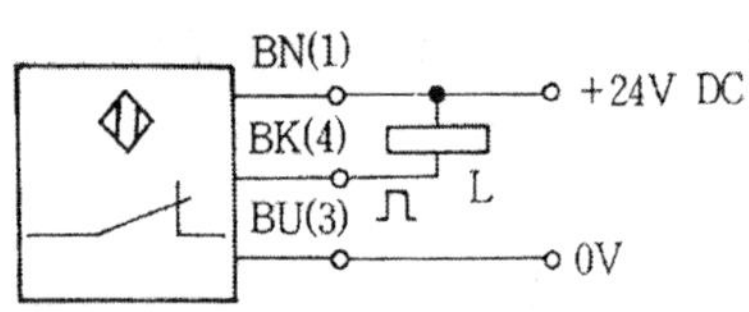

(d) NPN, B접점

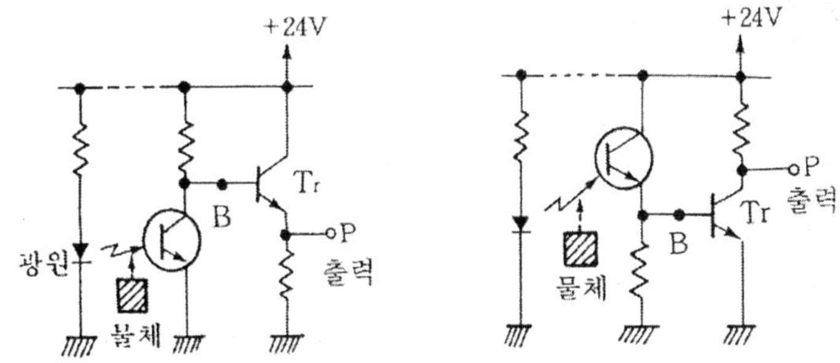

(b) 이미터 출력　　(a) 컬렉터 출력

[그림 12-3] 트랜지스터 증폭

또한 같은 형태의 트랜지스터를 이용하더라도 그 회로의 구성에 따라 이미터(emitter) 출력과 컬렉터(collector) 출력 형태로 나눌 수 있는데 [그림 12-3]에 이들을 나타냈다. [그림 12-3]에 표현된 것은 NPN형 트랜지스터를 이용한 경우로 발광다이오드(LED)와 포토트랜지스터의 조합인 광스위치의 증폭을 나타내고 있다.

[그림 12-3](a)와 (b) 모두 투광부와 수광부가 차단되지 않아 빛이 통과되면 출력 신호는 높은 레벨을 나타내고 차단되며 출력이 없는데 이중 (a)의 경우를 살펴보면 빛이 차단된 경우에는 포토트랜지스터의 저항이 높아 B점의 전위가 높으므로 출력 트랜지스터가 ON되어 출력으로서 공급된 전압에 해당하는 전압이 나온다.

반대로 빛이 수광되고 있을 때는 포토트랜지스터의 저항이 낮게 되어 B점의 전위가 낮으므로 출력 트랜지스터는 OFF되어 출력이 나오지 않는 0[V]이다. 이러한 출력 형태를 이미터 출력이라 하며 출력 신호는 입력 신호와 위상이 같으며, 출력 신호가 적은 특성을 가진다.

이에 비해 [그림 12-3](b)같은 출력 형태를 컬렉터 출력이라 하는데 이 경우 출력 신호는 입력 신호와 같은 위상을 갖지 못하고 반전하며, 출력 신호가 큰 특성을 갖는다. 아무튼 출력 트랜지스터에 사용된 것이 NPN형이면 NPN형 센서라 하고 PNP형 센서는 PNP형 트랜지스터가 사용되는 것을 말한다.

2. 실습 방법

가. 작업 준비를 한다

(1) 작업에 필요한 요소들을 배치한다.
(2) 작업에 맞추어 전기적인 배선을 한다.
(3) 테스터의 선택 손잡이를 해당 위치에 맞추고 리드선을 회로에 연결한다.

나. 유도형 센서의 감지 거리에 측정하고 구성을 확인한다

(1) 시편 정착대에 버니어 캘리퍼스를 부착한다.
(2) 시편 장착대에 시편을 꽂는다.
(3) 버니어 캘리퍼스를 0점에 맞춘다.
(4) 유도형 센서를 장착대 앞에 고정시킨다.
(5) 전원 공급기의 스위치를 ON시킨다.
(6) 장착대를 센서로부터 충분히 멀리한 후 센서쪽으로 이동시켜 가면서 센서의 ON되는 거리를 측정한다.
(7) 센서의 ON위치에서 장착대를 천천히 뒤로 밀면서 OFF되는 거리를 측정한다. 위의 두 경우에서 거리는 버니어 캘리퍼스를 이용하여 측정한다.
(8) 시편을 바꾸어서 반복한다.
(9) 위의 모든 측정은 측정 오차를 줄이기 위해 3번 반복한 후 기재하도록 한다.
(10) 히스테리시스폭을 관찰한다.
(11) 유도형 센서의 구성을 확인한다.

다. 감지 물체에 따른 유도형 센서의 감지 거리를 측정한다

(1) 시편 장착대에 해당 시편을 꽂는다.
(2) 앞의 실험에서와 같이 장착대를 센서에서 충분히 멀리한 후 센서쪽으로 밀면서 ON되는 거리를 측정한다.
(3) ON 위치에서 장착대를 천천히 뒤로 밀면서 OFF되는 거리를 측정한다. 위의 두 경우에서 측정되는 값들을 3회 반복하여 그 값을 평균하여 측정값으로 한다.

(4) 다른 시편들도 반복하여 측정한다.

(5) 감지 물체의 히스테리시스폭을 관찰한다.

(6) 감지 물체에 따른 감지 유무 및 감지 거리를 관찰한다.

라. 용량형 센서의 감지 물체 및 감지 거리를 측정한다

(1) 용량형 센서를 프로필 패널에 부착한다.

(2) 용량형 센서의 구성을 확인한다.

(3) 센서의 정면에 장착대를 위치시킨다.

(4) 장착대에 해당 시편을 꽂는다.

(5) 센서와 장착대의 시편을 마주 붙여 두고 거리 측정을 위한 버니어 캘리퍼스의 0점을 조정(zero setting)을 한다.

(6) 장착대를 센서 표면으로부터 뒤로 충분히 뺀 후 앞으로 서서히 밀면 ON 되는 거리를 측정한다.

(7) ON 위치에서 시편을 뒤로 천천히 밀면서 OFF되는 거리를 측정한다. 3회씩 반복한 후 평균을 내어 그 값들을 측정한다.

(8) 히스테리시스폭을 관찰한다.

(9) 다른 시편들도 측정을 반복한다.

마. 실험에 사용된 요소를 정리 정돈한다

전원 공급기의 스위치를 내리고 센서, 시편, 테스터 등을 잘 정리하여 보관함에 넣는다.

제 13 장

제어 프로그램 구성요소 익히기 및 프로그램 작성

제1절 제어 프로그램 구성요소 익히기

1. 전기회로구성의 기본

우선회로는 상호 상반된 동작이 주어지는 신호가 있는 경우, 먼저 입력된 신호를 우선적으로 동작시키고 뒤에 입력된 신호는 절대 동작되지 않도록 한 회로를 말하는 것으로 선행동작 우선회로라고도 한다.

가. A+B+A-B-(솔레노이드 밸브 이용)

실습할 회로도는 크로즈 센터형 4포트 3위치 양측 솔레노이드의 전자밸브를 사용하여 공압 복동 실린더를 전·후진시키는 회로이다. 전체적인 프로세스는 PB1을 누르면 CR1의 릴레이가 자기유지되고 5열의 CR1 접점이 닫혀 R1은 여자되고 피스톤 로드는 전진을 시작한다.

전진단에서 LS2 리밋 스위치에 접촉하면 CR1의 자기유지가 해제되고 R1의 솔레노이드가 소자되어 로드는 전진단에서 정지한다.

다음에 PB2를 누르면 CR2가 자기유지되고 R2가 여자되어 로드는 후진하고 후진 끝에서 LS1에 접촉하면 실린더는 정지하는 회로이다.

1열의 CR2와 CR1의 b접점의 역할은 먼저 입력된 신호는 자기유지하고 반대 신호가 동작되지 않도록 b접점으로 차단하므로 뒤에 입력되는 신호는 동작할 수 없게 된다.

전기제어를 이용한 공압 액추에이터 동작 과정에 대해 설명하면 다음과 같다. 단동 사이클 신호용 스위치 PB1를 누르면 CR1 릴레이가 여자되고 CR1 릴레이의 a접점에 의해 자기유지가 되고 R1에 통전하게 된다.

그러면 실린더 A는 전진하고 LS2 리밋 스위치가 작동되고 CR2 릴레이가 여자되어 실린더 B가 전진한다.

LS4 리밋 스위치가 작동되면 실린더 A가 후진하고 그때 LS1 리밋 스위치가 작동하여 실린더 B가 후진하여 전체적인 시퀀스가 돌아간다.

나. 공압 제어 장치와 전기회로

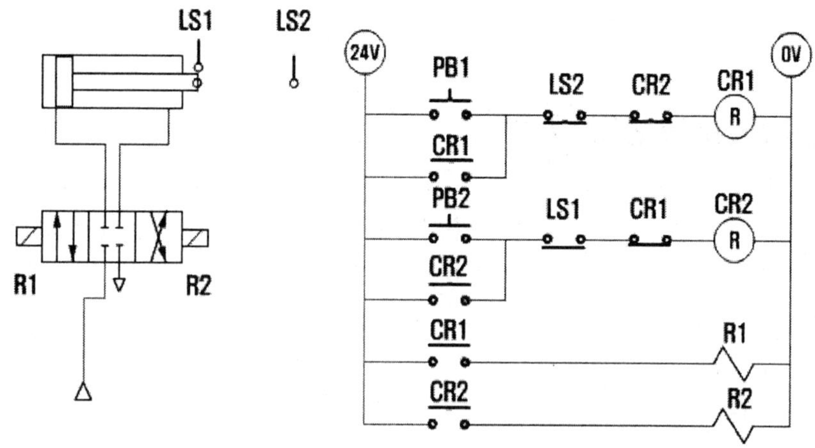

[그림 13-1] 공압 제어 장치와 전기회로 표현

다. 전기공압 실린더 제어회로

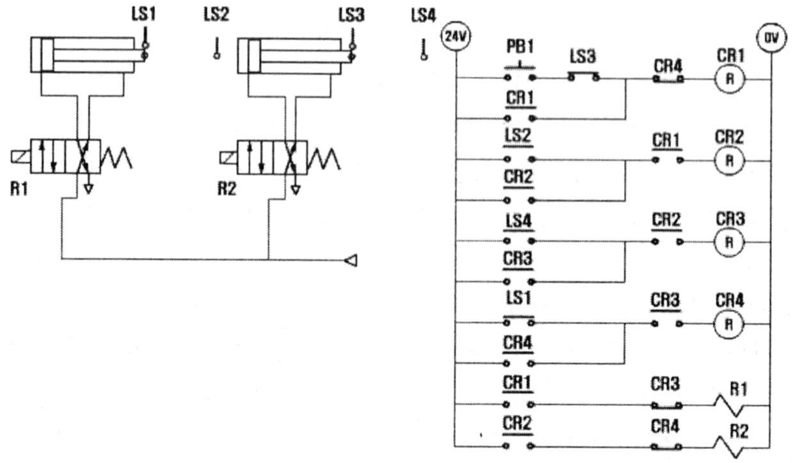

[그림 13-2] 전기공압 실린더 제어회로

2. PLC

가. PLC의 개요

세탁기나 엘리베이터, 교통신호등 등과 같이 자동화된 장치들을 많이 볼 수 있다. 이들은 외부에서 입력되는 버튼이나 정해진 순서에 의하여 동작을 하게 된다.

그러나 기계적인 접점이 열리고 닫히면 전기적 스파크(spark)가 발생하고 이에 의하여 릴레이를 사용한 제어 장치는 자주 고장을 일으켰다. 1960년 후반에 마이크로프로세서가 발전하여 사용되기 시작하였는데 미국의 GM(General Motors)에서는 기존의 릴레이식 제어 장치를 마이크로프로세서를 이용한 시퀀스 제어 장치로 바꾸려고 10개의 조건을 제시하게 된다. GM이 제시한 시퀀스 제어 장치의 10개의 조건을 정리하면 다음과 같다.

(1) 프로그래밍과 그 변경이 용이할 것
(2) 수리와 보수가 용이할 것
(3) 릴레이식 제어반보다 현장에서 신뢰성이 높을 것
(4) 릴레이식 제어반보다 소형일 것
(5) 중앙 데이터 처리 장치로 데이터를 전송할 수 있을 것
(6) 릴레이나 무접점 릴레이 제어반 보다 경제적일 것
(7) 입력은 AC 115V를 받을 수 있을 것
(8) 출력은 AC 115V, 2A이상의 솔레노이드 밸브나 마그네틱 스위치 등을 동작시킬 수 있을 것
(9) 접점의 확장이 가능할 것
(10) 메모리는 최대 4K words까지 확장할 수 있을 것

초기에는 이 조건들을 만족시키는 전자 제어 장치를 만드는 것이 쉬운 일은 아니었지만 여러 회사에서 이에 대한 노력을 기울였다. 이 조건에 맞추어 GOULD사에서 개발하여 판매/사용하게 된 것이 마이크로프로세서를 이용한 시퀀스 제어 장치의 시작이다. 그 후 알렌브레들리사와 모디콘사 등에서 제품이 나왔다. 이와 같은 단순한 시퀀스 제어 장치에 출발하여 연산과 카운터(counter), 타이머(timer) 기능 등의 컴퓨터의 일부 기능을 갖춘 제어 장치가 만들어지게 되었는데 미국의 NEMA(National Electrical Manufacturing Association)

은 이 장치를 1978년에 PC(Programmable Controller)라는 이름으로 부르기 시작하였다.

나. 릴레이 제어와 PLC 제어비교

현재는 PLC(Programmable Logic Controller)라는 이름으로 불리워지고 있는데 이것은 아마도 PC가 개인용 컴퓨터(Personal Computer)라는 것으로 더욱 유명하여져서 PC보다는 PLC로 부르는 것 같다.

〈표 13-1〉 릴레이 제어와 PLC 제어비교

구 분	릴레이 제어반	디지털 로직	컴퓨터	PLC
가 격	매우 저가	저가	고가	저가
크 기	대형	매우 소형	적당	소형
처리속도	느림	매우 빠름	매우 빠름	빠름
노이즈	우수	양호	아주 우수	양호
실 장	설계와 설치시 많은 시간 소요	설계시 많은 시간 소요	프로그램시 아주 많은 시간 소요	간단
복합기능	없다	있다	있다	있다
기능의 변화	매우 어렵다	어렵다	아주 쉽다	아주 쉽다
유지보수	매우 어렵다	어렵다	아주 쉽다	아주 쉽다

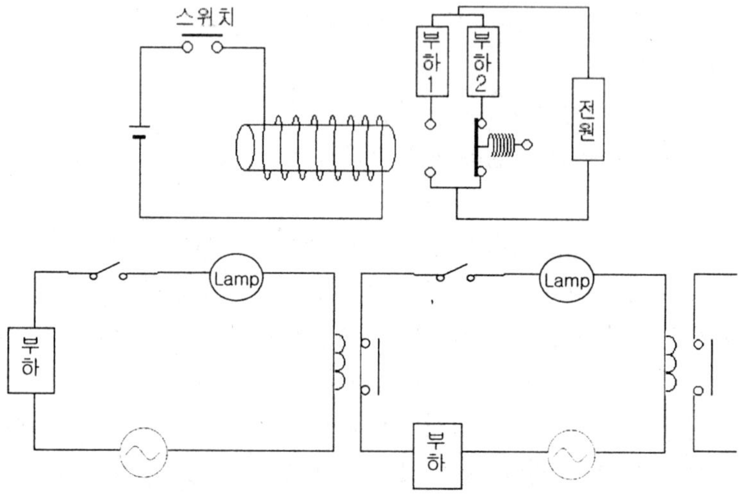

[그림 13-3] 릴레이 제어보기

국내는 LG 산전 등에서 PLC를 생산하고 있고 제품의 성능이나 신뢰성을 인정받고 있다. 또한 다른 자동화 설비나 장치에 비하여 PLC는 해외 의존도가 낮은 편이다.

교통신호등의 경우는 상황에 따라서 신호 체계가 바뀌는 것을 볼 수가 있는데 이것은 PLC를 사용하여 로직을 바꿀 수 있기 때문이다.

다. PLC의 구성요소

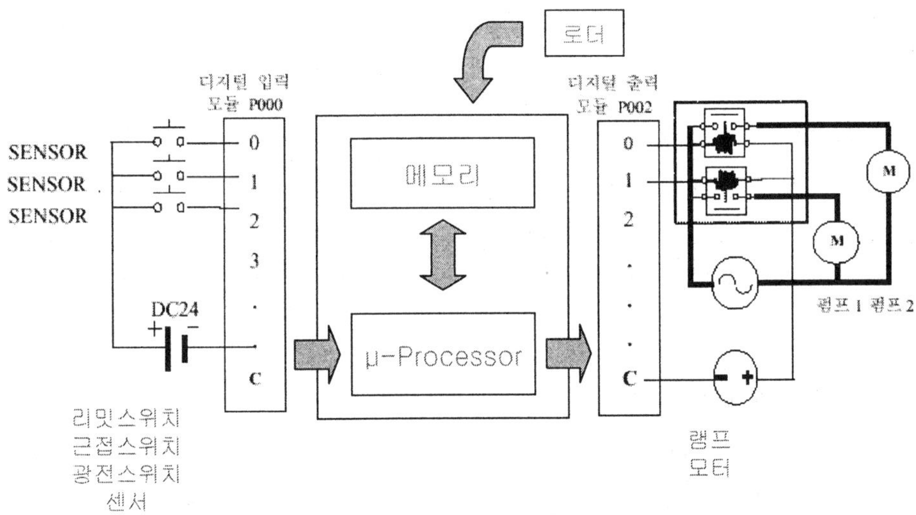

[그림 13-4] PLC의 구성요소

(1) 전원부(power supply)

일반적으로 사용되는 교류(AC) 전원(100V, 220V)을 이용하여 PLC의 CPU부에서 사용하는 직류 전원(+5V, －5V, +12V, －12V)을 만들어 내고, 공장자동화용 설비의 직류(DC) 전원으로 많이 사용되는 12V와 24V의 직류 전원을 만들어 내는 장치이다.

(2) CPU부

PLC의 제어를 담당하는 부분으로 하나의 컴퓨터라고 생각하면 틀림없다. 마이크로프로세서와 OS(Operating System)가 담긴 ROM(Read Only Memory), 사용자의 프로그램이 담긴 ROM 또는 RAM(Random Access Memory), 데이터가 담기는 RAM, I/O 인터페이스, 주변기기와의 인터페이스 등으로 이루어져 있다. 고기능의 PLC의 경우에는 처리 속도를 빠르게 하기 위한 하드웨어가 특별히 추가되기도 한다.

(3) 입력부

PLC가 제어 동작을 수행하기 위하여 스위치나 센서의 상태를 입력받는 부분이다. 입력은 DC 24V, DC 12V, AC220V, AC110V 등을 입력 접점에 통전하므로 입력부를 통하여 CPU부에 전달된다. 아날로그 신호의 입력 등은 특수 유닛에 의하여 입력된다. 통상은 접점 신호 입력을 처리하는 장치를 입력부라고 한다.

(4) 출력부

PLC의 제어 결과를 내보내는 것으로 솔레노이드 밸브나 마그네틱 스위치를 동작시켜 공압 실린더나 모터, 전등 등을 켜거나 끄도록 한다. 모터의 속도 조절이나 전광판에 문자를 출력하는 등의 동작은 특수 유닛에 의하여 이루어진다.

(5) 프로그램 입력 장치

CPU부에 사용자 PLC 프로그램을 작성하여 입력하기 위해서는 입력 장치가 필요하다. 핸디 로더(handy loader)라는 장치를 사용하거나 PLC 전용의 그래픽 로더(graphic loader)라는 장치를 이용하여 프로그램을 입력하여 왔다.

그러나 현재는 노트북 컴퓨터가 보편화되어 이를 이용하며 프로그램을 작성하고 작성된 프로그램은 PLC에 통신(대개 RS232C의 직렬 통신을 이용)으로 업로드(upload)시키는 것이 일반화되어 가고 있다. 노트북이나 그래픽 로더에서 프로그램을 작성하면 이것을 프린팅하기 위한 장치도 필요하다.

(6) 특수 유닛

제어 대상이나 제어 방법이 특수한 경우에는 그에 따른 용도에 맞는 특수 유닛이 준비되어 있다. 이들 특수 유닛은 (CPU부에서 지원한다면) 단순히 옆에 추가하면 동작하도록 만들어져 있다. 특수 유닛은 다음과 같은 종류가 있다.

1) A/D 컨버터(convertor) : 아날로그 신호를 디지털값으로 바꾼다. 아날로그 신호는 CPU부에서 처리하지 못하기 때문에 디지털 신호로 변환하여 CPU

부에 전달하는 것이다. 아날로그 신호는 대개 전류 또는 전압으로 입력된다. 전압으로 입력되는 경우에는 －5V에서 +5V까지의 전압이나 －10V에서 +10V까지의 전압이 입력되는 것이 일반적이다. 변환되는 디지털값은 12비트, 16비트, 24비트 등의 수로 표시된다. 이 유닛은 예를 들면 무게를 재는 로드셀(load cell)의 아날로그값을 읽어들여 처리하고 싶은 경우에 사용할 수 있다.

2) D/A 컨버터 : CPU부의 디지털값을 아날로그 신호로 출력하고 싶은 경우에 이 유닛을 사용한다. 지정되는 디지털값에 따라서 출력 단자에 전압이나 전류를 내보낸다. CPU부에서 처리되는 디지털값은 12비트, 16비트, 24비트 등의 수이고 출력되는 전압은 －5V에서 +5V까지의 전압이나 －10V에서 +10V까지의 전압이다. 이 유닛은 유도 전동모터에 인버터를 통하여 속도를 지정하고 싶을 경우에 속도에 해당하는 전압을 출력하게 하여 속도를 제어할 수 있게 한다.

3) 고속 카운터 유닛 : CPU부에는 기본적으로 카운터가 내장되어 있다. 그러나 만일 카운터에 입력되는 신호가 수 MHz 정도의 빠른 속도로 변한다면 CPU부는 이것을 정확하게 세지 못한다. 고속 카운터는 빠르게 신호가 변하는 경우에 정확하게 카운트하기 위한 장치이다. 모터에 부착된 인코더의 회전수, 회전각도를 정확하게 측정하는 경우에 사용할 수 있다.

4) 위치결정(position control) 유닛 : 이것은 서보 모터나 스텝 모터를 이용하여 모터를 정밀하게 제어하고 싶은 경우에 사용한다. 모터의 회전량에 해당하는 펄스를 발생시켜 모터가 그 펄스수 만큼만 이동하도록 제어한다. 서보 모터의 경우에는 인코더의 피드백에 의하여 정확한 위치를 제어한다.

5) 리모트 입출력 및 LAN 유닛 : PLC 내의 접점값이나 변수값을 읽어서 생산관리에 이용할 수 있도록 하는 유닛이다. 값을 읽을 뿐만 아니라 써넣을 수도 있다. 또한 생산량을 집계하거나 바코드 등에 의하여 생산 제품의 종류를 파악하여 주컴퓨터에서 관리하고자 하는 경우에 공장 내의 단말기로서 PLC를 사용하는 것이 증가되는 추세이다.

최근에 PLC와 컴퓨터, PLC와 PLC가 서로 연결되어 분산 제어, 집중 관리가 가능하도록 되고 있다. PLC가 연결되면 각각의 PLC에 있는 접점이 상호 연계되어 동작하기 때문에 수 천개 이상의 접점을 집중 관리할 수도 있게 된다.

(7) 입력부 회로

입력부는 외부기기의 신호를 받아 CPU부에 전달하여 주는 역할을 한다. 기본회로는 [그림 13-5]와 같다.

외부기기에서 신호가 들어오면 표시 LED(Light Emitted Diode)를 ON시키고 포토커플러(photo coupler)의 입력 부분의 발광다이오드에서 광신호로 변환되어 포토 센서가 ON되어 CPU부에 전달된다.

포토커플러는 외부기기와 내부회로를 전기적으로 절연시켜 노이즈의 발생을 감소시키는 역할을 하고 강한 전기가 입력부를 통하여 들어온 경우에도 CPU로 전달되지 않도록 하는 역할을 한다.

입력은 대개 DC 24V, DC 12V, AC220, AC110V 등이 많이 사용된다.

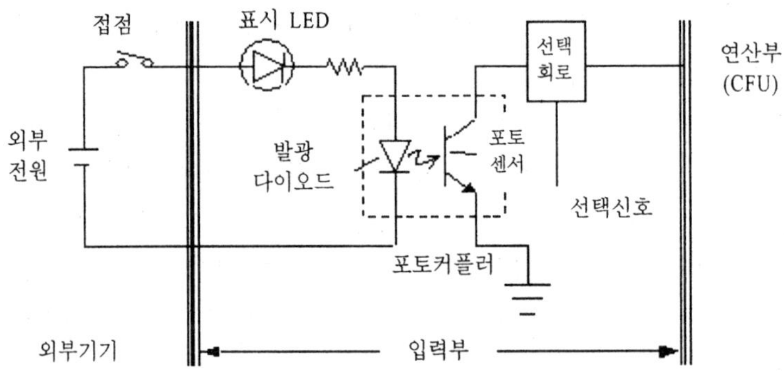

[그림 13-5] PLC의 입력부 회로

(8) PLC의 입출력 기기

〈표 13-2〉 PLC의 입출력 기기

입력 장치(기계에 부착)	출력 장치
리밋(limit) 스위치	
광전스위치(광전센서, photo sensor)	램프
근접스위치(근접센서)	모터
인코더	릴레이
푸시버튼	트라이액
선택 스위치(selector)	솔레노이드 밸브
온도센서(thermal sensor)	다른 제어기기의 입력 장치
측정기	

라. 실습 방법

(1) [그림 13-1] 회로 동작 특성을 기록한다.
(2) [그림 13-2] 회로 동작 특성을 기록한다.
(3) PLC의 구성요소에 대해 간략한 설명을 기록한다.
(4) 정리정돈하고 그 결과를 제출한다.

제2절 제어 프로그램 작성

1. 제어 장치 프로그램

제어 장치의 프로그램은 릴레이 처리(병렬)와 PLC 처리(직렬)로 구분할 수 있다.

가. 동작 방식

(1) 동시동작

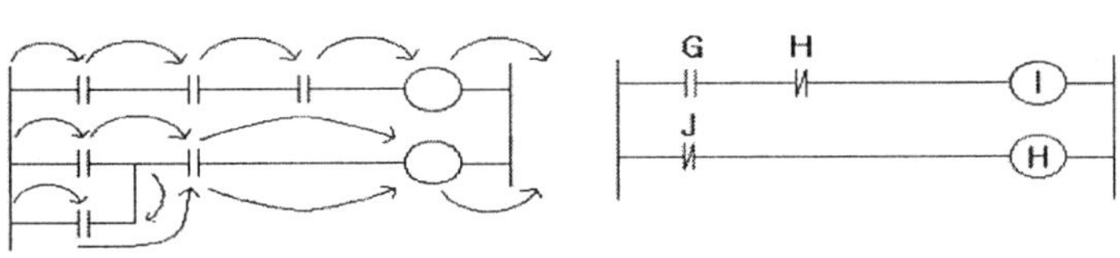

[그림 13-6] 동시동작

(2) 순차동작

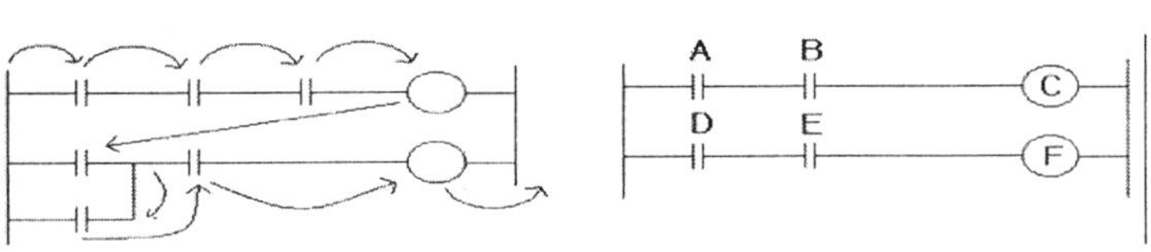

[그림 13-7] 순차동작

나. PLC 변수

(1) 직접변수 : 변수 선언 불필요(종래의 PLC 방식)

직접변수는 반드시 퍼센트 문자(%)로 시작하고 다음에 위치 접두어와 크기 접두어를 붙이며, 그리고 마침표로 분리되는 하나 이상의 부호없는 정수의 순으로 나타낸다.

(2) 네임드 변수 : 변수 선언 필요

네임드 변수는 사용자가 변수이름과 형 등을 선언하고 사용한다. 네임드 변수의 이름은 한글은 8자, 영문은 16자까지 선언 가능하며 한글 영문, 숫자 및 밑줄(_) 문자를 조합하여 사용할 수 있다. 영문의 경우 대소문자를 구별하지 않고 모두 대문자로 인식하며 빈 칸을 포함하지 않아야 한다.

(3) 변수의 종류

〈표 13-3〉 변수의 종류

변수 종류	내 용
VAR	읽고 쓸 수 있는 일반적인 변수
VAR_RETAIN	정전 후 복전시 값이 유지되는 변수
VAR_CONSTANT	읽기만 할 수 있는 변수
VAR_EXTERNAL	외부 변수(VAR_GLOBAL)임을 지정하는 변수

(4) 변수선언 방법

〈표 13-4〉 직접변수 지정의 예

입력 변수 지정	%I0 0.0, %I0 0.1, %I0 0.2 등
출력 변수 지정	%Q0 2.0, %Q0 2.1, %Q0 2.2 등
내부메모리 변수 지정	%M0, %M1, %M2 등

〈표 13-5〉 위치 접두어

번 호	접두어	의 미
1	I	입력위치(input location)
2	Q	출력위치(output location)
3	M	내부 메모리 위치(memory location)

〈표 13-6〉 크기 접두어

번 호	접두어	의 미
1	X	1비트의 크기(X 문자에 한하여 생략 가능)
2	B	1Byte(8비트)의 크기
3	W	1Word(16비트)의 크기
4	D	1Double Word(32비트)의 크기
5	L	1 LongWord(64비트)의 크기

2. 제어 장치 프로그램의 화면구성

가. 프로그램 로더 장치의 윈도우 화면구성 보기

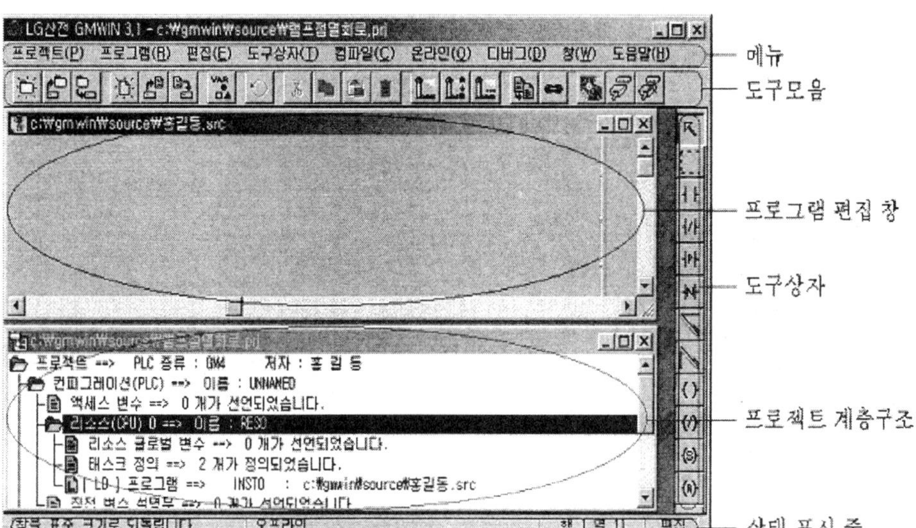

[그림 13-8] 프로그램 로더 장치의 윈도우 화면구성

나. 프로그램 설명

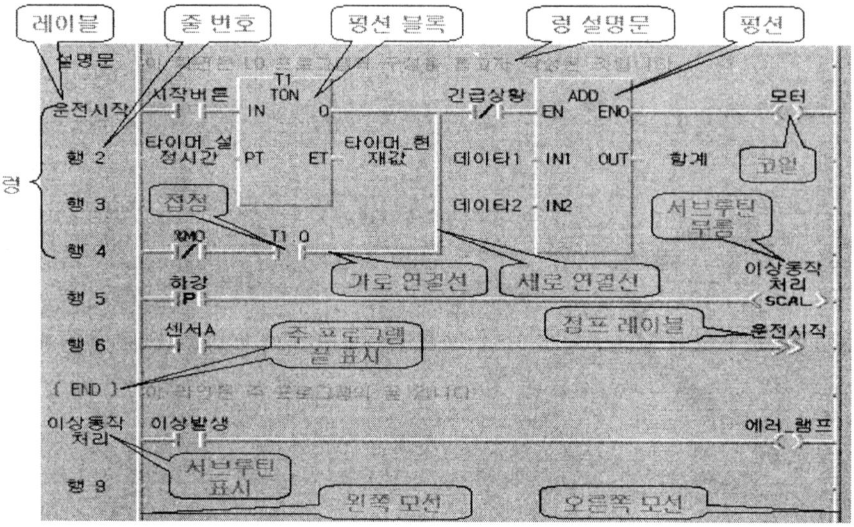

[그림 13-9] 프로그램 설명

각 프로그램은 모선을 좌우로 하고 왼쪽은 신호처리 오른쪽은 출력 장치를 배치한다. 기본적인 구성방식은 래더(ladder)도 방식을 따르나 특수기능인 평션이나 평션블록의 활용을 통하여 데이터 변환, 특수 메모리 활용기능을 이용할 수 있다.

다. 도구상자 활용

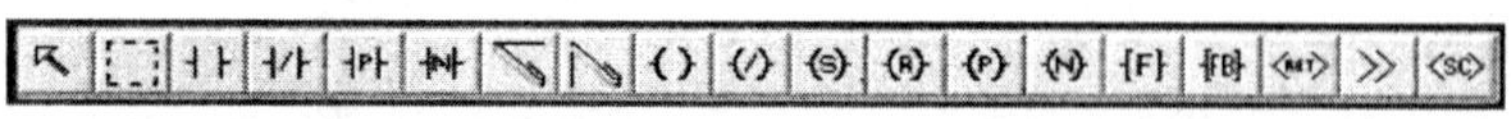

	화살표	접점, 코일, 펑션, 펑션 블록 등을 선택하여 이동, 편집, 삭제할 경우 사용
	블록 지정	한 행 이상을 삭제, 복사 등의 편집기능을 할 경우 사용한다.
	평상시 열린 접점	평상시 열린 접점으로 시퀀스 제어의 "A"접점과 같다.
	평상시 닫힌 접점	평상시 닫힌 접점으로 시퀀스 제어의 "B"접점과 같다.
	양 변환 검출 접점	접점이 동작되는 순간 즉 "0"에서 "1"로 변환하는 순간을 검출하여 오른쪽 연결선이 해당 스캔에서 1스캔 동안 연결 된다.
	음 변환 검출 접점	접점이 동작되는 순간 즉 "1"에서 "0"로 변환하는 순간을 검출하여 오른쪽 연결선이 해당 스캔에서 1스캔 동안 연결 된다.
	가로선, 세로선	접점과 접점, 접점과 코일 또는 분기 회로 시 가로 및 세로로 회로를 연결하는 연결선이다.

	화살표	접점, 코일, 펑션, 펑션 블록 등을 선택하여 이동, 편집, 삭제할 경우 사용
	블록 지정	한 행 이상을 삭제, 복사 등의 편집기능을 할 경우 사용한다.
	평상시 열린 접점	평상시 열린 접점으로 시퀀스 제어의 "A"접점과 같다.
	평상시 닫힌 접점	평상시 닫힌 접점으로 시퀀스 제어의 "B"접점과 같다.
	양 변환 검출 접점	접점이 동작되는 순간 즉 "0"에서 "1"로 변환하는 순간을 검출하여 오른쪽 연결선이 해당 스캔에서 1스캔 동안 연결 된다.
	음 변환 검출 접점	접점이 동작되는 순간 즉 "1"에서 "0"로 변환하는 순간을 검출하여 오른쪽 연결선이 해당 스캔에서 1스캔 동안 연결 된다.
	가로선, 세로선	접점과 접점, 접점과 코일 또는 분기 회로 시 가로 및 세로로 회로를 연결하는 연결선이다.

	코일	코일은 출력을 나타내며 왼쪽의 입력이 ON상태이면 여자 되고 OFF 상태이면 소자 된다.
	역 코일	역 코일 또한 출력을 나타내며 왼쪽의 입력이 ON상태이면 소자 되고 OFF 상태이면 여자 된다.
	셋팅 코일	왼편의 연결선 상태가 ON 이 되었을 때 관련된 부울 변수는 ON이 되고, RESET 코일에 의해 reset 되기 전까지는 set 되어 있는 상태로 유지가 된다.
	리셋 코일	리셋 코일은 셋 코일에 의하여 ON되어 있는 코일상태를 reset 시키고자 할 때 사용한다.
	양 변환 검출 코일	왼편의 연결선 상태가 바로 전 스캔에서 OFF였던 것이 현재 스캔에서 ON되는 상승에지 상태에서 1스캔 동안만 ON이 된다.
	음 변환 검출 코일	왼편의 연결선 상태가 바로 전 스캔에서 ON이었던 것이 현재 스캔에서 OFF되는 하강에지 상태에서 1스캔 동안만 ON이 된다.

	펑션	(1) 펑션은 입력에 대한 연산 결과를 1스캔에 즉시 출력하며 출력이 하나이다. (2)기본 펑션으로는 문자열 연산 펑션, 비트열 연산 펑션, 선택/비교 펑션, 수치 연산 펑션, 시간/날짜 펑션, 시스템 펑션, 타입 변환 펑션 등이 있다.
	블록 펑션	여러 스캔에 걸쳐 누계된 연산 결과를 출력하므로, 연산 중 누계되는 데이터를 잠시 보관하기 위한 내부 메모리가 필요하다. 따라서 펑션 블록은 사용하기 전에 변수를 선언하는 것처럼 인스턴스 변수를 선언해야 한다. 인스턴스 변수는 펑션 블록에서 사용하는 변수들의 집합이며, 기본 펑션 블록 중 가장 일반적인 것은 타이머와 카운터이다.
	리턴	프로그램 중 [Return]을 만나면 프로그램을 종료하는 명령으로 [Return] 이후의 프로그램은 실행하지 않는다.
	분기	점프는 LD 프로그램 중에 분기하고자 하는 곳(레이블 명)으로 직접 갈 수 있는 방법이다. 목적지는 레이블로 나타낸다.
	서브루틴	LD 프로그램에서 END 명령어를 만나면 프로그램을 종료한다. 그러나 불가피하게 END 명령어 이후에 프로그램이 존재할 경우 그 프로그램을 불러와야 할 때가 있는데 이러한 경우, 서브루틴 명령어를 사용하면 편리하다.

[그림 13-10] 도구상자 활용

3. 기본 프로그램 익히기

가. 논리 프로그램 작성하기

논리 프로그램은 논리적인 조건이 성립되면 출력을 나타내는 회로로 AND, OR, NOT 등의 기본회로와 배타적 논리회로 등으로 구성할 수 있다. 여기서는 간단하게 기본회로의 구성만 살펴보기로 한다.

AND 회로는 모든 조건이 참일 때 출력이 되며, OR 회로는 조건 중에서 한 개이상 만족할 경우 출력이 된다. NOT 회로는 변환동작으로 참이면 출력하지 않고 신호가 없을 때 출력을 하게 되는 회로를 말한다.

(1) AND 회로

[그림 13-11] AND 회로

(2) OR 회로

[그림 13-12] OR 회로

(3) NOT 회로

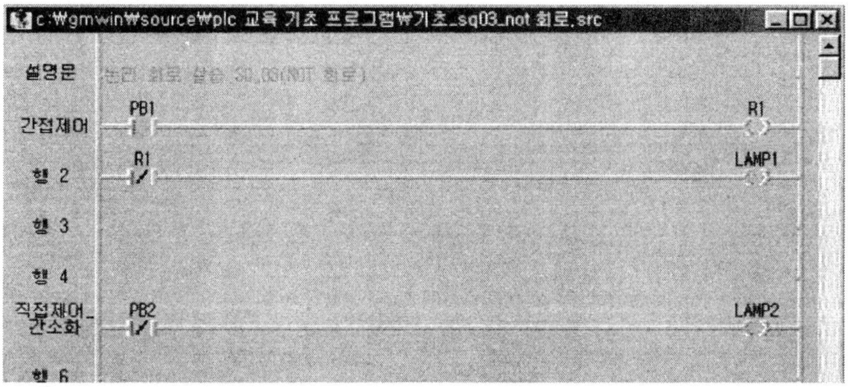

[그림 13-13] NOT 회로

(4) 자기유지회로

전기회로의 경우 전원이 ON 되었을때 계속적으로 출력을 유지하여야 할 필요가 있다. 즉 전원의 동작을 표시하거나 반대신호 전까지 같은 상태를 유지할 경우 자기유지회로를 구성한다.

자기유지회로에는 ON 우선회로와 OFF 우선회로를 구성할 수 있는데 안전한 구성을 위하여 일반적으로 OFF 우선회로를 구성하는 것이 원칙이다.

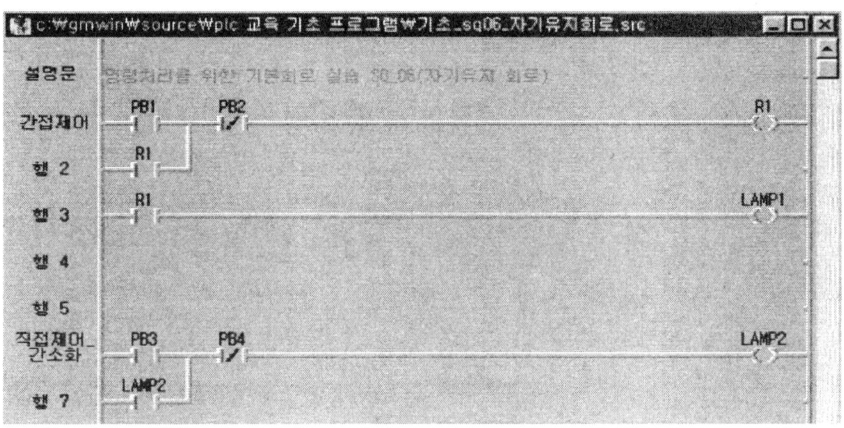

[그림 13-14] 자기유지회로

(5) 인터록(inter lock) 회로

출력기기에 서로 반대의 동작을 동시에 명령할 수 없도록 b접점을 이용하여 안정되게 동작할 수 있도록 회로를 구성하는 방법으로 퀴즈회로는 인터록 회로의 대표적인 방법이다.

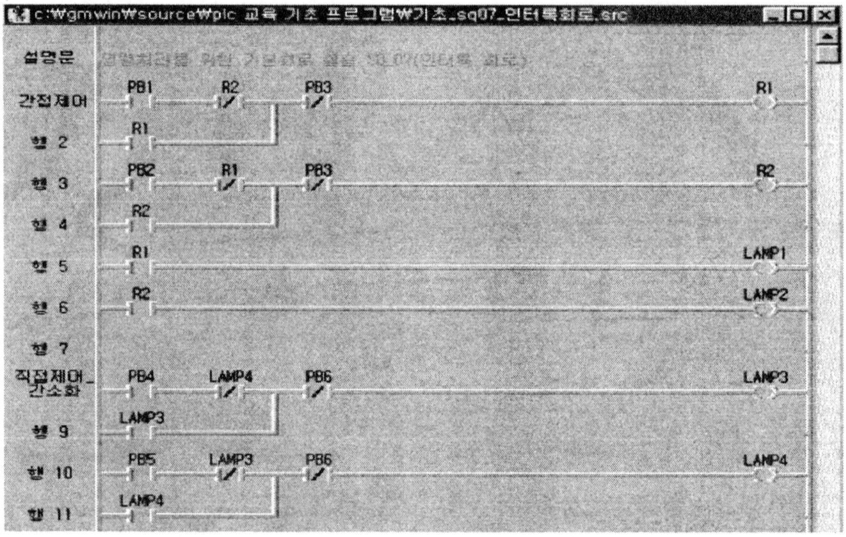

[그림 13-15] 인터록 회로

나. 실습 방법

(1) AND 회로 프로그램을 작성하고 동작 특성을 기록한다.
(2) OR 회로 프로그램을 작성하고 동작 특성을 기록한다.
(3) NOT 회로 프로그램을 작성하고 동작 특성을 기록한다.
(4) 자기유지회로 프로그램을 작성하고 동작 특성을 기록한다.
(5) 인터록 회로 프로그램을 작성하고 동작 특성을 기록한다.
(6) 정리 정돈하고 그 결과를 제출한다.

찾아보기

LED 반도체 장비제작 실무

2010년 10월 30일 1판 1쇄 발행

저 자 박갑종 · 강신조 · 정선오 · 오영생
발행인 남 승 우

발행처 도서출판 상尙 학學 당堂

서울특별시 동작구 사당3동 220-43
TEL : 02) 595-1692～4
FAX : 02) 595-1394
E-mail : namdoo6@unitel.co.kr
신고 : 2-155호 (1968. 11. 29)

정가 19,000원

ISBN 978-89-85437-75-2 93560